はじめに

本書は、表計算ソフトExcelを使った実習を通して、データサイエンス（データの分析と活用）のリテラシーを習得することを目的とした学習教材です。

近年、データサイエンスの重要性はますます高まっており、しかも、計算処理をExcelなどのソフトに任せてしまえば、誰もが身に着けられるものとなりつつあります。そこで、数学としての統計ではなく、統計をツールとして使いこなすことを目標とし、「データの収集とまとめ方」「グラフを利用したデータの見方」「代表値、標準偏差、仮説検定の理解」「結果の伝え方」などを学習していきます。

また、随所に習熟度を確認するための演習問題を用意しています。これらの問題を自分の力で解くことによって、さらなる実力アップを図ることができます。

本書が、情報化社会に対応する能力の育成の一助となれば幸いです。

本書を購入される前に必ずご一読ください

本書は、2021年1月現在のWindows 10およびOffice 2019に基づいて解説しています。Windows Updateによって機能が更新された場合には、本書の記載の通りに操作できなくなる可能性があります。あらかじめご了承の上、ご購入･ご利用ください。

本書を開発した環境は、次のとおりです。

・Windows 10（ビルド18362.476）
・Microsoft Excel 2019（16.0.11929.20330）

2021年3月2日
FOM出版

目次

第5章 量的変数を代表値で要約する

第6章 量的変数をばらつきで要約する

第7章 平均と標準偏差を活用しよう

第8章 量的データを比較する

第9章 平均値の比較をアイデア評価に応用する

第10章 散布図を活用して関係性を分析する

第11章 回帰分析を活用して関係性を分析する

第12章 関係性の分析で改善点を見つけよう

第13章 時系列データを分析しよう

第14章 データ分析を活用するために知っておきたいポイント

学習環境について

本書で学習するには、次のソフトウェアが必要です。

● Windows 10
● Excel 2019

本書を開発した環境は、次のとおりです。

・OS　：Windows 10（ビルド 18362.476）
・アプリケーション　：Microsoft Office Professional Plus
Microsoft Excel 2019（16.0.11929.20330）
・ディスプレイ　：画面解像度 1024 × 768 ピクセル

※テキスト内の画面表示は、画面解像度を変更しているものもあります。
※インターネットに接続できる環境で学習することを前提に記述しています。
※ 環境によっては、画面の表示が異なる場合や記載の機能が操作できない場合があります。

本書の最新情報および学習ファイルについて

本書に関する最新の Q&A 情報や訂正情報、重要なお知らせなどについては、FOM 出版のホームページでご確認ください。
また、本書で使用するファイルは、FOM 出版のホームページで提供しています。ダウンロードしてご利用ください。

ホームページ・アドレス	ホームページ検索用キーワード
https://www.fom.fujitsu.com/goods/	FOM 出版

※アドレスを入力するとき、間違いがないか確認してください。

◆ダウンロード

学習ファイルをダウンロードする方法は、次のとおりです。

①ブラウザーを起動し、FOM 出版のホームページを表示します。
※アドレスを直接入力するか、キーワードでホームページを検索します。
②《ダウンロード》をクリックします。
③《学校向け教材》の《学校向け教材》をクリックします。
④《Office 2019 バージョン》の《学生のためのデータリテラシー》の「fpt2013.zip」をクリックします。
⑤ダウンロードが完了したら、ブラウザーを終了します。
※ダウンロードしたファイルは、パソコン内のフォルダー「ダウンロード」に保存されます。解凍してご利用ください。解凍方法は FOM 出版のホームページでご確認ください。

SECTION 01

どうして「データ活用力」が期待されるのか

数学苦手だし、データ活用なんて私に関係ないですよね？

データ活用は数学の話じゃありませんよ。むしろ面白いことを考えたい人こそ、知っておくべきスキルです。

データ活用を数学と考えると嫌になる

「データ活用」「ビッグデータ」「データサイエンティスト」……。最近は、いろいろなところで「データ」という言葉が付いたキーワードを耳にします。

その一方で、「データを活用するには、理系的な知識が必要」とか「数学できないから関係ないし、データを活用できるようになるとは思えない」といった声も耳にします。これは学生や生徒のみではなく、ビジネスパーソンからもよく聞かれます。これはとてももったいない話です。

重要なポイントは、「データ活用に必要なのは、数学力よりも、むしろ**データをもとに他人を説得できるストーリーを組み立てる力**だ」という点です。このことを理解すれば、データ活用が他人事ではなくなり、誰でも身に付けられる強力な武器だということがわかります。

納得してもらうために、まずは具体的な事例をもとに考えてみましょう。以下の質問を読んで答えを考えてみてください。

QUESTION Q

あるファッションブランドのバッグの販売促進を担当しているとします。そのバッグをヒットさせるために、どんなアイデアがあるでしょうか。それぞれアイデアを考えてみましょう。

答えは無数にあるはずです。どれも正解かもしれないですし、どれも不正解かもしれません。それは、「アイデア」は実際にやってみなければわからない「仮説」だからです。

では、質問を変えてみましょう。皆さんは以下の2つのアイデアのどちらが「面白い」と思うでしょうか。

- アイデア1：値引きをする。
- アイデア2：今までになかった色使いのデザインを採用する。

アイデアを「効果」という点で考えれば、アイデア 1（値引きをする）のほうが効果がありそうですが、面白いとは感じないはずです。今までになかった色使いのアイデア 2 のほうが、面白いと感じるはずです。なぜなら、「当たり前」ではないアイデアだからです。

では、このアイデアを上司に提案するとして、**「OK を取りやすい」**のはどちらだと思いますか？　一般的に、利益が減っても大丈夫であれば、値引きのほうが採用されやすいでしょう。多くの場合、面白さよりも確実性が好まれるからです。しばしば目新しいアイデアは「効果があるの？　大丈夫？」といった反応で、却下されます。

でも、それでは社会は進化しません。当たり前のことばかりの社会では、画期的なアイデアは生まれないからです。では、アイデア 2 を採用させるにはどうすればいいでしょうか。理屈で説得するのも 1 つの手です。でも、やってみなければわからないことを「理屈」のみで説得するのは難しいものです。それなら、小規模にテスト販売をしたり、試作品についてアンケートを採って、データを検証してみたりするというのはいかがでしょうか？　それでうまくいくことを示すことができれば、アイデアを採用させることができます。

つまり、「面白いこと」を考える人がそれを採用させるためには、**データで主張することが強力な武器になる**のです。

面白いアイデアは当たり前なものではありません。そして、当たり前ではないものは認められにくいのが現実です。認められにくいものを認めさせるには、データでの検証が有効なのです。

データから「面白いこと」を考え出す

「面白いこと」自体を考え出す際も、データは重要な役割を担います。「今、何が売れているのか」「どんな人がどんなものを選ぶのか」「今はどんなものが当たり前とされるのか」といった、情報を知らなければ、せっかく提案したアイデアも「あー、そんなのもう古い」とか「当たり前すぎる」「的外れだ」といわれてしまうでしょう。情報を集め、データとしてまとめ（分析し）、自分の考え方（視点）に反映するためにデータを活用することは強力な武器といえるのです。

この本では、世の中にはどんなデータがあるのか、データをどう分析すると何がわかり、どんな武器となるのかを学んでいきます。ただし、統計学や数学を学ぶわけではありません。徹底的に、道具としてのデータ活用方法を学習し、Excel で実際に分析していきながら、武器として身に付けることを目指します。

LET'S TRY

演習

何か具体的な商品・サービスを決め、それをもっと流行らせる方法を考えてみましょう。それが「確かにうまくいきそうだ」と思ってもらうために、どんなデータが必要かを考えてみましょう。

SECTION

02 データと分析結果を対応付けて考えよう

データ活用とかいわれても、データなんて持ってないですよ？

ネットで検索すれば、いろいろなデータが見つかりますよ。欲しいデータがなければアンケートで集めるという手もあります。

データ分析は料理に例えるとわかりやすい

データとは何か、もしくはデータ分析とは何かを考える際、料理に例えるとわかりやすくなります。

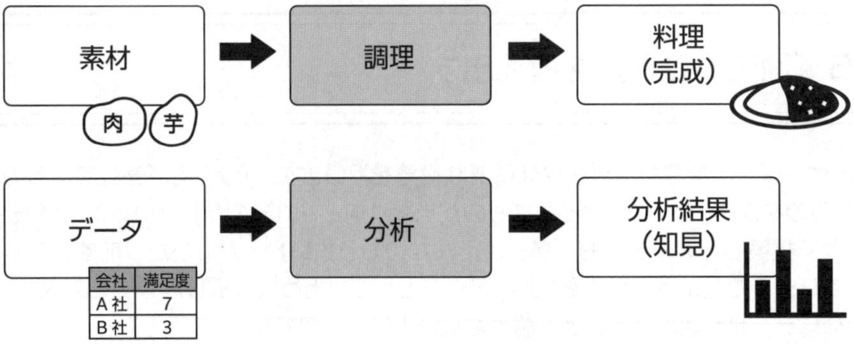

例えば、料理をこれから作る（もしくは勉強する）ときに、素材のことばかり気にしていたら、何ができるのかよくわからなくなってしまうのではないでしょうか？　やはり料理の主役は「完成した料理」で、それを作るために「どんな素材が必要か」を考えるのが自然な流れです、料理の上級者ならば、そこにある素材から素晴らしい料理を考え出せるかもしれませんが、それは上級者だからできることです。

では、データ分析はどうでしょうか。データ分析の勉強を始めると「データ」とか「分析方法」ばかりが解説され、「何の役に立つかわからない」と感じられることが少なくありません。それは勉強の仕方が逆だからです。料理に該当する**「データで何ができるのか（分析結果）」**を探して、眺めることから始めましょう。料理でいえば、食べ歩きをするとか、料理を検索してどんな料理がおいしそうかを眺めるということと同じです。

ネットでデータやグラフを検索してみよう

ネットの検索が発達したおかげで、データで何ができるかを探すのも、昔よりはかなり楽になりました。例えば、Google などの検索エンジンで「統計データ グラフ」で検索してみましょう。いろいろな情報が見つかるはずです。

グラフとは、データを視覚化（ビジュアル化）してまとめた分析結果で、料理に該当します。そのグラフで何がわかり、「役に立つ情報だ」と思うか「つまらないグラフだった」と思うかを考えてみましょう。これだけで、データ活用力は急激に身に付いていきます。「役に立つか」とか「意味があるか」を考えると、自分がグラフを作る際に、どんなグラフを作れば（どんな分析をすれば）自分もしくは誰かのために役立つかを、判断する力が身に付きます。誤解を恐れずにいえば、この判断力さえ身に付ければ、誰かに「もっといいグラフ」をオーダーできるはずです。逆にこれができなければ、人が作ったグラフだけしか使えないということになってしまいます。

データ分析を難しく考えず、まずはグラフを探して評価してみましょう。

QUESTION Q

ネットや書籍などからグラフを探して評価してみましょう。そして、探したグラフがどんなもので、なぜ役に立つ（役に立たない）と思うかをまとめてみましょう。

慣れてきたらデータも探してみよう

グラフなどを探して評価することで、ある程度「分析するとはどんなことなのか」をイメージできるようになったら、料理における素材＝データを探してみましょう。これも Google などで検索するといろいろ探すことができます。もしくは、データがたくさん集まったサイトを眺めてみることも役に立ちます。

有名なものでは、総務省の Web サイトがあります。以下の図のように、さまざまなデータが提供されています。興味が持てそうなものを開いてみて、データとはどんなものかを眺めてみてください。

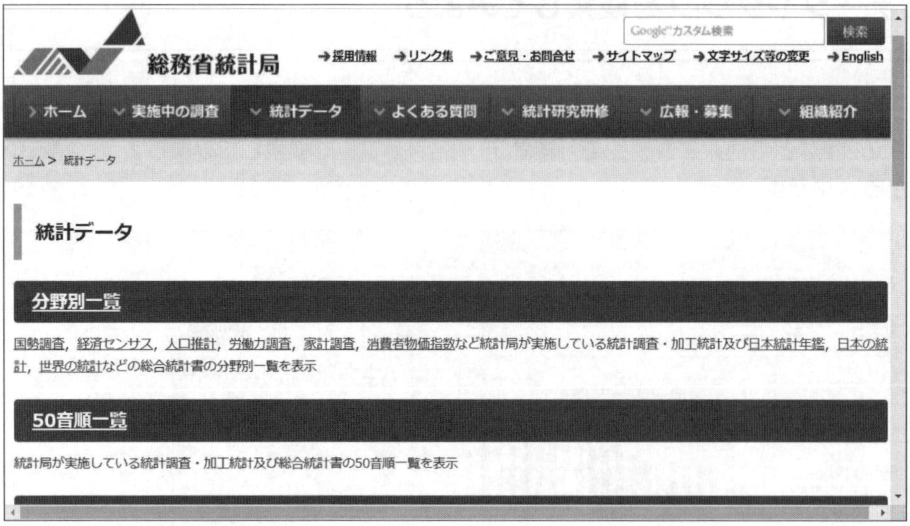

http://www.stat.go.jp/data/

ただし、開いたデータを見て「なんだこれ」とがっかりしないでください。以下は総務省が公開している「年齢（5歳階級），男女別人口」の統計データですが、数値ばかりですね。

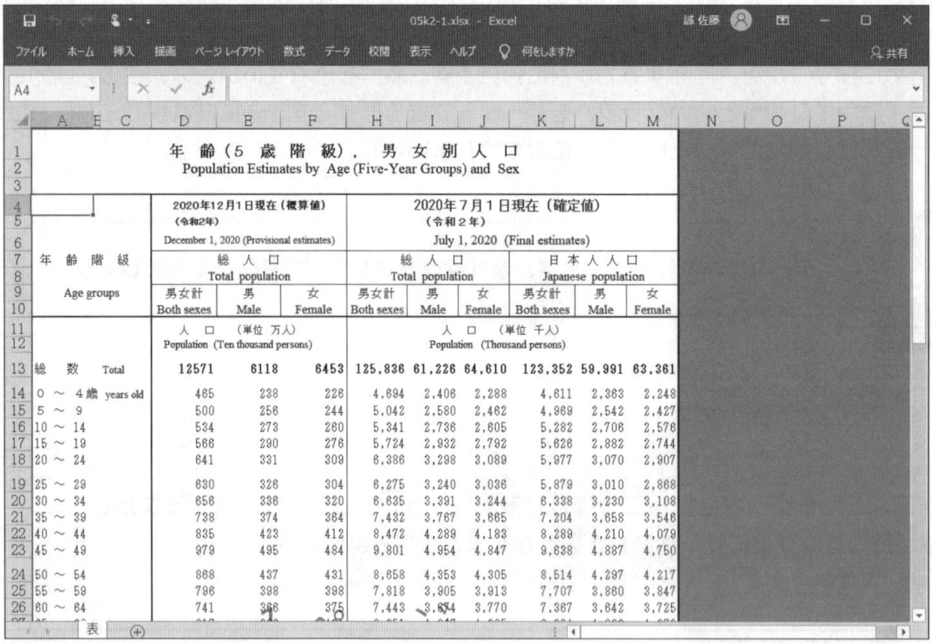

年齢（5歳階級），男女別人口
Population Estimates by Age (Five-Year Groups) and Sex

年齢階級 Age groups	2020年12月1日現在（概算値）（令和2年） December 1, 2020 (Provisional estimates) 総人口 Total population			2020年7月1日現在（確定値）（令和2年） July 1, 2020 (Final estimates) 総人口 Total population			日本人人口 Japanese population		
	男女計 Both sexes	男 Male	女 Female	男女計 Both sexes	男 Male	女 Female	男女計 Both sexes	男 Male	女 Female
	人口（単位 万人） Population (Ten thousand persons)			人口（単位 千人） Population (Thousand persons)					
総数 Total	12571	6118	6453	125,836	61,226	64,610	123,352	59,991	63,361
0 〜 4歳 years old	465	238	226	4,694	2,406	2,288	4,611	2,363	2,248
5 〜 9	500	256	244	5,042	2,580	2,462	4,969	2,542	2,427
10 〜 14	534	273	260	5,341	2,736	2,605	5,282	2,706	2,576
15 〜 19	566	290	276	5,724	2,932	2,792	5,626	2,882	2,744
20 〜 24	641	331	309	6,386	3,298	3,089	5,977	3,070	2,907
25 〜 29	630	326	304	6,275	3,240	3,036	5,879	3,010	2,868
30 〜 34	656	336	320	6,635	3,391	3,244	6,338	3,230	3,108
35 〜 39	738	374	364	7,432	3,767	3,665	7,204	3,658	3,546
40 〜 44	835	423	412	8,472	4,289	4,183	8,289	4,210	4,079
45 〜 49	979	495	484	9,801	4,954	4,847	9,638	4,887	4,750
50 〜 54	868	437	431	8,658	4,353	4,305	8,514	4,297	4,217
55 〜 59	796	398	398	7,818	3,905	3,913	7,707	3,860	3,847
60 〜 64	741	366	375	7,443	3,654	3,770	7,367	3,642	3,725

数値の羅列なので、ただ眺めているだけでは面白みがないと感じると思います。この**「面白くない」という感覚**が重要です。だからこそ、それを調理（分析）し、**わかりやすく意味のあるもの（分析結果）に変える必要がある**わけです。

この本の目的の１つは、単なる文字や数値の羅列から面白いものを抽出する武器を身に付けることにあります。「これを眺めていても役立てにくいから、どうにかしてやろうというのが、『分析だ』」いうイメージを持って、次節から、１つずつ学んでいきましょう。

SECTION 03
分析結果を利用する人になりきって考える

データは手に入ったけど、どこから手を付けたらいいのかもわかりません。

そういうときは、まず何がわかれば役に立つのかを考えてみることから始めてみましょう。

データ分析の基本は「要約」

データをそのまま眺めていても、全体像がよくわかりません。そこで、まずは「パッと見て理解できるようにまとめてしまおう」という分析手法が**要約**です。要約について詳しくは後の章で学習しますが、ここでは、以下のような小売店の売上データをもとに考えていきます。いわゆるレジのデータです。1日1000人のお客さんが買い物するとすれば、1000件の購入金額のデータがあることになります。

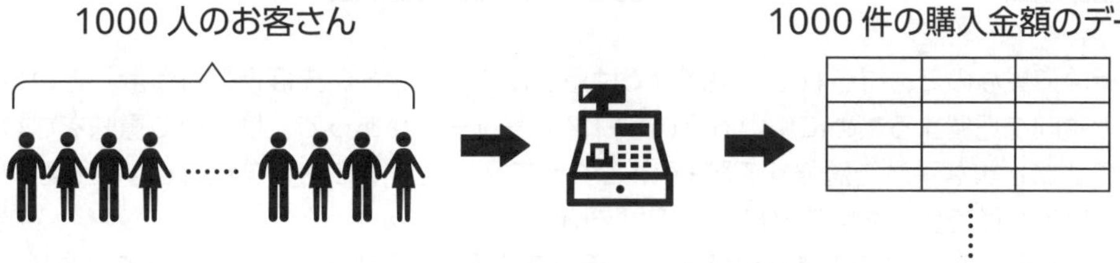

QUESTION Q

こんなデータが日々蓄積されているとして、ここからどんなことがわかったらビジネスに役立つと思いますか？　考えてから先に進みましょう。

よい分析をするには「誰かになりきる」ことが重要

さて、どんなことを思いつきましたか？　データは、いろいろな角度から分析できます。したがって、何に使うかを先にイメージしないと、せっかく分析しても使えない（面白くない）結果になってしまいます。料理であれば、「食べる人が何を食べたいのか、何を作れば喜んでもらえるか」を先にメニューとして考えてから作り始めるはずです。データ分析も同じで、**その結果を誰がどう使うか**を先に考える必要があります。皆さんは、分析者だけでなく、一人二役で**分析結果**の利用者も演じなければいけません。

利用者になりきって、「何を得られたら有益なのか」を想像する力が必要です。

65万円の売上は多い？少ない？

先ほどの売上データであれば、どんなことがわかったら便利でしょうか。例を考えてみましょう。

1日ごとに売上の合計を計算して、ある日の売上合計金額が65万円だったとします。それだけ見ても「だから何？」と感じないでしょうか。65万円という合計金額が、多いのか少ないのかを判断するためには「普段の売上」を知っておく必要があります。もちろん、このお店の人ならば経験的に65万円が高いか否かを判断できるでしょう。でも、その経験がない人は、例えば直近30日の売上金額の傾向をグラフにして参考にするとか、30日間での1日の平均売上を計算するなどして、65万円の価値を知るための「基準」を用意しなければいけません。

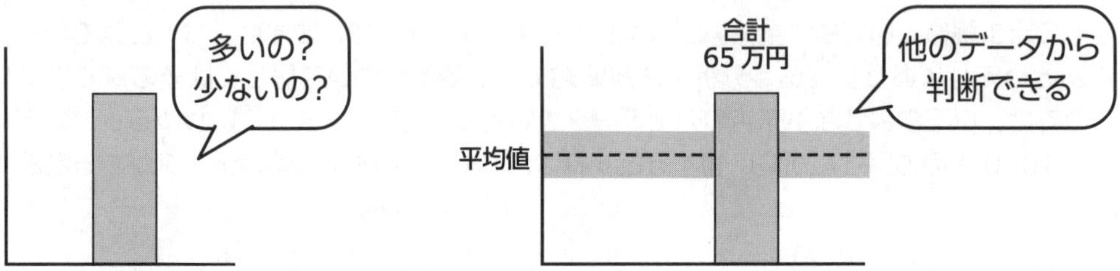

データ分析は道具なので、得られた結果だけでは意味がありません。先ほどの「合計」という値も、それを売上の傾向を把握するために用いるという「ストーリー」があって、はじめて意味をなします。データ分析のさまざまな手法を勉強する際も、「これって何に役立つのか」を意識しなければ、単に道具を知っているだけで使えないことになってしまいます。

最近、データ分析を専門とする**「データサイエンティスト」**という職業が脚光を浴びています。データサイエンティストは、単に数学に詳しいだけの人ではありません。「何を明らかにすれば、誰のどんなことに役立つのか」を説得力あるストーリーとして描ける人たちだからこそ、注目を集めているのです。

LET'S TRY
演習

売上のデータで何がわかれば役に立ちそうかについて、メモを作ってみましょう。そして、この先本書を読み進めていきながら、メモした内容にどの手法が使えるかを考えてみましょう。売上以外のデータについても、自分の興味があるテーマでも行ってみましょう。なお、この章以降の演習では、皆さん自身の興味のあるデータで考えてみる（もしくは分析してみる）演習があるので、ここでどんなデータに興味があるかを考えてから、読み進めましょう。

SECTION
04 データ分析のための武器を身に付けよう：Excel のススメ

データを分析したいけど、どうやって勉強したらいいかわかりません。教科書を見たけど難しそうで……。

データ分析は道具だから、実際に使いながら覚えていきましょう。特に必須ビジネスツールの「Excel」を使って勉強するのがおすすめです。

データ分析は使いながら覚えよう

データ分析には、統計学の知識が要求されます。だからといって、統計学を学んでからでないとデータ分析が始められないわけではありません。例えば、電子レンジの仕組みがわからなくても、「何ができて、どう使うのか」さえ知っていれば、道具として活用できるのと一緒です。ということで、Excel を使いながらデータ分析を学んでいきましょう。

その際におすすめなのは Excel です。Excel は Microsoft Office に含まれる表計算ソフトで、ビジネスの現場では、もはや必須スキルとなっています。このテキストは Excel の解説書ではないので、データ分析に必要な最低限の機能の使い方を説明するにとどめます。

Excel を開いてみよう

Excel を起動すると、以下のような表形式の画面が開きます。

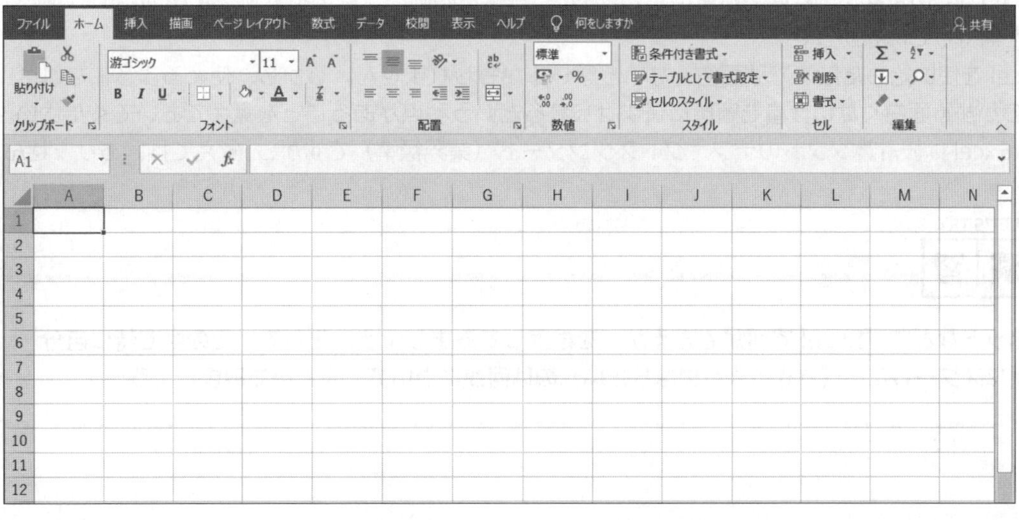

あまり面白みがない画面ですが、この表の部分にデータが入り、それをもとに、グラフを作ったり、分析をしたりすることができます。

	A	B	C	D	E	F	G	H
1	Date	A店	平均値	平均値＋標準偏差	平均値-標準偏差		平均値	標準偏差
2	6月1日	332,654	373,390.6	403,784.5	342,996.7		373,390.6	30,393.9
3	6月2日	336,738	373,390.6	403,784.5	342,996.7			
4	6月3日	369,307	373,390.6	403,784.5	342,996.7			
5	6月4日	331,430	373,390.6	403,784.5	342,996.7			
6	6月5日	381,088	373,390.6	403,784.5	342,996.7			
7	6月6日	412,814	373,390.6	403,784.5	342,996.7			
8	6月7日	428,082	373,390.6	403,784.5	342,996.7			
9	6月8日	361,875	373,390.6	403,784.5	342,996.7			
10	6月9日	379,058	373,390.6	403,784.5	342,996.7			
11	6月10日	335,279	373,390.6	403,784.5	342,996.7			
12	6月11日	365,994	373,390.6	403,784.5	342,996.7			
13	6月12日	349,392	373,390.6	403,784.5	342,996.7			
14	6月13日	429,543	373,390.6	403,784.5	342,996.7			

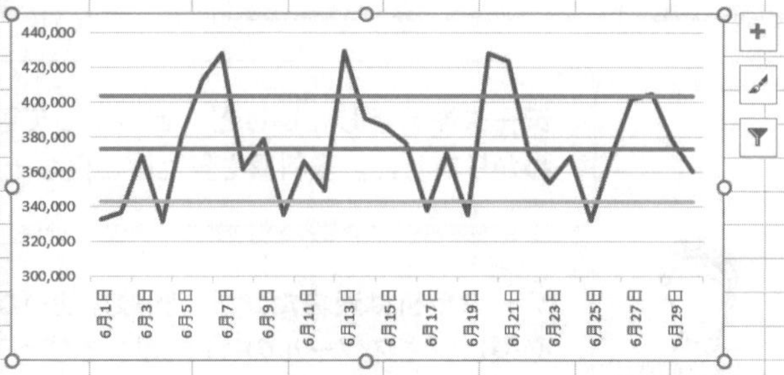

どうしてExcelを使えるようになりたいのか（手抜きのススメ）

Excelに限らず、ある種のパソコンソフトを使えると便利なのは、生産性が高いためです。例えば、前の節の売上のデータを思い出してみましょう。1日1000件のレシート（売上）があったとして、仮に電卓で1日の合計売上を求めようとしたら、とても手間がかかるはずです。その上、電卓に入力したデータは記録されないので、後で「あの日の売上いくらだっけ」と再計算が必要になったら、また同じ計算をすることになってしまいます。

Excelなら計算を自動で行ってくれますし、途中段階で入力したデータも残っているので、他の用途にも使えます。

適切かつ簡単にデータを分析できるようになれば、余った時間を他のことに使うことができます。やや大きな話になりますが、現在、国でも行政のデジタル化（デジタルトランスフォーメーション）が進められています。それは、効率化とその先に、余った時間をクリエイティブな方向に振り向けることを期待しているからです。

Excelを使い始めた段階では面白くないと感じるかもしれません。しかし、使えるようになれば、手間のかかる面白くない仕事を簡単に済ませられるという利点があることを覚えておいてください。また、Excelは表計算ソフトのデファクトスタンダード（業界標準）ですから、覚えて損はありません。

LET'S TRY

演習

ネットなどで「Excelで何ができるか」を検索してみましょう。そして、その中で特に自分がマスターしたい（できるようになりたい）のは何かについて、まとめてみましょう。

COLUMN

情報セキュリティと IT リテラシー

IT リテラシーの中で、普段から注意しておきたいものが、情報セキュリティです。データには、人のプライバシーに関わるものがたくさん含まれているからです。

例えば、最近ネットで検索した商品が、関係ないサイトのバナー広告などに出てきて驚いたことはないでしょうか？　それは皆さんがどんなサイトを過去に見たかが記録されているからです。この広告手法自体は合法なのですが、プライバシーに関わる情報と紐付けられると一気に大きな問題になります。サイトの閲覧履歴や購入履歴と、個人名や住所が紐付けられれば、「不特定多数の誰か」ではなく、「皆さん」の行動が第三者にわかってしまうのです。

データは使い方によっては便利なものですが、その一方で、使われ方によっては危険なものにもなります。

そう考えると、皆さんがデータを分析する側になった場合も注意が必要だと予想できます。データ分析のためにアンケートを採るのは一般的な手法ですが、個人情報が入ったデータを暗号化せずに持ち歩いたり、誰でもアクセスできるところに保管したりすると、データ漏洩の恐れがあります。その他にも、データを集めた目的以外に用いて訴えられるといったデータ活用倫理の問題、データを意図的に変更して誤った情報を発信する問題も引き起こしかねません。

データ分析という強力な武器を学ぶ前に、このようなリスクと心構えをしっかり意識しておきましょう。

COLUMN

データサイエンティストはセクシーな職業だ

「Harvard Business Review」という世界的に有名なビジネス誌は、2012 年 10 月号に、データサイエンティストを「21 世紀で最もセクシーな職業」であるとする論文を掲載しました。ここでいうセクシーとは、魅力的な仕事という意味で、人材も不足している（ということは需要が多い）上に、技術発展の余地がある刺激的な仕事だということです。

人材が不足している理由には、「データ分析をする者は数学ができなければならない」といった先入観があります。ここまでも触れたとおり、道具としてのデータ分析は数学ではありません。使いながらマスターすべきスキルです。したがってサイエンティストでもありますが、もう一方で職人（マイスター）的な要素が強い仕事です。まだまだ人材不足が解消されることは当面ありませんので、チャンスともいえます。さらに将来的には、データ分析を理解していて当たり前という時代も予想されるので、データサイエンティストを目指さないにしても、まったく学習しておかないことはリスクともいえます。

SECTION

01 ネットでデータを探してみよう

データ分析をしてみたいのですが、どんなデータを分析すればいいかわかりません……。

興味が持てないデータを分析してもつらいから、まずは、興味を持てそうなデータを探してみよう。

1次データと2次データ

データ分析をするには、もちろんデータが必要です。そこで、まずはデータはどんなものがあるかをまとめて理解してしまいましょう。はじめにおさえておきたいのは、データには「**1次データ**」と「**2次データ**」があるということです。

簡単にいえば「1次データ」とは、何か知りたいことのために、**自分で集め作成したオリジナルデータ**のことを指します。アンケート調査のデータや実験調査のデータなどが典型的な例です。

それに対して「2次データ」とは、他の人（もしくは自分も含むことがある）が過去に他の目的のために集めたデータを指します。いわゆる**2次利用する（他の用途に転用する）**という意味で2次データと呼ばれます。例えば、国が出している各種統計データや、論文や書籍で用いられているデータなどが該当します。

自分で集めた1次データのほうが、より目的に合致したデータが得られるのですが、毎回自分でデータを集めるのは大変です。また、1次データを効率的に集めるためには、「今何がわかっていて、新たに何を明らかにしたいか」をしっかり整理する必要があります。そのために、先行する既存の2次データを調べて、現時点でわかっていることを把握することが望まれます。この**先行事例や先行調査データを集める作業を「レビューをする」**といいます。データ活用のためには、レビュー力も重要な力となります。Googleなどの検索技術の発展によって、レビューがしやすくなっているので、ぜひ自分が知りたい対象について、どんなデータがあるかを探してみましょう。

検索エンジンの活用のコツ

検索エンジンを使うとデータを探しやすいというのはすでに説明したとおりですが、ネット上のデータが多すぎて、欲しいデータにたどり着けないこともしばしば起きてしまいます。ここではGoogleを例に、検索のコツについて学びましょう。

1つ目のコツは、「(知りたいコトのキーワード)　+　データ」で検索することです。簡単なキーワードだけで、いろいろなメーカーが提供しているデータにたどり着けます。

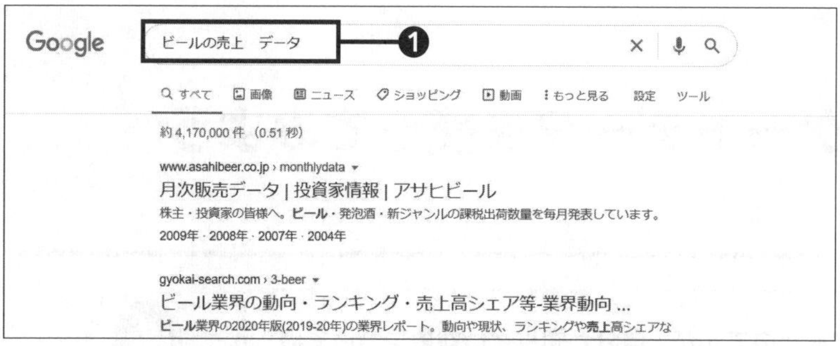

1 データを探す

❶「ビールの売上　データ」で検索

ただし分析をするためのデータなので、できればExcelやcsv（カンマ区切りのテキストデータ）といった形式のデータファイルが望ましいです。データファイルの形式で絞り込みたい場合は、「検索オプション」を活用します。

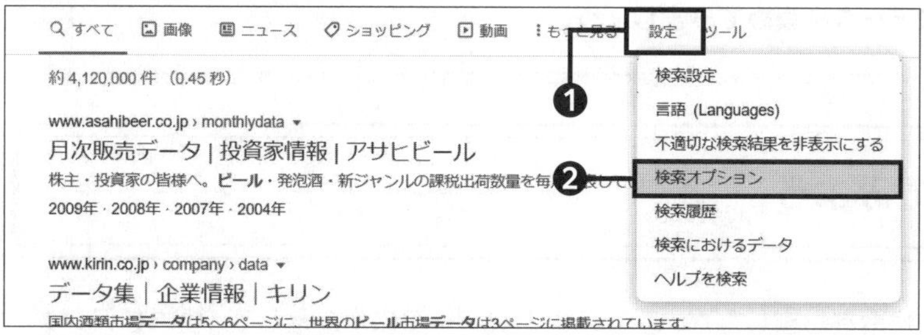

2 検索オプションを表示

❶検索結果の《設定》をクリック
❷《検索オプション》をクリック

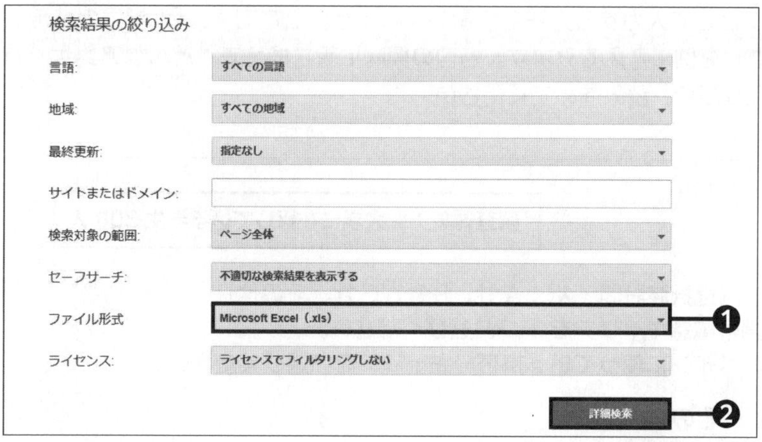

3 ファイル形式を選択

❶《ファイル形式》から《Microsoft Excel（.xls）》を選択
❷《詳細検索》をクリック

データを利用する際に出所を記載する必要があるので、どのサイトからダウンロードしたかをしっかり記録しておきましょう。出所を記載しないでデータを利用すると著作権侵害や盗用になる上、信用できない分析になってしまうので注意しましょう。

LET'S TRY
演 習

知りたいことを「キーワード」にして、データファイルを検索してみましょう。

SECTION

02 アンケートデータを使ってみよう

検索してみたのですが、自分が知りたい対象についてのデータが出てきません……。

2次データでは、目的にピッタリ合わないということもあります。それなら1次データを集めてみましょう。

アンケートを作ってみよう

前節では、2次データを探す演習をしましたが、ここでは1次データの作成として、簡単なアンケートを作り、それを分析用データとして入力する方法を学習しましょう。ここでは、「大学生の携帯電話の利用と満足度に関する調査」を例に考えてみます。各自の興味に置き換えて、どんなアンケートを作ればいいかについても考えながら、読み進めてください。

調査対象：A大学に在籍している学生300人

調査項目（変数）：

Q1 今使っているキャリア（選択肢設問4択：A社、B社、C社、その他）
あなたが今お使いの携帯電話キャリアを1つお選びください。
複数台ある場合には、メインに使っている携帯のキャリアをお選びください。

A社・B社・C社・その他（　　　　　　　　　）

Q2 Q1でお答えいただいた今お使いの携帯電話キャリアの満足度を
1点（不満）から10点（満足）の10点満点でお答えください。

（　　　　）点

Q3 機種変更意向（選択肢設問2択：あり、なし）
Q1でお答えいただいた今お使いの携帯端末を買い替えたいと思っていますか。

あり　・　なし

Q4 性別（選択肢設問2択：男性、女性）
最後にあなたの性別を教えてください。

男性　・　女性

COLUMN

アンケートを作るコツ

アンケートを作るにはさまざまなコツがありますが、ここでは最低限押さえておくべきポイントを紹介します。

1）知りたいことをしっかり考えてから設問を設定する。

アンケートで回答を集めてから「どう分析しようかな」と考えるのは、失敗のもとです。データを集める前の段階から、「何を明らかにするのか」をしっかりと考えながら、調査項目を設計しましょう（第４章で解説する「仮説の立て方」を学ぶと設計しやすくなります）。

2）聞きたいことがたくさんあっても、可能な限り設問数は少なく絞る

知りたいこと、聞きたいことがたくさんあっても、調査項目が多くなりすぎると回答者が適当に答えてしまって、よいデータが取得できなくなります。必要最低限の項目は何なのかを考え、可能な限り設問数を減らしましょう。

3）選択肢の場合、「選びようがない」が起きないようにする

選択肢問題の場合、回答者が「選べるものがない」というミスが起きがちです。回答者が選べないものをなくすようしっかり選択肢を用意するのはもちろんですが、「その他」や「わからない」などを活用することも検討しましょう。

4）本調査の前にテスト調査をして、ちゃんと答えられるようになっているか確認する

アンケートの作り方にはまだまだ注意点がありますが、一番よい方法は、本調査をする前に、一度テスト調査を行い、参加者に「わかりにくい設問はなかったか」「答えにくくなかったか」などを評価してもらうことが有効です。テスト調査で質問票を改善してから本調査に進みましょう。

変数のタイプとデータの入力

データとして集める値は、大別して選択肢と数値があります。**前者を「質的変数」、後者を「量的変数」**といいます。なお、変数とは「知りたいコト」を表しています。例えば、回答者が使っているキャリアを知りたい場合、「使っているキャリア」という変数を作成するという具合です。そしてその変数の中に「A 社」「B 社」という選択肢があり、それを「値」といいます。なお、変数は細かな分類がありますが、ここでは「質的（選択肢）」、「量的（数値）」と整理しておけば十分です。

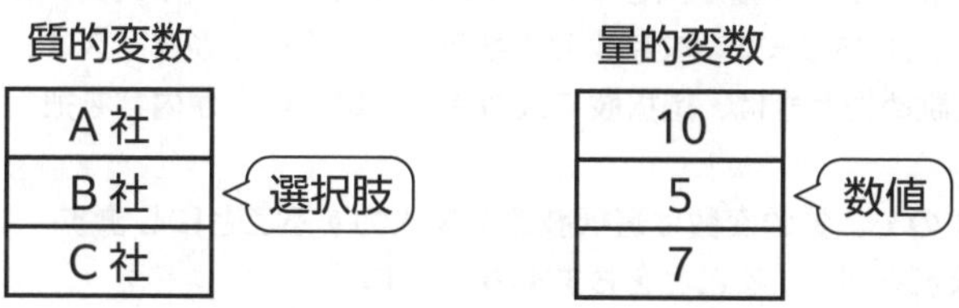

さて、この点を踏まえ、データを入力していきます。ここから先の話は、データ分析をするうえで、とても重要なポイントですので、しっかり理解してから先に進みましょう。

データは、基本的に「行」と「列」からなります。以下の図のように、Excel のシートをイメージするとわかりやすいのですが、**横方向を「行」、縦方向を「列」**と呼びます。

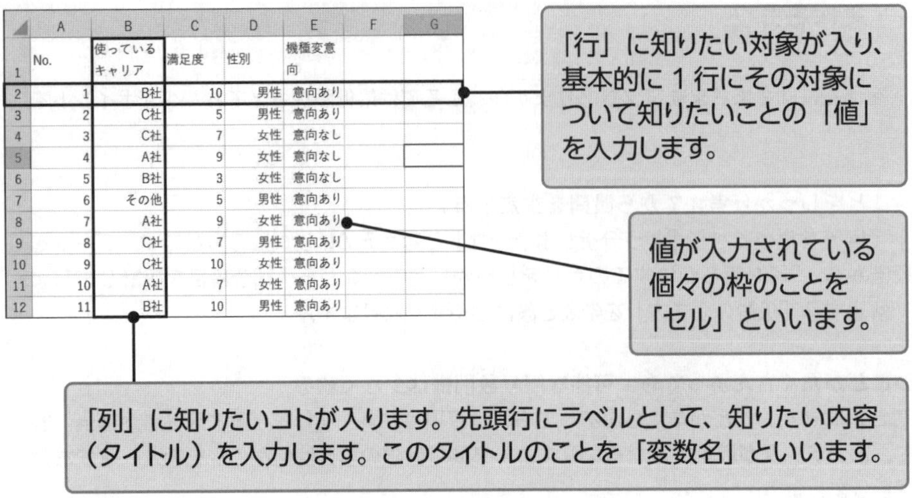

	A	B	C	D	E	F	G
1	No.	使っているキャリア	満足度	性別	機種変意向		
2	1	B社	10	男性	意向あり		
3	2	C社	5	男性	意向あり		
4	3	C社	7	女性	意向なし		
5	4	A社	9	女性	意向なし		
6	5	B社	3	女性	意向なし		
7	6	その他	5	男性	意向あり		
8	7	A社	9	女性	意向あり		
9	8	C社	7	男性	意向あり		
10	9	C社	10	女性	意向あり		
11	10	A社	7	女性	意向あり		
12	11	B社	10	男性	意向あり		

重要なのは、知りたい対象を「行」に、知りたいコトを「列」に入れるというルール（標準的な形式）を守ってデータを作る癖を作ることです。

行に「知りたい対象」、列に「知りたいコト（変数）」を指定するのは、理由があります。Excel をはじめ、データ分析用のソフトは、この形を前提に各種機能が作られているからです。したがって、この形でデータを用意しておかないと、グラフを作ったり、表を作ったり、高度な分析をしようとしたりする段階で、データの整形作業が発生します。分析用データはこの形で用意するということを強く意識してください。

COLUMN

選択肢の 2 つの入力方法

上記の図では、「使っているキャリア」を A 社、B 社というように選択肢（名義）のまま入力しています。この方法が基本ですが、データ入力上は、「1（A 社）」「2（B 社）」「3（C 社）」「4（その他）」というように数値で入力することもあります。数値のほうが入力しやすく、読み合わせ（入力があっているかを確認する作業）も楽ということに加え、データ量が大きくなったときに、データサイズ（ファイルサイズ）が大きくなりすぎないという利点もあります（文字よりも数値で入れたほうがサイズは小さくなります）。ただし、データをパッと眺めたときは、選択肢で入力されていたほうが内容を把握しやすいですね。

この書籍では Excel での分析を学びますので、質的変数は選択肢のまま入力することにします。なお、選択肢が長い場合には、その省略形などを利用することをおすすめします。

分析用データと分析結果データの違い

先ほど「分析用データ」といったのは、データには**「分析結果データ（結果を伝えるためのデータ）」**もあるためです。料理でいえば、素材と調理後の料理の違いです。

具体的な事例をもとに考えてみましょう。以下の表は「営業担当」と「商材」ごとの売上を集計したもので、違いは行と列が入れ替わっていることだけです。

	商材1	商材2	商材3	商材4	商材5
営業担当 1	114	21	96	39	18
営業担当 2	79	68	127	106	63
営業担当 3	93	3	101	64	49
営業担当 4	65	66	128	104	31
営業担当 5	4	35	99	13	85
営業担当 6	122	88	47	85	62

行／列が逆のデータ

	営業担当1	営業担当2	営業担当3	営業担当4	営業担当5	営業担当6
商材1	114	79	93	65	4	122
商材2	21	68	3	66	35	88
商材3	96	127	101	128	99	47
商材4	39	106	64	104	13	85
商材5	18	63	49	31	85	62

分析結果のデータとする場合は、どちらでも同じ意味です。しかし、分析用データとする場合、2つのデータの意味が変わってきます。

分析用データとして見た場合、上段のデータは「誰がどんな商品を売っているか」になり、下段のデータは「何が誰によって売られているか」になるからです。一見同じように感じるかもしれませんが、この違いはのちのち重要になります。

分析用データは、「行に知りたい対象、列に知りたいコト」という基本を忘れないようにしましょう。

LET'S TRY
演習

興味がある内容でアンケートを作成し、それを分析用データとして入力するとしたらどんなExcel シートになるか、考えてみましょう。ここではアンケートと分析用データの形をイメージすることが目的なので、実際にデータを集めなくても、考えた結果に合わせて入力のひな型を作るだけで OK です。

SECTION 03

データの対象をしっかり理解し、説明する

アンケートを集めてみました！　これでうちの大学全体の傾向がわかりますよ！！

ホントに大学全体の傾向っていい切れますか？　教室でアンケートを配って集めたデータらしいけど、それだと学年が偏っているのでは？

え？　そこまで考えないとダメなんですか……。

誰に聞くかをしっかり決めよう（母集団という考え方）

アンケートデータでよく問題になるのは、「知り合いに答えてもらった」とか「SNSにお願いを載せて答えてもらった」といったように**偏りを意識せずに集めてしまう**ことです。この集め方自体が悪いとまではいえませんが、そのデータからの結論を一般化するときに、当てはめる範囲によっては不適切なこと（データが使えない）になってしまいます。

例を挙げて考えてみましょう。〇〇大学の1年生の講義で、「最近気になっているアーティストは誰か」というデータを集めたとします。その結果をもとに「〇〇大学では、Aというアーティストが人気だ」といえるでしょうか？　「それは大学1年生の話で、4年生など年齢が上がると興味がないんじゃない？」という突っ込みが入りそうですね。それでは、「〇〇大学の1年生の間では人気」といえるでしょうか？　今度は「それは講義に出席しているまじめな人に人気なだけで、講義に出席していないような人は聴かないよ」といわれてしまうかもしれません。

データ分析では、知りたい対象のことを**母集団**といいます。そして、そこから一部を抽出（サンプリング）したものを**標本データ（サンプルデータ）**といいます。

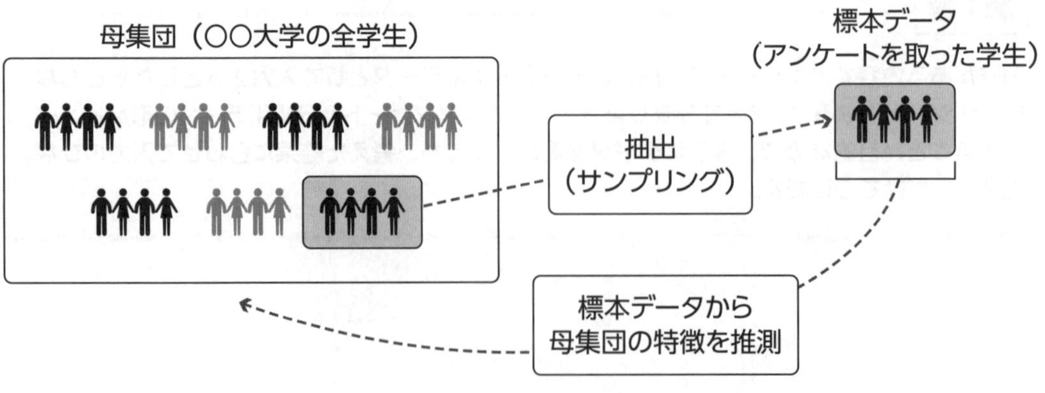

アンケートなどのデータが、知りたい対象のすべての人から集められない（つまり一部のデータしか集められない）場合は、「そもそも知りたい対象は何で、その対象のことを表すデータになっているのか」を慎重に検討する必要があります。

（例えば、どんなアーティストが人気なのかを）標本データを分析し、母集団の傾向を推測するというのが、データ分析の１つの大きな目的です。

偏らないための抽出とは

さて、この母集団（本当に知りたい対象）から一部のデータを抽出するには、どうすればいいでしょうか？　意味のあるサンプリングをするためには、得られた標本データが、**母集団データの傾向を反映しているミニチュアになっている**ことが必要です。偏った標本データから母集団の傾向を推測したら、結果がゆがんでしまうからです。とはいえ、この母集団のミニチュアを正確に作るのは至難の業です。結局一部のデータしか手に入らない以上、完璧に母集団の傾向を反映することは不可能です。

そこで、少しでも偏りを避け、データを集める人の主観（都合）が入らないように、多くの場合、**「無作為抽出（ランダム・サンプリング）」**という方法が採用されます。無作為抽出とは、文字どおり、ある母集団から標本（サンプル）を無作為（ランダム）に抽出（サンプリング）する方法です。

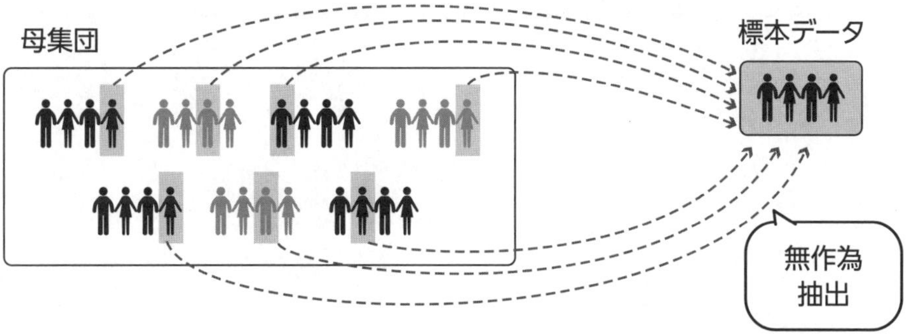

例えば、新聞社による意識調査を考えてみましょう。新聞社には主張に偏りがあるので、その手法を好む読者の意見に着目するだけでは、社会全体の意見を見ていることにはなりません。そもそも新聞を購読していない人も増えているわけで、購読者調査では社会全体を母集団とできません。

そこで、購読者か否かに関わらず、無作為に電話をかけるなどの手法が採られます。電話をかけるとしても、安易に電話番号のリストから抜き出すとそのリストがそもそも偏っているかもしれないので、11 桁の番号をランダムに生成し、自動的に発信するという「ランダム・デジット・ダイヤリング（RDD)」という手法が考え出されています。

このように「ランダム」に対象を選定することで、可能な限り偏りを減らす努力をする必要があります。

偏っていても使える結果にするために

しかしながら、RDDを用いても、「知らない番号からかかってきた電話には出ない人の意見は集められないではないか」という批判はあり得ます。それに、学生が調査をするときに、社会の傾向を知りたいからといって、毎回RDDを行うことは現実的ではありません。では、厳密に偏りがない標本データでなければ、データを分析して、意味のある分析結果を得られないのでしょうか。

もちろんそんなことはありません。ではどうすればよいでしょうか。それは、集めたデータの特徴をしっかり示すことです。先ほどの例でいえば、**「このデータは○○大学の△△という講義に出席していた◇◇人のデータです。その中での性別やコースなどの回答者属性の構成は以下のとおりです」**という具合に、データやそこからの結果を読む側が、どんな母集団を想定してよいか（結果をどこまで一般化していいか）が判断できるようにしておくことです。それによって、偏ったデータであっても、偏ったことを踏まえた結果として活用できます。

LET'S TRY

演習

第2章 SECTION1の演習で、2次データがどんな対象を想定していたか、そしてなるべく偏りのない標本データにするためにどんな工夫がなされているかを確認しましょう。偏らない工夫がなされていないこともあり得るので、その場合にどんな問題があるか、結果がどう怪しいと思うか（実際の結果はどんな傾向だと予想できるか）を考えてみましょう。

SECTION 04

3つのデータの形

ネットで検索したり、アンケートを採ったりしてみたら、大まかな傾向が見えてきました。

せっかくなので、データを類型化しておきましょう。データのタイプを知ることは、Excel やデータベースで利用する際にも重要です。

クロスセクションデータ

先ほど、ある講義の中でアンケートを採る例を考えました。このように、ある時点でのデータを**クロスセクションデータ（横断面データ）**といいます。ちょっと難しい用語ですが、要は、「ある時点で対象がどういう状態か」を取得したデータと理解しておけば大丈夫です。アンケートなどのデータの大半はクロスセクションデータなので、いわば普通のデータというイメージです。

それでは、ビジネスデータの例を1つ挙げて考えてみましょう。以下は、あるコーヒーチェーンの10店舗について、ある月にいくら売り上げたのか（月間売上高）、何人の来店があったのか（月間来店者数）などを記録したデータです。知りたい対象は、「10店舗」ですので、行方向に店舗名が入り、列方向に知りたいコトの「月間売上高、月間来店者数」が入っていることがわかります。これは特定の月の状態を抜き出したものなので、クロスセクションデータです。

	A	B	C	D	E
1		月間売上高	月間来店者数	月間平均客単価	
2	A店	11,201,718	7,122	1,573	
3	B店	8,427,423	5,215	1,616	
4	C店	21,821,004	17,869	1,221	
5	D店	11,868,364	9,702	1,223	
6	E店	17,793,562	13,714	1,297	
7	F店	16,446,279	13,093	1,256	
8	G店	13,773,338	13,763	1,001	
9	H店	16,652,643	15,376	1,083	
10	I店	15,876,758	14,227	1,116	
11	J店	14,775,055	14,362	1,029	
12					
13					
14					

ある1カ月のデータを
まとめた
「クロスセクションデータ」

ある時点を抜き出した「時間経過による変化を考えないデータ」であることが特徴です。

時系列データ

1時期を切り取ったクロスセクションデータに対して、時間の推移に沿って記録されるデータを**「時系列データ」**といいます。

例えば、ある店舗（例えばA店）の日々の売上高の推移をまとめたデータなどです。この場合、表すものは「○月●日の『売上高』はいくらか」となるので、行に「日付」、列に「売上高」が入り、下図のようなデータになります。

	A	B	C
1	Date	A店の売上高	A店の来店者数
2	6月1日	332,654	190
3	6月2日	336,738	203
4	6月3日	369,307	224
5	6月4日	331,430	281
6	6月5日	381,088	273
7	6月6日	412,814	306
8	6月7日	428,082	271
9	6月8日	361,875	241
10	6月9日	379,058	233
11	6月10日	335,279	261
12	6月11日	365,994	320

日付

時間経過による推移をまとめた「時系列データ」

ビジネスでは、時系列データを分析対象とすることが多いという特徴があります。刻々と変化する売上に対応して戦略や戦術を考え、実行する必要があるとともに、過去の時系列データから業績を評価することも多いためです。

表の形式に着目すると、データ分析上おすすめなのは、**日付などの時間を行に、変数（知りたいコト）を列**にした形です。横に時間を採用するデータも見かけますが、分析時に使いにくいため、あまりおすすめしません（もちろん、分析用ではなく結果を見せるためのデータであれば、どちらを行にしてもかまいません）。

それは、Excelのようなデータ分析ソフトに適した形式であるのに加え、時系列データはどんどん追加されるものなので、**行方向を増やすほうが管理が楽**だからです。自分でデータを集める場合は原則的にこの形式（行に時間）で作り、もし他者が作ったデータが列に時間が入っているようなら、Excelでデータを《コピー》してから、《貼り付け》の《▼》→《形式を選択して貼り付け》→《行列を入れ替える》を選択して、行と列を反転しておくことをおすすめします。

	A	B	C	D	E	F	G	H	I	J	K
1	Date	6月1日	6月2日	6月3日	6月4日	6月5日	6月6日	6月7日	6月8日	6月9日	6月10日
2	A店の売上高	332,654	336,738	369,307	331,430	381,088	412,814	428,082	361,875	379,058	335,279
3	A店の来店者数	190	203	224	281	273	306	271	241	233	261
4											
5											
6											
7											

パネルデータ：1枚に入れるか、複数シートに入れるか

さて、次のデータを見てください。これは、クロスセクションデータでしょうか、時系列データでしょうか。

	A	B	C	D	E
1	Date	A店の売上高	A店の来店者数	B店の売上高	B店の来店者数
2	6月1日	332,654	190	275,703	124
3	6月2日	336,738	203	276,213	251
4	6月3日	369,307	224	275,839	111
5	6月4日	331,430	281	267,370	154
6	6月5日	381,088	273	270,307	110
7	6月6日	412,814	306	313,029	195
8	6月7日	428,082	271	319,375	131
9	6月8日	361,875	241	261,914	238
10	6月9日	379,058	233	263,475	114
11	6月10日	335,279	261	277,816	125
12	6月11日	365,994	320	262,265	127
13	6月12日	349,392	165	262,581	204
14	6月13日	429,543	254	321,387	312

クロスセクションデータと時系列データが組み合わさったデータを「パネルデータ」といいます。

ある時点（日時）に着目するとクロスセクションデータになります。

対象をA店に絞ると時系列データになります。

実際のビジネスデータでは、複数の対象を時系列で記録しているデータがほとんどで、クロスセクションデータと時系列データが組み合わさったデータを**「パネルデータ」**といいます。上図のように複数店舗の売上記録のデータの他、同じ対象について毎月採ったアンケートデータなどもパネルデータに当たります。皆さんの成績データも、知りたい対象：学生、知りたい基準：各科目の成績を毎学期記録していますので、パネルデータということになります。

なお、パネルデータになると、データの持ち方（入力の仕方）はいろいろな形式が考えられます。例えば、Excelであれば、以下のように1つの対象を1シートごとに入力する形式もあるでしょう。

	A	B	C
1	Date	A店の売上高	A店の来店者数
2	6月1日	332,654	190
3	6月2日	336,738	203
4	6月3日	369,307	224
5	6月4日	331,430	281
6	6月5日	381,088	273
7	6月6日	412,814	306
8	6月7日	428,082	271
9	6月8日	361,875	241
10	6月9日	379,058	233
11	6月10日	335,279	261
12	6月11日	365,994	320
13	6月12日	349,392	165
14	6月13日	429,543	254

A店 | B店 | C店

	A	B	C
1	Date	B店の売上高	B店の来店者数
2	6月1日	275,703	124
3	6月2日	276,213	251
4	6月3日	275,839	111
5	6月4日	267,370	154
6	6月5日	270,307	110
7	6月6日	313,029	195
8	6月7日	319,375	131
9	6月8日	261,914	238
10	6月9日	263,475	114
11	6月10日	277,816	125
12	6月11日	262,265	127
13	6月12日	262,581	204
14	6月13日	321,387	312

A店 | B店 | C店

ただし、複数シートに分けて入力する形式はとても使いにくく、データ活用を考えるとおすすめできません（とはいえ、この形式でデータを管理している会社も少なくないのですが）。これよりは、以下のように、１枚のシートに収まる形のほうが使いやすい場合が多くなります。

Date	店舗名	売上金額	来店者数
6月1日	A店	332,654	190
・			
・			
・			
6月29日	A店	378,316	177
6月30日	A店	360,410	145
6月1日	B店	275,703	124
・			
・			
・			
6月29日	B店	261,682	168
6月30日	B店	270,674	180

とはいえ、この段階では、どんな形式がベストかを考える必要はありません。分析しようとしているデータを見て、どんな形になっているかを確認するうちに、どんな形が使いやすいかがわかるようになってきます。そうすると、データの形を目的によって変形できるようになります。

LET'S TRY

演習

ネットからパネルデータを探して、どんな構造になっているかを確認してみましょう。

COLUMN

公開されているデータ（オープンデータ）のまとめサイト

ネット上には、分析に役立つデータがたくさん公開されています。こういったデータをオープンデータと呼びますが、ぜひ活用すべきデータです。大量にあるので、適宜検索して探す必要がありますが、以下のような代表的なサイトを知っておくと便利です。

オープンデータカタログサイト　https://www.data.go.jp/

COLUMN

数値の表示形式を設定して見やすくする

桁が多い数値データを入力（表記）するときは、見やすくする工夫をしましょう。例えば、「12345678円」よりは「12,345,678円」のように3桁ごとに区切りを入れたほうが見やすくなります。ビジネス用途では、「12,345.678（単位：千円)」のように千円単位にすることもよくあります。

Excelで表示形式を設定するには、《ホーム》タブの《数値》グループや《セルの書式設定》ダイアログボックスなどを利用します。《セルの書式設定》ダイアログボックスは、対象のセルを右クリックして《セルの書式設定》を選択して表示します。小数点以下の桁数や通貨記号の指定、マイナスを朱字にするなどさまざまな書式が利用できるので、見やすさを工夫してみましょう。

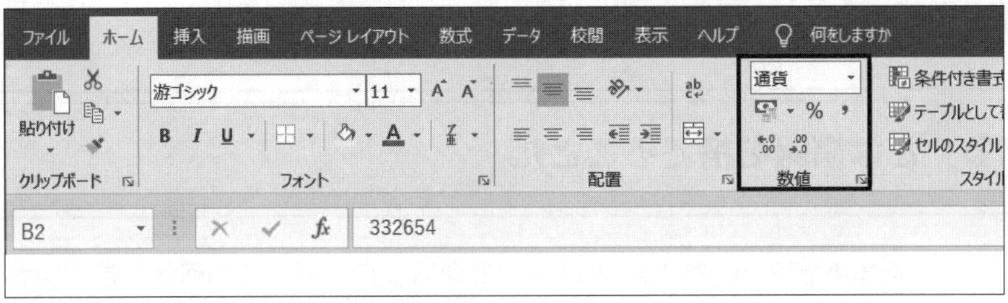

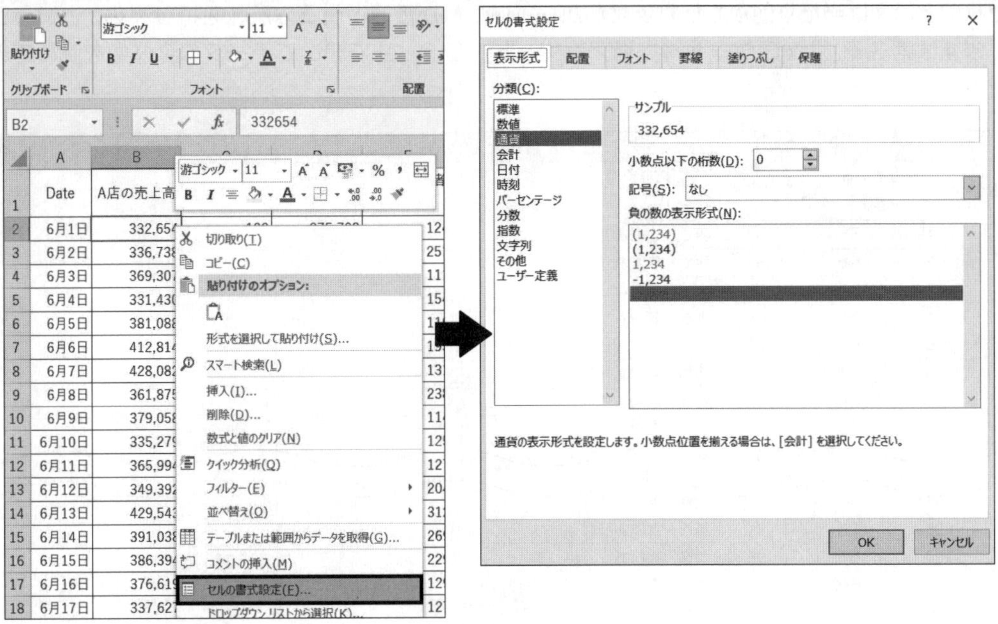

SECTION

01 データの要約とは何か

アンケートでデータを集めたので、分析してみたいのですが、何から始めたらいいでしょうか。

まずは全体像を把握するために「要約」してみましょう。大きなデータの傾向を表す値を求めるのです。

「要約する」とは情報を捨てることだ

アンケートでデータを集めたら、いよいよそのデータを活用して、「役に立つ何か」を見つけていきましょう。最初に行うのは、先入観を持たずにザッとでいいので、データ全体を眺めることです。当たり前といえば当たり前かもしれませんが、実はこれが後ほど重要な意味を持ちます。ということで、まずは第 3 章 .xlsx のシート「携帯アンケート」を Excel で開いてデータの全体像を眺めてみましょう。

	A	B	C	D	E	F	G	H	I	J	K	L	M
1	No.	使っているキャリア	満足度	性別	機種変意向								
2	1	B社	10	男性	意向あり								
3	2	C社	5	男性	意向あり								
4	3	C社	7	女性	意向なし								
5	4	A社	9	女性	意向なし								
6	5	B社	3	女性	意向なし								
7	6	その他	5	男性	意向あり								
8	7	A社	9	女性	意向あり								
9	8	C社	7	男性	意向あり								
	9		10										
293	292	A社	6	女性	意向あり								
294	293	C社	6	男性	意向あり								
295	294	B社	9	女性	意向あり								
296	295	B社	3	女性	意向なし								
297	296	C社	7	女性	意向あり								
298	297	A社	10	女性	意向あり								
299	298	B社	8	男性	意向あり								
300	299	その他	10	男性	意向なし								
301	300	C社	7	女性	意向あり								
302													

このデータには、300 行（300 件）× 5 列（5 変数）の情報が入っています。さて、これを眺めていて、「役に立つ何か」が見つけられるでしょうか？　中には、見ただけで「あれ？」と何かに気付く人もいるかもしれませんが、大半の人にとっては、データそのものを眺めていても、よくわからないとい

うのが、実際のところでしょう。

昨今、**ビッグデータ**という言葉がもてはやされていますが、ビッグデータというのは別に新しいものではありません。人間にとって**「パッと見ただけでは内容が把握しきれない数」のデータ**はすでにビッグデータなので、その点でいえば昔からあるものです。一説では、データが 10 件以上あるとよくわからなくなるともいわれています。

そこで必要になるのが**「要約」**という分析手法です。要は「データをパッと見てわかるまで簡単にまとめてしまう」ということです。ここで一点、重要なことを指摘しておきます。データの要約に関しては、2 つの対立する意見があるのです。

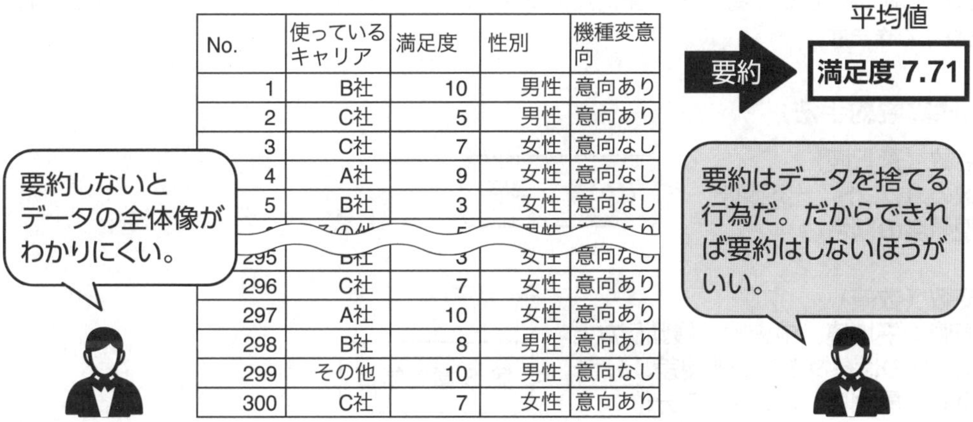

No.	使っているキャリア	満足度	性別	機種変意向
1	B社	10	男性	意向あり
2	C社	5	男性	意向あり
3	C社	7	女性	意向なし
4	A社	9	女性	意向なし
5	B社	3	女性	意向なし
[illegible]	その他	5	男性	意向あり
295	B社	3	女性	意向なし
296	C社	7	女性	意向あり
297	A社	10	女性	意向あり
298	B社	8	男性	意向あり
299	その他	10	男性	意向なし
300	C社	7	女性	意向あり

このジレンマを踏まえながら、データ分析をしていく必要があります。1 つ例を挙げてみましょう。以下の質問について考えてみてください。

QUESTION

Q

この 300 人の満足度（10 点満点）の平均値を計算したとします（平均値について詳しくは第 5 章で学習します）。その結果、満足度の平均値が 7.71 だったとします。この平均値は、300 人分の満足度のデータを 1 つの数値に要約したものといえます。この値は何を意味するものだと思いますか？

10 点満点の満足度だから、まあまあの評価だと感じる人もいるでしょうし、低いと感じる人もいるかもしれません。それは「解釈」の問題なので、ここでは一度置いておきます。問題は、実際のデータでは **10 点の人も 3 点の人もいたのに、平均 7.71 といった瞬間にその情報が捨てられている**ということなのです。

質的データと量的データの要約の仕方

データをパッと見てわかるまで要約するには、いくつもの手法があります。とはいえ、 普段よく使われるものは、さほど多くはありません。ここでは、まず「変数の種類」という視点から要約手法を整理しておきましょう。

第 2 章の復習になりますが、データには「質的変数（選択肢）」と「量的変数（数値）」があったことを思い出してください。この携帯電話のデータでは、「使っているキャリア」「機種変意向」「性別」が質的変数、「満足度（10 点満点）」が量的変数です。このように 2 つに分けると、以下のように要約手法を整理できます。

〈代表的な要約手法〉

質的変数（選択肢）
- 度数のカウント：出現頻度
- 出現頻度の割合

この章で学習

量的変数（数値）
- 代表値：平均値、中央値、最頻値など
- 平均からのばらつき：標準偏差、分散
- 最小値、最大値、レンジ、四分位

第 5 章で学習

それぞれの手法については、Excel での計算の仕方を含め、次節から 1 つずつ学習していきます。

ところで、ここで挙げた手法の中には、皆さんもすでに知っているものや、聞いたことがあるものも少なくないのではないでしょうか？　例えば、その代表的なものが「平均」でしょう。とはいえ、平均というおなじみの要約の仕方でも、**誤った使い方によって本来の力を発揮できていない**こともあります。

「これは知っている」と思っても、1 つずつ読み飛ばさず学習してください。

次節では、まずは「質的変数」の要約からはじめ、Excel に慣れながらデータ活用方法を学んでいきましょう。

LET'S TRY
演習

各自で探してきたデータの変数を確認し、どの変数が「質的変数」で、どの変数が「量的変数」かを確認しましょう。そして、それぞれどんな「要約手法」があるかを予想してみましょう。

SECTION
02

Excel で要約してみる

Excel って、表を作るソフトでしょう?

それではもったいない。Excel は表で計算するソフト(表計算ソフト)です。計算の道具としてマスターすれば、強力な武器になります。

ピボットテーブルのススメ

Excel は「表計算ソフト」なので、データを計算するさまざまな機能が搭載されています。よく使われるのは**「関数」**で、「〇〇を使って平均値を計算しろ」といった命令を「=AVERAGE(C2:C301)」という形式で指定します。

とはいえ、いきなり関数は難しいので、ここでは、**「ピボットテーブル」**という機能を使って要約する方法を学習していきます。ビジネスでも使えると便利な(にもかかわらず、あまり使える人が多くない)機能ですので、実際に操作をしながらマスターしてしまいましょう。

1 ピボットテーブルの作成

❶もとにするデータ内のセルを選択
❷《挿入》タブの《ピボットテーブル》をクリック

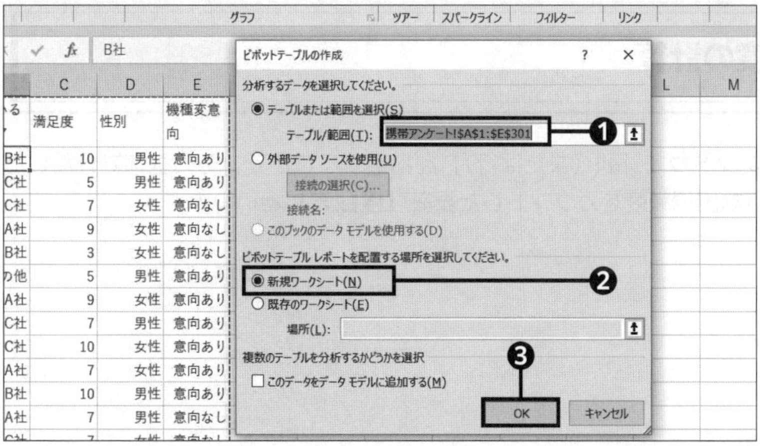

2 範囲を指定

❶《テーブルまたは範囲を選択》に分析したいデータが指定されていることを確認(「携帯アンケート!$A$1:$E$301」となる)
❷作成先が《新規ワークシート》になっていることを確認
❸《OK》をクリック

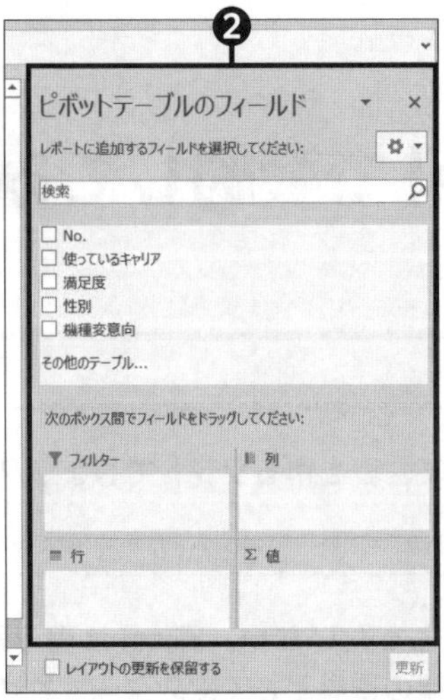

3 シートが追加された

❶新しいシートが追加される
❷《ピボットテーブルのフィールド》作業ウィンドウが表示される

作業ウィンドウ右下の 4 つのボックスに、「変数名」をドラッグしていくと簡単に計算した表が完成します。まずは 1 つ作ってみましょう。

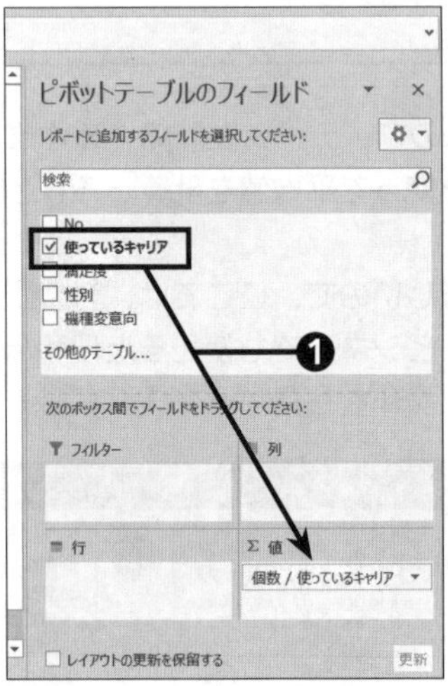

4 「個数」の表を作成

❶《値》に《使っているキャリア》をドラッグ
❷《使っているキャリア》のデータ件数が表示される

もちろん、これだけでは単にデータの個数がカウントされただけですので、ありがたみはありません。そこで、携帯キャリアごと（グループごと）のデータの個数を計算してみましょう。

グループごとの頻度の計算

ピボットテーブルの作業ウィンドウで「列（または行）」を指定することで、その基準で分割した内訳を作成できます。このような出現頻度をカウントした表を**「度数表」**といいます。

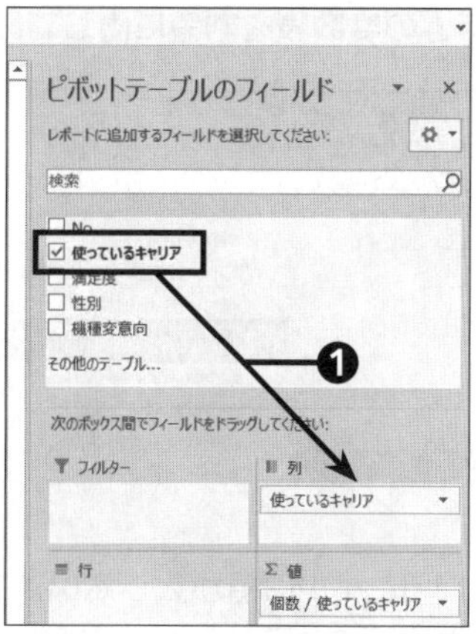

1 キャリア別に求める

❶《列》に《使っているキャリア》をドラッグ
❷《列ラベル》に《A 社》《B 社》などの選択肢が表示される

これを見れば、A 社のユーザーが 88 人、B 社は 66 人といったように、データの構成（内訳）を要約できます。実際には、A 社、B 社とかではなく、具体的な社名が入りますので、「A 社は人気があるなぁ」とか「思ってたほどは、人気がないな」というように解釈しやすくなるわけです。重要なのは、分析をすることではなく、分析結果から自分が何を感じるかを考えることです。

「ファクト」と「ファインディング」

上の要約（度数のカウント）をすれば、みんな同じ結果になるはずです。これはデータから客観的に情報を取り出したことになります。この客観的な情報を**「ファクト（客観的事実）」**といいます。それに対し、同じ度数を見ても「人気がある」「人気がない」と感じるのは分析者側の主観的判断です。このような情報を**「ファインディング（主観的解釈）」**といいます。

データ分析は、ファクトに基づいてファインディングを導き出す作業です。計算が正しくできることがメインの目的ではありません。結果をいかに読み解くかを考える力こそが、これからのデータ活用に求められる力になります。

	A社	B社	C社	その他	総計
個数 / 使っているキャリア	88	66	97	49	300

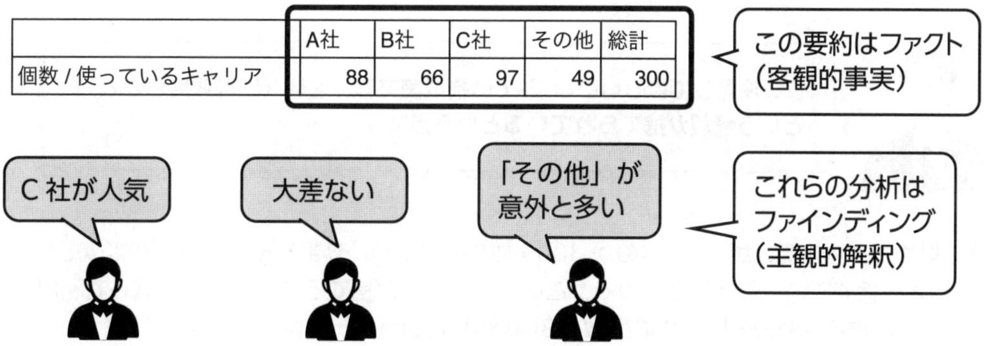

ピボットテーブルでの構成比の計算

さて、結果を解釈する（ファインディングを探す）ためにも、分析結果を見やすくすることが大切です。今回、A 社 88 人といっても、何人中 88 人なのかによって、判断が異なるはずです。そこで 300 人中 88 人と表現するよりは、何%が A 社を使っているのかというように割合にしてしまうほうが便利です。それでは、先ほどの度数表を割合に直してみましょう。

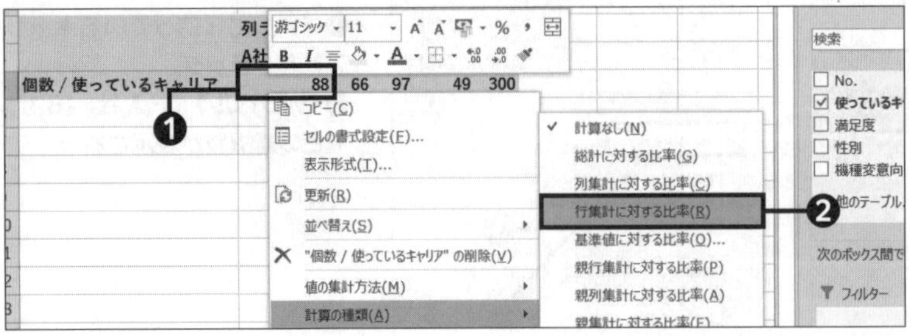

1 計算の種類を選択

❶ピボットテーブルの数値のセルを右クリック
❷《計算の種類》→《行集計に対する比率》を選択

先ほど作成した度数の表は1行に4つの値が入っています。そこでその合計（行方向の集計（300件））に対する割合を計算すると以下のように構成比率が%で求められます。

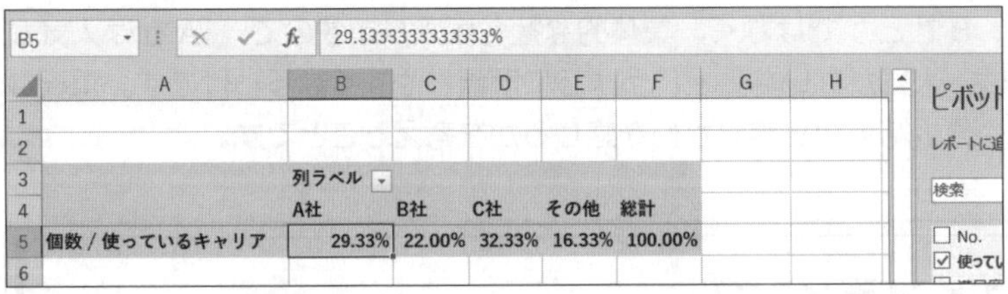

このように構成比を表示すれば、「58件中〇〇件」のように切りが悪い件数でも、パッと見て評価できるので便利です。

この結果を見て、皆さんはどう感じるでしょうか？　A社、B社、C社に差があると感じるか、感じないか。いろいろな印象があるかと思います。この違いこそがファインディングなのだと理解してください。

そして、「この架空のA社、B社、C社では解釈できない」と感じた人はセンスがあります。分析結果を解釈し、ファインディングを得るには、解釈するための具体的な情報や背景知識が必要なためです。例えば、A社が業界一位のブランドだと知っていたら、分析で得た結果について「予想より大きな（または小さな）値だった」などのような解釈できるでしょう。ぜひ各自の興味を持てる実際のデータを使って分析してみてください。

1つ注意してほしいのは、%での構成表では、「度数（出現頻度のこと）」という情報が捨てられているという点です。

この表を見ても、全体度数が30件なのか3000件なのかはわかりません。すでに確認したとおり、「要約とは情報を捨てていく作業」ですので、このように何かが捨てられることを意識して利用してください。多くの場合、%の表には**全体度数（300件）**という注記を付けて利用します。

LET'S TRY

演習

上記のピボットテーブルを「性別」や「機種変意向」などでも作成してみましょう。すでに作った表から項目（使っているキャリア）を取り除くには、先ほどの「列」や「値」のボックスに入れた「使っているキャリア」をボックスの外にドラッグすると消すことができます。

SECTION
03 グラフでデータを視覚化しよう

いろいろ表を作ってみたけど、パッと見てわかるという感じがしないんですよね。

それなら、その表からグラフを作って、結果を視覚化してみましょう。

集計表からグラフを作る

ここまでは「質的変数」を要約するために、その選択肢ごとの出現度数（度数表）の作成とその出現比率（構成表）を作成してきました。これを視覚化するために用いられるのが「棒グラフ」「100%積み上げ棒グラフ（帯グラフ）」です。それぞれ作る方法を学習しましょう。

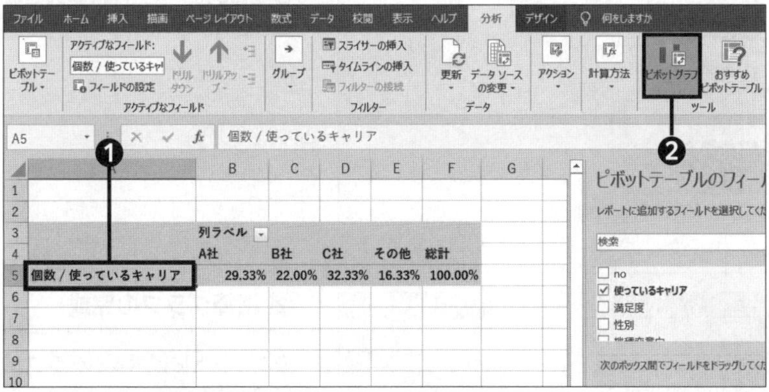

1 グラフの作成

❶作成した表（ピボットテーブル）内のセルを選択
❷《分析》タブの《ピボットグラフ》をクリック

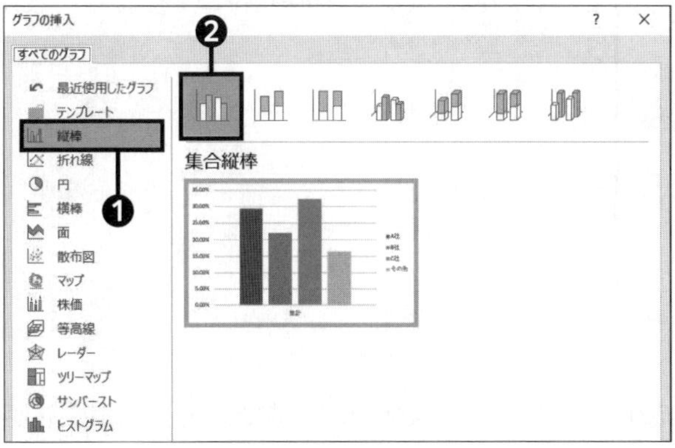

2 グラフ種類の選択

❶《縦棒》を選択
❷《集合縦棒》を選択して《OK》をクリック

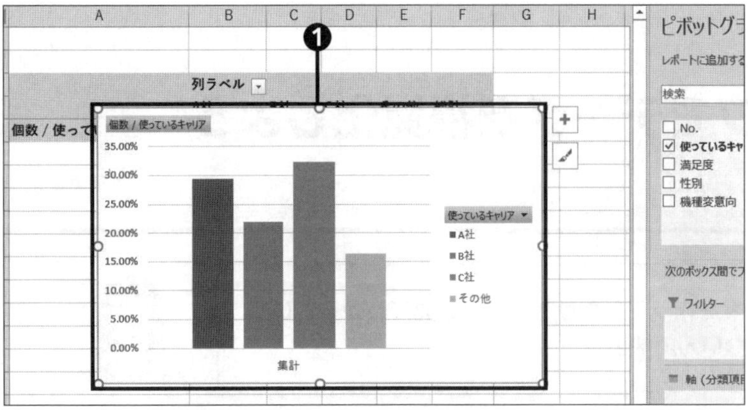

3 縦棒グラフの完成

❶シート上にピボットグラフが追加される

ここでは、選択肢ごとの度数で「縦棒」を描いています。これを見るとC社が多い、2番手がA社ということが視覚的にわかりやすくなっています。

この縦棒を並べたタイプの棒グラフは、度数などの多少を比較するにはわかりやすいですが、構成比の比較にはあまり向きません。構成比を見る目的なら100%積み上げ棒グラフのほうが適しています。なお、100%積み上げ棒グラフの場合でも「縦棒」でもよいのですが、「横棒」で100%積み上げ棒グラフを作ったほうが、横長の画面に収まりがよいので、「100%積み上げ横棒グラフ」が多用されます。このグラフは別名「帯グラフ」とも呼ばれます。

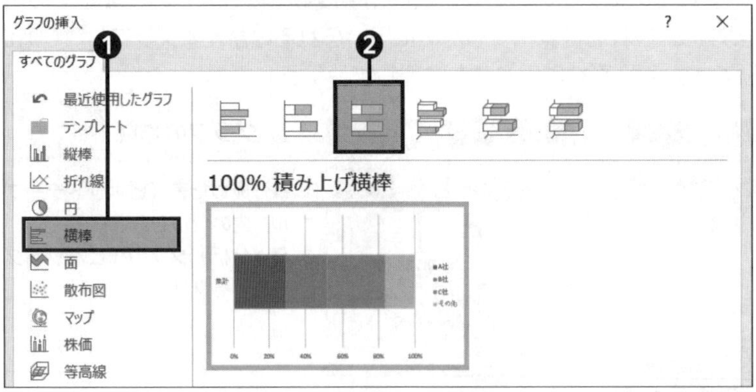

1 グラフ種類の選択

❶《横棒》を選択
❷《100%積み上げ横棒》を選択して《OK》をクリック

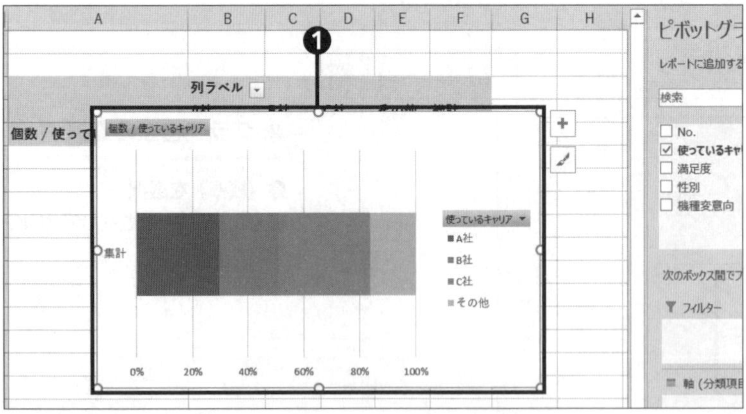

2 横棒グラフの完成

❶シート上にピボットグラフが追加される

「100%積み上げ横棒グラフ」のほうが、構成比がわかりやすくなります。なお、もっと重要な使い方がありますが、それは第4章にて学習します。

このようにグラフ化するとわかりやすさは増します。ただし、集計するたびに毎回グラフを描いていては、手間がかかります。そこで実際には、ピボットテーブルを使い、いろいろな変数で表を試行錯誤して作成し、「伝えたい結果」が見つかったら、それをグラフ化するほうが効果的です。

分析結果は、自分が検討するためのものと、人に伝えるためのものがあり、後者はわかりやすさが重視されますが、前者は試行錯誤しやすい方法が重視されます。

グラフの誤用・悪用に注意

構成比をグラフにする際、円グラフを用いることもありますが、最近ではあまり推奨されません。できれば 100%積み上げ横棒グラフをおすすめします。

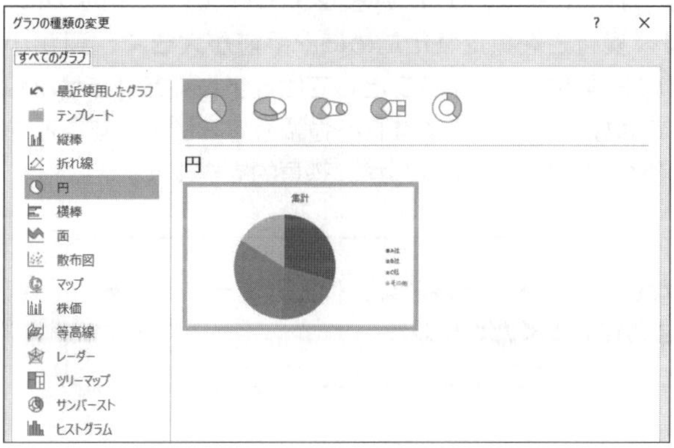

ここで円グラフがあまりおすすめできないいくつかの理由について説明しながら、より適切なグラフとは何なのかを確認しておきましょう。

■円グラフは、比率の差が大きく見える

以下のグラフを見てください、A 社 29.33%と C 社 32.33%は 3 ポイント差ですが、先ほどの帯グラフよりも差が大きく感じないでしょうか？　円グラフはその割合を中心の角度で割り振るため、**面積の差が大きくなる**傾向があります。そのため、差を強調して伝えるアピール力は高いのですが、客観的な傾向を把握する目的だと、必ずしも適切とはいえません。

他の人が作った円グラフを見る機会もよくあると思いますが、その場合は見た目の印象だけで判断せず、ちゃんと構成比の値も確認するようにしましょう。

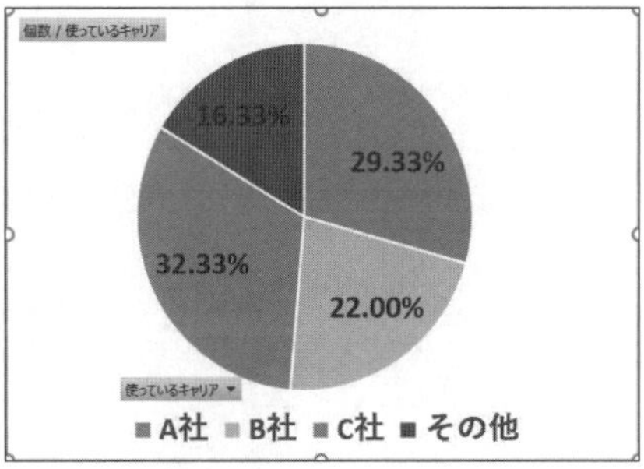

■3D 円グラフは恣意的すぎる

円グラフに奥行きを持たせた 3D 円グラフというものもあります。見た目が華やかなこともあり、特にニュースなどのメディアでよく見かけますね。

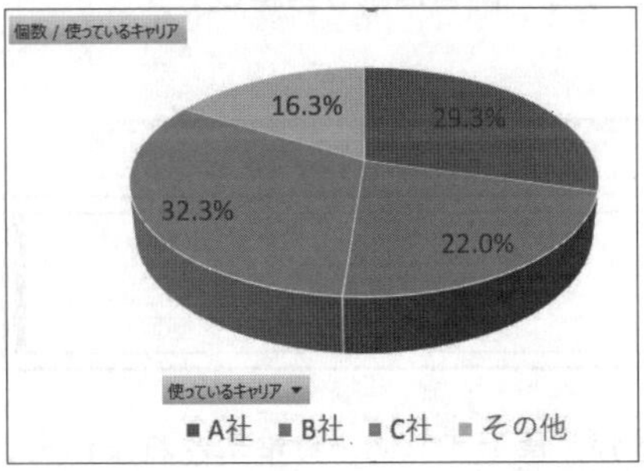

さて、このグラフに何か違和感はないでしょうか。B 社 22.0%、A 社 29.3%という結果なのに、奥にある A 社のほうが少なく見えると思います。奥行きを持たせたために、**手前が大きく、奥が小さく表示される**からです。これでは客観的な情報を得るためのグラフとしては好ましくありませんね。

3D 円グラフは、客観的な情報を伝えるためではなく、イイタイコトを強調してアピールするときに多用されます。もちろん数値はあっているのでウソではありませんが、恣意的すぎます。

皆さんは基本的に使わないようにすると同時に、他人が使っている場合には、惑わされないようにしてください。

LET'S TRY
演習

ピボットテーブルとピボットグラフを使って、さまざまなデータ、そしてその中のさまざまな変数で集計をしてみましょう。そして、どんなファインディングが得られるかを考えて、レポートしてみましょう。

SECTION 04

ストーリーを考えてデータを分析しよう

たくさん集計してみました。すごいでしょ？

頑張ったのはわかりますが、それで何がわかったんですか？

えーと、なんでしょう……？

So what（だから何？）の視点を持とう

データ分析で最も重要なポイントは、分析結果が「何の役に立つか」などを意識して分析を進めるということです。具体例で考えてみましょう。

先ほどの携帯キャリアの利用割合がわかったとして、「だから何？」という気はしないでしょうか。もちろん、「どのキャリアが人気かがわかったんだからいいのではないか」という意見もあるでしょうが、やはり「だから何？」という感じは少なからずすると思います。

ビジネスでは、しばしば**「So what（だから何？）」**という考え方が必要といわれます。自分が「わかった」と感じたことを、正しく他人に伝えるために、人にそれを伝える前に自分自身で「この結果、だからなんだろう」と考えるということです。

COLUMN

So what 分析を身に付けよう

データ分析に限らず、何かアイデアを考えたり、戦略、戦術を考えたりする場合にも、So what という視点は役に立ちます。

自分が考えたアイデアなどが、何の役に立つのかを考えないと、そのアイデアは単なる思い付きで、誰の役にも立たないことになりかねません。

データ分析をまとめたレポートや論文などの資料を「この結果は、どんな役に立っているのか」という視点で読むと、So what の視点を身に着ける練習になります。そのほかにも、データ分析ではなく、すでにある商品やサービスの工夫が、どんな役に立つことを想定しているのかを考えるのも、いい練習です。例えば、パソコンのキーボードのキーが ABC 順ではなく QWERTY の順なのはなぜか、と考えてみるという具合です。「QWERTY　理由」などと検索するとその理由が見つかります。昔は重要だったのに、今となってはあまり意味がなくなっていることがわかります。

ストーリーを作りながらデータを眺めよう

それでは、先ほどの結果に何を付け加えると、「なるほど」と感じるでしょうか。例えば、「男女で使っているキャリアが違うのではないか」と考えて、分析を進めれば、先ほどより得られる知見が増えている気がすると思います（まだまだ「だから何？」という気はしますが）。

このようにデータ分析は、得られた結果をどう発展させるべきかを考える力も必要となります。いわばストーリー構築力です。言い換えれば、「ファクト」から「ファインディング」を導くための視点が必要だということです。それでは、2つの視点を事例で学習しましょう。

データに「原因と結果の関係」がある？：データを深読みする視点①

改めて先ほどの携帯電話のアンケートデータの変数を確認してみましょう。

	A	B	C	D	E	F	G	H	I
1	No.	使っているキャリア	満足度	性別	機種変意向				
2	1	B社	10	男性	意向あり				
3	2	C社	5	男性	意向あり				
4	3	C社	7	女性	意向なし				
5	4	A社	9	女性	意向なし				
6	5	B社	3	女性	意向なし				
7	6	その他	5	男性	意向あり				
8	7	A社	9	女性	意向あり				
9	8	C社	7	男性	意向あり				
10	9	C社	10	女性	意向あり				
11	10	A社	7	女性	意向あり				

このデータには、5つの変数があります（一番左のNo.はただの連番なので除く）。さて、これらの変数を見たときに、レベル感が異なるように見えないでしょうか？　それを確認するために、このうち2つの変数を組み合わせてみたいと思います。

例えば「使っているキャリア」と「機種変意向」に着目してみます。この2つの関係は、以下の2つのうちどちらの関係だと考えるほうが自然でしょうか。

A：使っているキャリアが異なると、機種変意向が異なる

A社のユーザーは
機種変意向が高いなど

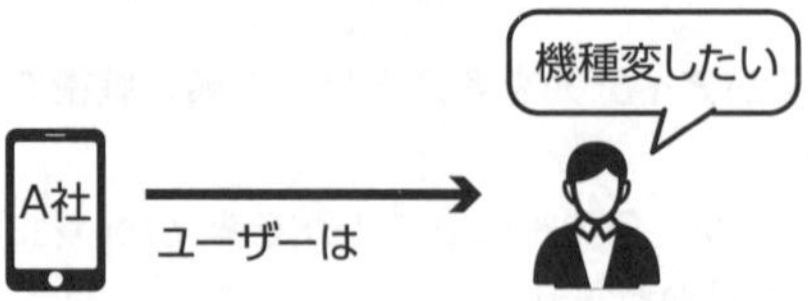

B：機種変意向が異なると、使っているキャリアが異なる

機種変意向が高くなると、
A社を使っているなど

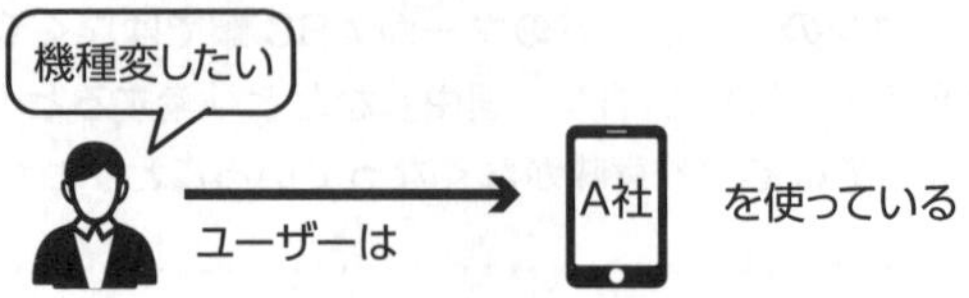

両方ともあり得る関係ですが、Aのほうが自然だと感じると思います。それは、「使っているキャリア」が原因で「機種変意向」が結果という**因果関係**が感じられるからです。

このように、変数は、結果系変数となりそうなものと、原因系変数になりそうなものというようにレベル感が異なるものが混在するというのは知っておいてください。

このような因果関係を「仮説」というのですが、このあたりの詳しい学習は、第4章で行います。ここでは、So whatという視点を考える1つのヒントとして、2つの変数の組み合わせを考えるということを覚えておきましょう。

足りない変数を想像しよう：データを深読みする視点②

先ほどは、データに含まれる変数の組み合わせから、ヒントを得るということを学習しましたが、その先には「こんな変数があれば組み合わせられたのに」という、足りない（あったらよかった）変数を考えることでヒントを得るという方法があります。

例えば、「動画配信をよく使うか否か」を聞いておけば、動画配信をよく使う人がどのキャリアを使っているかがわかります。

ストーリーとしてデータを眺めることで、足りない変数がわかる、さらに**明らかにすべき分析結果が想像できる**ということです。これを料理に例えると「レシピを描く」に相当します。「どんなデータ（素材）をどう分析（調理）し、どんな結果（料理）を作るのか」。こう考えることで、データ分析力が高まります。それに、このストーリー構築の練習は、パソコンがない場所でも紙とペンさえあれば（場合によっては頭の中で考えるだけでも）行えます。極端にいえば、データがなくても練習できます。料理のように、レシピを思い描く練習も積極的に行いましょう。

その際、最も重要なのは、**分析結果を使う人が誰なのか**を想定することです。料理も一緒で、最後にその料理を誰が食べるかによって、作る料理が変わるはずです。したがって、分析でも、誰にとって役に立つファクトとファインディングを提供するのかを考えることが不可欠です。もちろん、分析結果を使うのが自分自身ということもあります。これも料理における自炊と同じです。

LET'S TRY

演習

ここまで扱ってきたデータ（自分で集めたものも含む）を、再度So whatの視点で検討してみましょう。そして、どんな変数があったらよかったか（追加で取得すべきか）まとめてみましょう。

SECTION

01 質的データを比較する

度数とか比率とかの要約はできたけど、やはり「だから何？」になっちゃいます……。

それでは、仮説視点から分析して、その結果を検討してみましょう。そうすれば、「だから何？」を超えられるかも。

「クロス集計」でデータを比較しよう

第 3 章までで質的変数の要約の方法を学習しましたが、それだけでは「だから何？」という感じで面白みがないとも感じたと思います。データ分析の面白み、有用性は変数を組み合わせて、データを見ただけでは気が付かなかった傾向やパターンを明らかにできることにあります。そこでまず覚えるべきは**「比較」**という分析方法です。

それでは、ここまで使ってきた携帯電話のアンケートデータをもとに比較分析をしてみましょう。比較分析の 1 つとして**「クロス集計」**という手法を用います。クロス集計表はピボットテーブルを使うと簡単に作成することができます。

以下の図は、第 3 章で学習した「使っているキャリア」の度数を使ったピボットテーブルの画面です。まずここまで作成してみましょう。もしやり方がわからない場合には、第 3 章の P.33 を復習してください。

画面右下の「行」の部分に、比較したい基準となる変数を追加してみます。

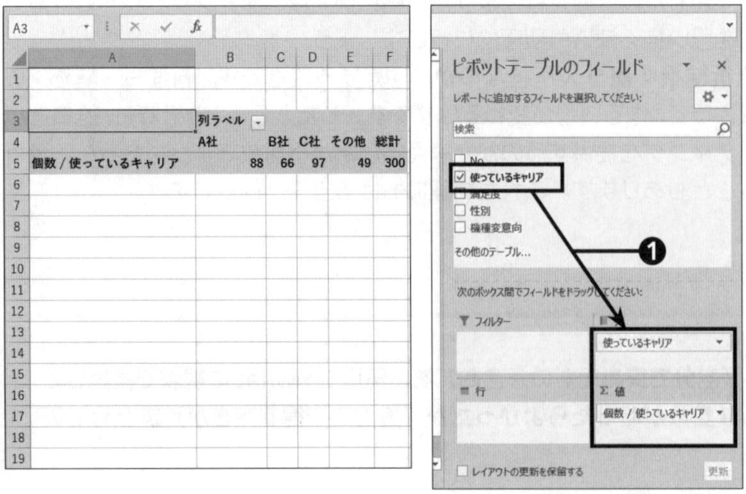

1 クロス集計表の作成

❶《列》と《値》に《使っているキャリア》を追加

個数 / 使っているキャリア	列ラベル				
行ラベル	A社	B社	C社	その他	総計
女性	50	26	52	22	150
男性	38	40	45	27	150
総計	88	66	97	49	300

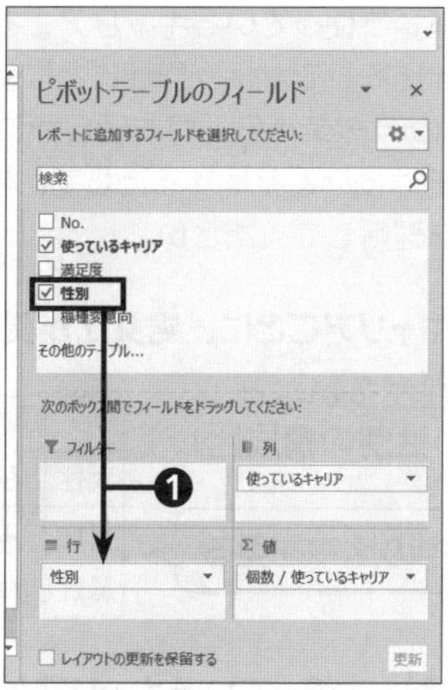

2 クロス集計表に変更

❶《性別》を《行》にドラッグ
❷男女別の集計になった

このように2つの基準（行に「性別」、列に「使っているキャリア」）を組み合わせて集計した表を**「クロス集計表」**と呼びます。

この結果を見ると、女性、男性ともに150人ずつのデータがあり、女性ではC社が1番人気、男性でもC社が1番人気であることがわかります。ただしもう少しよく見ると、男性のほうが、A社、B社、C社にあまり差がないようにも見えます。

今回は、男性、女性ともに150件と同数のデータなので、比較しやすいですが、やはり売り分けを比較するには、構成比（%）のほうが、わかりやすいと感じるはずです。そこで第3章で学習した構成比を計算してみます（P.36参照）。以下、2つの集計を作成しました。どちらの集計表が適切だと感じるでしょうか。

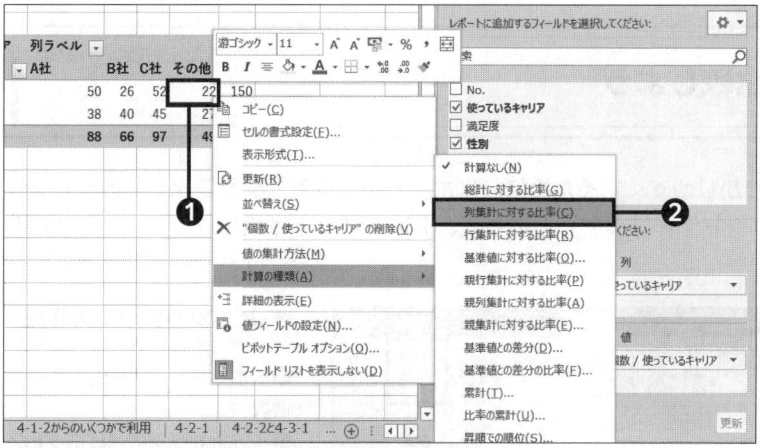

3 構成比に変更

❶ピボットテーブルの数値のセルを右クリック
❷《計算の種類》→《列集計に対する比率》か《行集計に対する比率》を選択

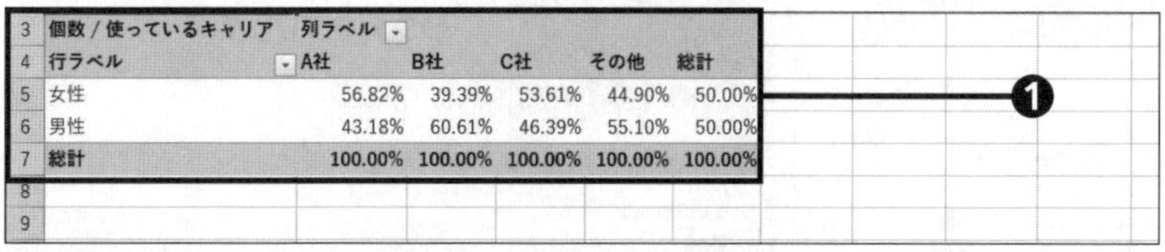

個数 / 使っているキャリア	列ラベル				
行ラベル	A社	B社	C社	その他	総計
女性	56.82%	39.39%	53.61%	44.90%	50.00%
男性	43.18%	60.61%	46.39%	55.10%	50.00%
総計	100.00%	100.00%	100.00%	100.00%	100.00%

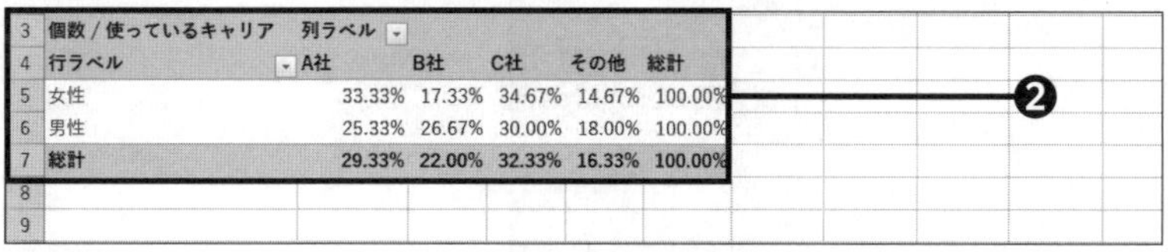

個数 / 使っているキャリア	列ラベル				
行ラベル	A社	B社	C社	その他	総計
女性	33.33%	17.33%	34.67%	14.67%	100.00%
男性	25.33%	26.67%	30.00%	18.00%	100.00%
総計	29.33%	22.00%	32.33%	16.33%	100.00%

4 2種類の構成比

❶《列集計に対する比率》を選択した場合
❷《行集計に対する比率》を選択した場合

上段は「列集計に対する比率」で使っているキャリアごとに女性・男性比率を見た表です。それに対して下段は「行集計に対する比率」で女性、男性ごとに使っているキャリアの構成比を見た表です。

この2つの使い分けは、このデータから「何を明らかにしたいか」「何をいいたいか」をもとに判断する必要があります。詳細は後ほど整理するとして、まずは以下のような2つのストーリーが、それぞれの表に対応することを理解してください。

イイタイコト：「使っているキャリアごとに、男女比が異なる」

例）A社のユーザーは、女性が多いなど
→ 下段の表（キャリアごとの性別の構成比）

A社の中の比率を見る

	A社	B社	C社	その他	総計
女性	56.8%	39.4%	53.6%	44.9%	50.0%
男性	43.2%	60.6%	46.4%	55.1%	50.0%
総計	100.0%	100.0%	100.0%	100.0%	100.0%

イイタイコト：「性別が異なると、使っているキャリアが異なる」

例）女性のほうがC社の利用が多いなど
→ 上段の表（性別の中でのキャリアの構成比）

女性の中の比率を見る

	A社	B社	C社	その他	総計
女性	33.3%	17.3%	34.7%	14.7%	100.0%
男性	25.3%	26.7%	30.0%	18.0%	100.0%
総計	29.3%	22.0%	32.3%	16.3%	100.0%

※小数第2位で四捨五入し、小数第1位まで表示

第3章の最後で確認したとおり、データ分析にはストーリーが必要で、イイタイコトによって、分析方法が異なるということが理解できると思います。

ピボットグラフで比較しよう

クロス集計の結果をもっとわかりやすくするために、ピボットグラフで、グラフ化してみましょう。「行集計に対する比率」のピボットテーブルをもとにして、100%積み上げ横棒グラフ（P.38参照）を作成します。

1 ピボットグラフの作成

❶ピボットテーブル内のセルを選択
❷《分析》タブの《ピボットグラフ》をクリック

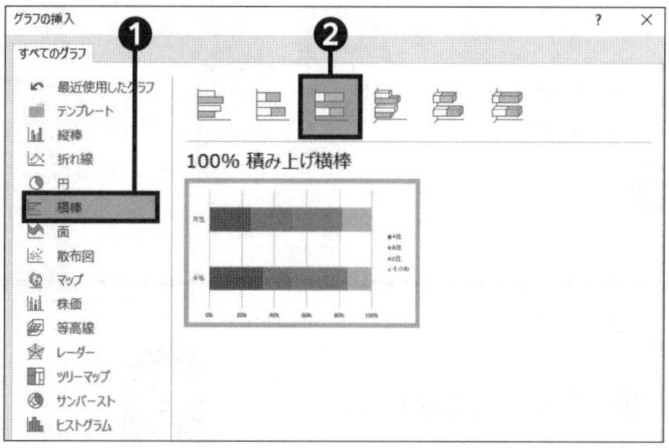

2 グラフ種類の選択

❶《横棒》を選択

❷《100%積み上げ横棒》を選択して《OK》をクリック

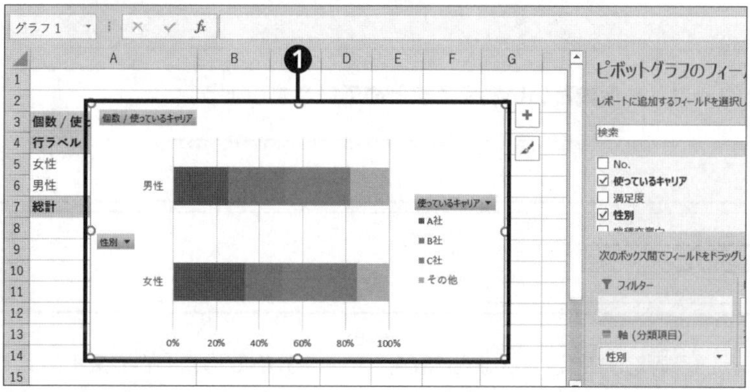

3 横棒グラフの完成

❶シート上にピボットグラフが追加される

こちらのほうが、クロス集計表よりも差がわかりやすいでしょう。

LET'S TRY

演 習

さまざまな質的変数の組み合わせでクロス集計表と 100%積み上げ横棒グラフを作ってみましょう。そして、「行と列に何を入れるか」と「イイタイコト（ストーリー）」を対応付け、グラフを読み取り、レポートしてみましょう。

※この段階では、ピボットテーブルで用いる 2 つの変数は「質的変数（選択肢）」を作成してください。

SECTION
02 プレゼンするために「仮説」を持とう

イイタイコトとクロス集計の対応がわかってきました。

次は、イイタイコトを仮説といい換えてまとめていきましょう。

イイタイコトとは仮説だ

ここまでは「イイタイコト」という呼び方をしてきましたが、データ分析では、「イイタイコト」を仮説と呼ぶことがあります。もちろん、イイタイコトのすべてが仮説とは限りませんが、この段階では、「イイタイコト」≒「仮説」とラフに理解しておいてかまいません。

それではなぜデータ分析で「仮説」が必要となるのかについて、整理しておきましょう。データ分析は「データがあるから分析する」というものではなく、何か「知りたいコト」があり、それを明らかにするために分析します。そして、それを誰かに伝える方法を考えていくうちに、「知りたいコト」が「イイタイコト」になっていくわけです。

そしてこの「イイタイコト」を事前に決めておかないと、すでに指摘した「だから何？（So what)」という反応になります。また、分析する側にとっても、たくさんある変数をむやみやたらに組み合わせて分析していたらきりがないので、分析前に、**イイタイコトを「仮説」として設定する**ことが必要になってきます。

仮説には、「原因と結果」が必要だ

さて、イイタイコト≒仮説だとして、データで検証する仮説はどうやって作ればいいでしょうか。実は、データで検証する仮説には、「型」があります。それを学習する前に、以下のそれぞれの文は仮説といえるかを考えてみてから、先に進んでください。

①（携帯キャリアは）C社が人気だ　**②男性には、C社が人気だ**　**③女性に比べて男性には、C社が人気だ**

それぞれデータを集計してみないと、本当かどうかわからないので、「仮」の予想ではあるものの、通常、「①（携帯キャリアは）C 社が人気だ」は仮説とは呼びません。それは、単なる予想だからです。

やや難しいですが、データ分析における仮説には「原因と結果」が含まれる必要があります。

それでは②と③はどうでしょうか。以下のように、性別が使っているキャリアに影響しているという「関係」を想定していることがわかります。

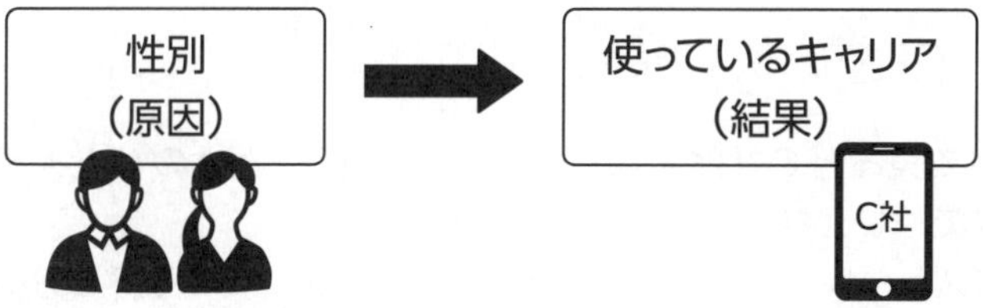

そして、この関係（性別が使っているキャリアの傾向に影響している）というのは、確認しないと本当かわからないので「仮の説」→「仮説」と呼ばれることになります。

それでは、「②男性には、C 社が人気だ」と「③女性に比べて男性には、C 社が人気だ」の違いはどこにあるでしょうか。これを考えるには、すでに作成したクロス集計表を対応付けると違いがわかり、どちらがよりよい仮説かが理解できるはずです。

仮説と結果をセットにしてまとめよう

「男性には C 社が人気だ」という仮説を設定し、それを検証するためのグラフを見てみましょう。

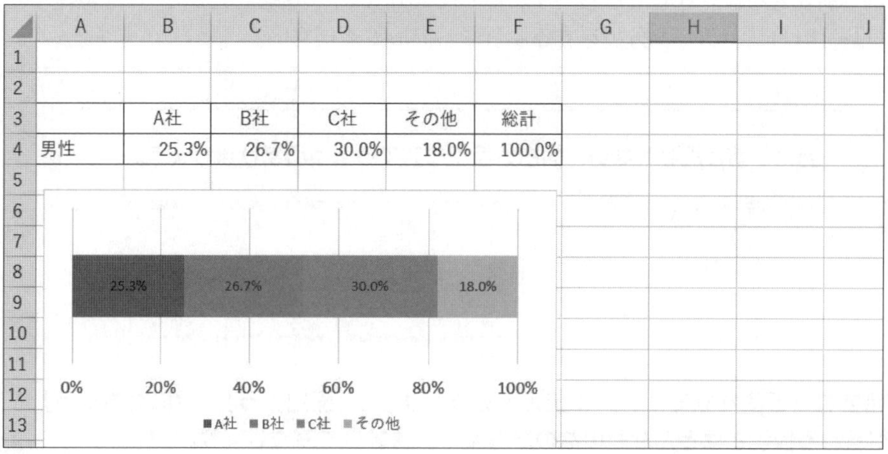

	A社	B社	C社	その他	総計
男性	25.3%	26.7%	30.0%	18.0%	100.0%

この結果を見ると、確かに男性のデータでは、C 社が人気だということがわかります。ただし、わざわざ「男性」と断っているということは、何かに対して「男性は」ということを想定しているはずです。ここでは「女性に対して男性は」と考えるのが自然でしょう。

それでは、もう 1 つの仮説「③女性に比べて男性には、C 社が人気だ」のグラフを見てみましょう。

	A社	B社	C社	その他	総計
女性	33.3%	17.3%	34.7%	14.7%	100.0%
男性	25.3%	26.7%	30.0%	18.0%	100.0%

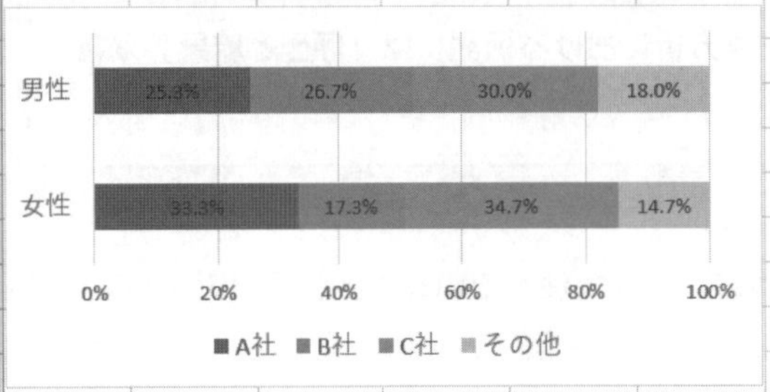

この結果を見ると、確かに男性の中だけで見るとＣ社が人気ではあったものの、女性のＣ社人気のほうが高いので、男性はＣ社が人気とまではいえなさそうだとわかります。

ここまでの話で、データ分析には、先にストーリー（仮説）が必要で、それによってするべき分析が異なるということがわかると思います。そして、**仮説の本質は「比較」**で、比較対象（この場合は「女性」）があってこそ、よい仮説になることがわかると思います。

わざわざ「仮」と名乗るわけ

最後に、もう１つ「仮説」について注意点を挙げておきます。イイタイコトを仮説として設定しても、その仮説が、それを伝えた相手にとって「当たり前じゃないか」といわれるものだと、わざわざデータ分析を駆使して主張するほどのものではないことになってしまいます。

つまり、わざわざ「仮」を付けて主張するのであれば、**「本当かどうかは確認しないとわからないが、その関係（仮説）が成り立っているとすると、面白い（興味深い）」**ものであるべきです。研究でも実務でも、当たり前すぎる仮説を立てがちです。「何をいいたいか（主張したいか）」を意識して、「仮説立て（ストーリー作り）」とデータ分析をするようにしてみてください。

当たり前と思われない、面白い仮説を立てるよう心掛けましょう。

LET'S TRY
演習

原因と結果が含まれる仮説を立てて、人に伝えてみましょう。「面白そう」「役に立ちそう」という反応が得られる仮説とはどんなものなのか考えて、議論してみましょう。

SECTION 03

分析結果を解釈して「ファインディング」を伝えよう

仮説はグラフで検証できるんですね。

仮説を検証するには、背景知識も必要ですよ。

差の大小を評価しよう

仮説の検証には、クロス集計表や100%積み上げ横棒グラフの利用が有効ということを学習しましたが、これらの結果を読み解くにはどうすればよいでしょうか。再度、男女の比較を見てみましょう。

	A社	B社	C社	その他	総計
女性	33.3%	17.3%	34.7%	14.7%	100.0%
男性	25.3%	26.7%	30.0%	18.0%	100.0%

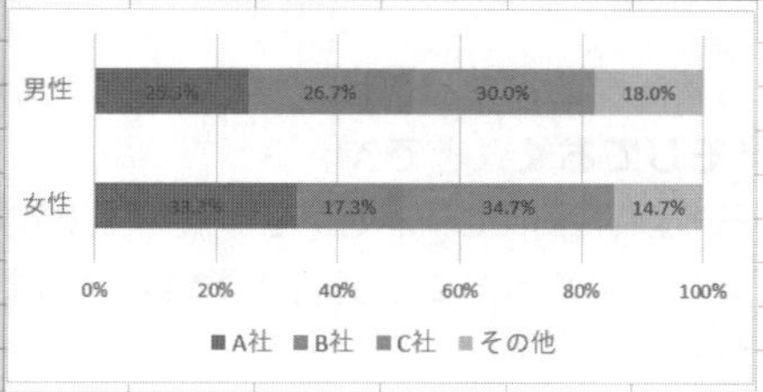

データ分析的には、1ポイントでも差があれば、差があるということになります。したがって、この結果をもとにすれば、A社、B社、C社のすべてで、男女に差があるということになります。ただし、これは数字上「差がある」といっているだけで、**意味のある差かどうかは別の話**です。

例えばC社の経営陣が、「男性よりも女性の利用者を倍近くまで増やしたい（利用比率を倍近く高くしたい）」という目標を持って、女性顧客獲得に注力したキャンペーンを続けてきたとします。その視点でこの結果を眺めたら、「4.7ポイントしか差がないではないか」と見えるはずです。逆に「C社は男性に人気のはずだ」と思ってこの結果を見たら、差が小さくても「女性に人気なのか」と見えるはずです。

結果の解釈には、その結果を読み取るための背景知識が必要になります。

背景知識と事前ヒアリング・文献レビュー

データによって得られた結果が、大きいのか小さいのか、差があるといえるのか否か、を判断するために最も重要なのは、**「参照基準」**を持つことです。参照基準とは、自分の中にある「これくらいが妥当だろうな」という値です。「ある値ぐらいが予想される」という感覚を持っているからこそ、データを解釈し、ファクトからファインディングを見つけることができるのです。

参照基準に関する1つ有名な話をご紹介しましょう。イトーヨーカドーの鈴木敏文元会長は、**「夏の日の25℃は寒くておでんが売れ、冬の日の25℃は暑くて半袖が売れる」**と語っています。同じ数値であっても、文脈が異なれば解釈が異なるという有名な例です（出典：勝見明『鈴木敏文の統計心理学』プレジデント社）。

さて、このように背景知識が必要なことはわかりますが、すべてのデータの背景について十分な知識を持っているとは限りません。その場合はどうすればよいでしょうか。その知識不足を補うのが、**ヒアリングであり、文献レビューで**す。

もしデータ分析の結果を使うのが自分でない場合には、その相手に事前にヒアリングして、何がわかれば有益な分析結果なのか、どれくらいの傾向が出れば発見といえるのか聞いておくということです。もしくは、ヒアリングできないのであれば、先行研究などを集め読み「相場観」を身に付けてもいいでしょう。いずれにしろ、データを読み解くには、単にExcelが使えるといったスキルがあるだけでは不十分なのです。

事前予測の必要性と仮説への反映

さて、背景知識が重要なことは確認しましたが、データ分析を実際にする際に、ぜひ心掛けたい点をもう1つ覚えておきましょう。それは、**事前の予測をメモしておく**ことです。

データは不思議な力があります。結果を見るとあたかもそれが、事前に予測していた結果に感じられてしまうというものです。したがって、いろいろな分析をしていくうちに、どれが予想外な結果で面白いといえるのかを見逃してしまうことが少なくありません。

自分の予測と結果にずれがあるときこそ、「なぜ予想が外れたのか、想定と異なる結果なのか」と立ち止まってヒントを探すことができます。したがって、分析する前にメモでかまわないので、どれくらいの値になるかを記しておくことをおすすめします。先ほどの例でいえば、「男性でのC社の利用割合は、20%ぐらいを予想」といった具合です。そして仮説の場合には、**その差を想像し、仮説に反映しておく**こともおすすめです。「男性は女性に対して、C社の利用割合が5ポイントぐらいの差があるはずだ」という感じです。

分析結果に引っ張られ、本来感じられるはずの**「事前想定とのずれ」**を見逃さないように心掛けると、データから面白い結果を得られるチャンスが広がっていきます。

LET'S TRY

演習

データがそろっていなくてもかまいませんので、何か仮説を立て、その結果が大体どれぐらいの値になるかを予想してみましょう。それを他者の予想と比較して、予想が人によって異なるか、あまり異ならないかということを確認しながら、データで検証すべきテーマか否かを議論してみましょう。

SECTION

04 データによる仮説の検証に突っ込みを入れてみよう

先日、ある人の仮説についての分析結果の発表を見ましたが、仮説が成り立つっていいきって大丈夫かなって、思いました。

良い視点です。データによる仮説主張に突っ込みを入れてみましょう。

データの数の影響を考える

以下のグラフは、各社について「満足」と回答した人と「不満」と回答した人の割合をまとめたものです。このグラフから「A 社が満足度 No1」というアピールがなされたとします。もちろん、この主張は間違いとはいい切れませんが、突っ込みを入れようと思えば、いろいろと突っ込める主張です。

どんな指摘ができるか考えてみましょう。

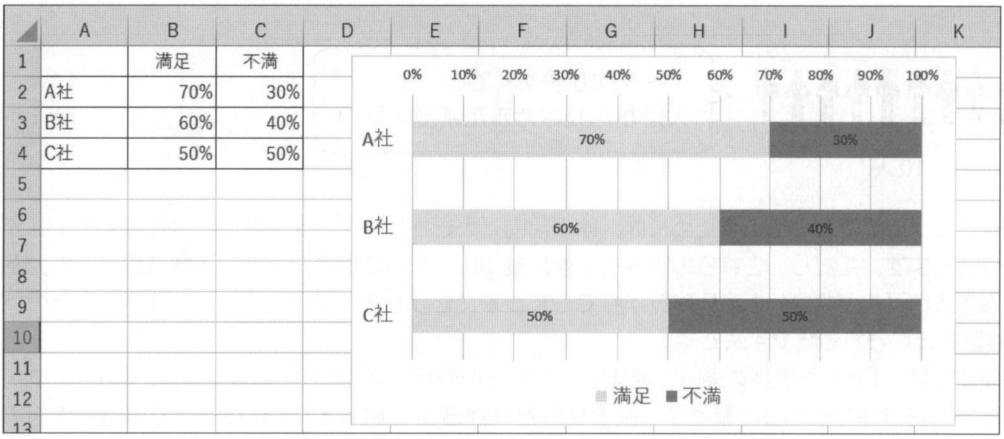

まず、全体度数が書かれていないので、どれくらい結果が「安定」しているかわからないということです。極端な例を挙げると、もしこのグラフを作るためのデータが、各社 10 人ずつのデータをまとめたものだとしたら、どうでしょうか？　結果が「たまたまではないのか」と感じると思います。その程度の人数だと、今回データを取得した A 社のユーザー 10 人のうち、1 人を入れ替えた（他の人に聞いた）ら、満足と解答する人が 7 人から 6 人に変わることも十分にあり得るからです。そうしたら、B 社と変わらない結果になってしまいます。

したがって、少なくても、データ数をしっかり示しながら主張をして「たまたまではなく、十分信用できる」という評価をしてもらう必要があるわけです。

その先の分析：「仮説検定」へ

さて、今の話で1つ質問します。この調査を何件のデータを対象にして実施したら、皆さんは「それはたまたまではない」と感じるでしょうか。

人によっては、それぞれ50件というかもしれませんし、100件というかもしれません。もしくは、1000件は必要だという人もいるかもしれません。これは受け手側の主観ですので、いくつでもかまいませんが、データ件数が増えるほど「たまたま度」は低くなるというのは、感覚的に理解できると思います。

もう1つ、この「たまたま度」を考える際に、多少サンプル数（データ数）が少なくても、例えば「A社の満足は90%、B社の満足は10%」と大きな差が出ていれば、「たまたまではなく、A社の満足度のほうが高いのではないか」と感じるはずです。

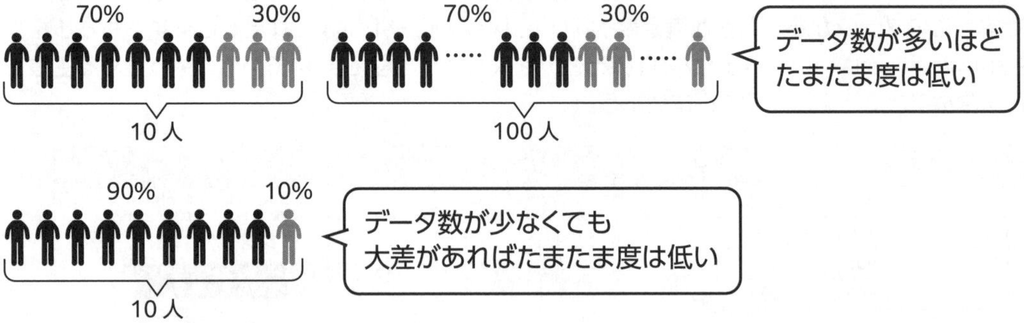

このようにデータでものをいうためには、差の傾向（大きさ）やデータ件数といった要素を加味する必要があります。ただし、これらの評価を主観に基づいて行っていたら、ある人は「差がある」といい、ある人は「差がない」と意見が分かれてしまって、きりがありません。そこで開発されたのが**「仮説検定」**といわれる統計手法です。

仮説検定とは、「ある原因が結果に影響する」という仮説が、集めたデータでどれくらい「たまたま起きるか」を確率で求める作業です。確率なので0から1の値をとり、0に近ければ「たまたまではなさそうなので、その仮説が成り立っていると主張しよう」となり、1に近ければ「たまたまかもしれないので、その仮説が成り立っているというのをやめよう（仮説が成り立つとはいい切れない）」と判断するというものです。主観ではない判断をする手法があるということだけでかまいませんので、ぜひ「仮説検定」という言葉は知っておいてください。

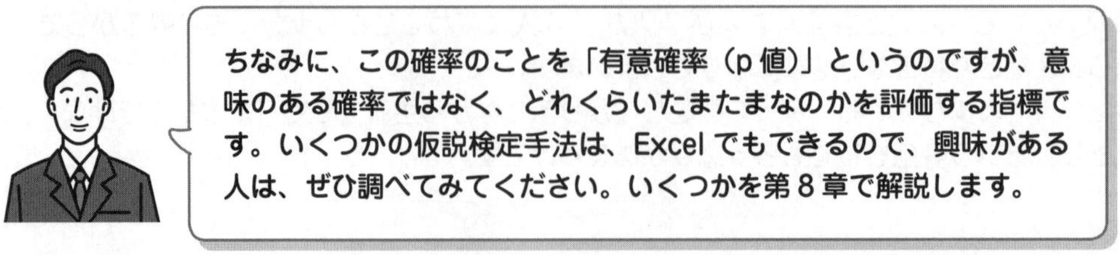

データで「影響がない」ことは証明できない

最後にちょっと難しいですが、重要なことを学習します。データで検証できる仮説とは何かという点です。

先ほどデータで検証する仮説には「原因と結果」とが含まれるということは学習しました。それを踏まえ、データで検証できる仮説は以下の形になることを理解しましょう。

原因 x は結果 y に影響する

例）性別は、使っているキャリアの違いに影響する

つまり、「影響している」という仮説である必要があります。実は、データでは**「影響していない」ことを検証することはできません**。「ないことの証明」は論理的にできないためです。

データ分析とは違いますが、「宇宙人がいないこと」は証明できるかを考えると、ないことの証明ができないことをイメージできるでしょう。理屈をいくら立てて「物理的に生命体が何光年も遠くを生きている間に移動できない」と否定したとしても、「見た」という人がいる限り、完全に否定することができません（もちろん、ある人がウソをついていたということを証明することは可能かもしれませんが、それをすべてのケースで示すことはほぼ不可能です）。

話がそれましたが、データで検証できる仮説は「影響がある」というものだけだということを理解しておきましょう。しばしば、データ分析の結果を誤用して、「差がない」とか「影響がない」と主張してしまうミスが散見されますので、注意しましょう。

LET'S TRY
演習

検索エンジンを使って、データで検証した仮説の事例を探してみましょう。例えば「仮説、データ、検証」などのキーワードと、自分の興味を持てるテーマのキーワードを組み合わせると、事例にたどり着けます。こういうケースをいくつか読みながら、データと仮説との関係を理解していきましょう。

SECTION

01 平均値を活用しよう

先ほどの携帯アンケートに満足度がありますね。これはどうやって分析すればいいですか。

量的変数の要約を覚えましょう。まずは簡単な「平均値」から。ただし、誤用も多いから注意しましょう

平均値とは何か

まずは、データを確認しておきます。以下のように携帯アンケートには、満足度のように四則演算（足し算、引き算、掛け算、割り算）ができる量的な変数があります。

	A	B	C	D	E	F	G	H	I	J
1	No.	使っているキャリア	満足度	性別	機種変意向					
2	1	B社	10	男性	意向あり					
3	2	C社	5	男性	意向あり					
4	3	C社	7	女性	意向なし					
5	4	A社	9	女性	意向なし					
6	5	B社	3	女性	意向なし					
298	297	A社	10	女性	意向あり					
299	298	B社	8	男性	意向あり					
300	299	その他	10	男性	意向なし					
301	300	C社	7	女性	意向あり					
302										

選択肢形式の質的変数と異なり、量的変数はとりうる値がたくさんあるので、頻度をカウントするだけでは要約しきれないことがあります。そのため、量的変数では、質的変数よりもさまざまな要約方法が提案されています。例えば、代表値やばらつきなどが要約指標として利用されています。その中で、おそらく最もなじみがあるのは、**「平均値」**ではないでしょうか。

では、平均値について確認しておきましょう。平均値は、「データの合計÷データの個数」という式で求めます。なお、この式はシンプルですが、データ分析でこのように式が出てきたら、それを文章にして理解する癖をつけるのがおすすめです。**「合計の値をデータの個数で割ったものが平均値だ」**という具合です。この癖を付けておくと、複雑な式が出てきたときに、何をしている式なのかが理解しやすくなります。

平均値を計算しよう：関数の活用

先ほど式で見たとおり、平均値を計算するには、合計をデータの個数で割るわけですが、これを電卓のように 1 つずつ合計していっては大変です。また、計算ミスをしてしまうリスクが高まります。そこで、Excel に実装されている平均値を直接計算できる**「関数」**という機能を利用しましょう。

「関数」と聞くと、数学の講義で出てきた「y=f(x)」などを思い出す人もいるかもしれませんが、Excel ではもっと単純です。Excel の関数とは「Function：機能」のことで、何かを処理するためのコマンド（命令文）だと思ってしまえば大丈夫です。

それでは、実際に使ってみましょう。以下の図のように、携帯アンケートデータの一番下の行に移動して、そこに「平均」という行を追加し、**AVERAGE 関数**を入力してみましょう（データ数が多い場合には、先頭行に追加するのもおすすめです）。

1 AVERAGE 関数の入力

❶「=AVERAGE(」と入力
❷対象とする範囲をドラッグして選択（または「C2:C301」と入力）
❸「)」を入力して Enter キーを押す

2 平均値の計算

❶指定した範囲の平均値が表示される

```
=AVERAGE(C2:C301)
```

すると、瞬時に「7.71」といった平均値が計算されます。さて、この 10 点満点で満足度が平均 7.71 という値をどう感じるでしょうか。第 4 章で学習したとおり、この「300 人での平均値が 7.71」というファクトに対して、それを「高い」もしくは「低い」と判断するには、背景知識に基づいた解釈が必要になるのはいうまでもありません。

平均値自体は簡単に求められますが、それをどう使うかを考えないと、単に計算ができるだけになってしまうので注意してください。

平均値だけでも武器になる！？

平均値の活用の仕方について、1つの事例を採り上げて勉強してみましょう。ビジネスの分野では、**顧客満足度（CS）調査データ**を活用することがありますが、単純に平均値を組み合わせるだけでも、十分役に立つということを確認していきます。

今回扱うデータ例は、あるスーパーマーケットで集めた顧客満足度データで、以下4つの基準について、それぞれの満足度と重要度を測定した8個の変数を50件集めたデータです。

満足度の項目：以下の項目についてどれくらい満足していますか：5点満点

Q1. 生鮮食品の品揃え　（　　　　　　　　）点

Q2. 生鮮食品の品質　（　　　　　　　　）点

Q3. お総菜の品揃え　（　　　　　　　　）点

Q4. お総菜の品質　（　　　　　　　　）点

重要度の項目：スーパーを選ぶ際に以下の項目をどれくらい重視しますか：5点満点

Q5. 生鮮食品の品揃え　（　　　　　　　　）点

Q6. 生鮮食品の品質　（　　　　　　　　）点

Q7. お総菜の品揃え　（　　　　　　　　）点

Q8. お総菜の品質　（　　　　　　　　）点

以下のようにデータに先頭行を追加して、AVERAGE関数を使って8変数の平均値を計算します。

	A	B	C	D	E	F	G	H	I	J	K	L
1	平均	4.62	3.48	4.00	3.98	4.54	4.38	3.92	4.76			
2	sampleID	満足：生鮮食品の品揃え	満足：生鮮食品の品質	満足：お総菜の品揃え	満足：お総菜の品質	重要：生鮮食品の品揃え	重要：生鮮食品の品質	重要：お総菜の品揃え	重要：お総菜の品質			
3	1	4	3	4	4	4	5	4	4			
4	2	5	4	4	4	4	5	4	5			
5	3	5	4	5	4	3	5	5	5			
6	4	5	3	4	3	5	4	4	5			
7	5	5	3	5	5	3	5	5	5			
8	6	5	3	4	4	3	5	5	5			
48	46	5	4	4	3	5	5	2	5			
49	47	5	4	4	3	5	4	4	5			
50	48	5	4	4	4	5	5	4	5			
51	49	4	3	4	4	4	3	3	4			
52	50	5	4	3	4	5	4	4	5			

これらの平均値から以下のような表と散布図（散布図の書き方については第10章で学習します）を作成してみました。この結果から何がわかるでしょうか。

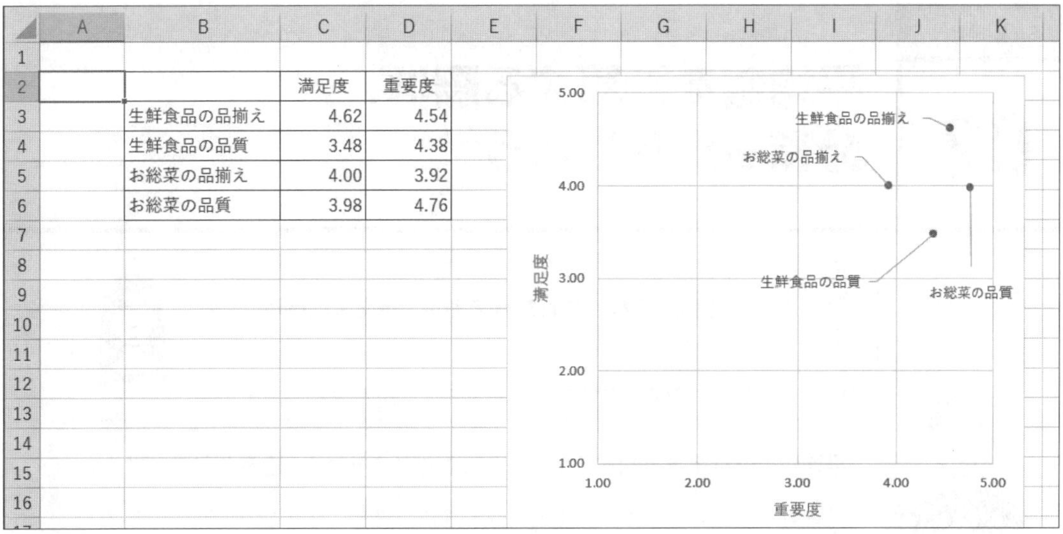

横軸に「重要度」、縦軸に「満足度」を用いて、それぞれの平均値をプロットした散布図です。これを**CS ポートフォリオ**といい、顧客満足度データで多用される分析手法です。使った統計指標は「平均値」だけですが、使い勝手のいい分析です。

解釈例を考えてみましょう。例えば、この図の右側にある項目は顧客が重要と考えている項目だということになりますし、上部にあるものは満足度が高いということになるはずです。したがって、右上は重要かつ満足度が高い項目＝このお店の強みとなっている可能性が高い項目、もしくは右下はお客様にとって重要なのに満足度が低い項目＝改善すべき項目といったように解釈し、ファインディングとして活用できそうです。

このように平均値 1 つでも、使い方によっては強力な武器として活用できます。ただし、強力な武器であればあるほど、使い方を誤ると問題が生じてしまいます。そこで、次節では「平均値」の特徴を再確認しながら、誤用のケースと適確に活かせているケースなどを学んでいきましょう。

LET'S TRY

演習

サンプルデータや各自が集めたデータを使い、AVERAGE 関数で平均値を計算してみましょう。なお、計算する前にどれくらいの平均値になりそうかを予想してから計算し、その予想と結果を比較して結果の解釈に役立ててください。

COLUMN

関数リストを活用しよう

今回は、平均値を計算する AVERAGE 関数を紹介しました。Excel にはそれ以外にもたくさんの関数があります。《数式》タブの《関数の挿入》をクリックすると、最近使った関数などをマウス操作で簡単に挿入できます。関数の名前を忘れてしまったときに役立つ機能です。

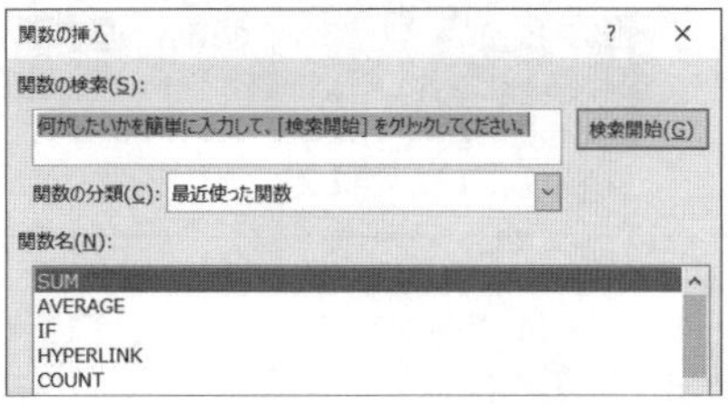

SECTION
02 平均値を計算する際は、分布も確認しよう

平均値って便利ですね。これだけでもほとんどの分析ができてしまいそう。

平均値は便利ですが、捨てられる情報もありますから、注意が必要ですよ。

平均値で捨てられる情報は何か

「平均」とは文字どおり、「平らに均す（ならす）」ことですので、もとのデータのでこぼこ（値の違い）を取り除いてしまいます。したがって、わかりやすくはなるものの、もとのデータのばらつきという情報が捨てられてしまうというデメリットがあります。その問題点を確認するために、以下の例を考えてみましょう。

QUESTION Q

ある携帯端末の新商品候補AとBがあったとします。発売前に評価5点満点でアンケートを集めたところ、平均点はどちらも3点でした。この結果はどのように解釈できるでしょうか？

平均点3ということは5点満点の真ん中ですから、どちらの案も可もなく不可もなくという感じがします。それでは、もとのデータのばらつきを表した棒グラフの結果を合わせて検討したら、どのように解釈が変わるでしょうか。

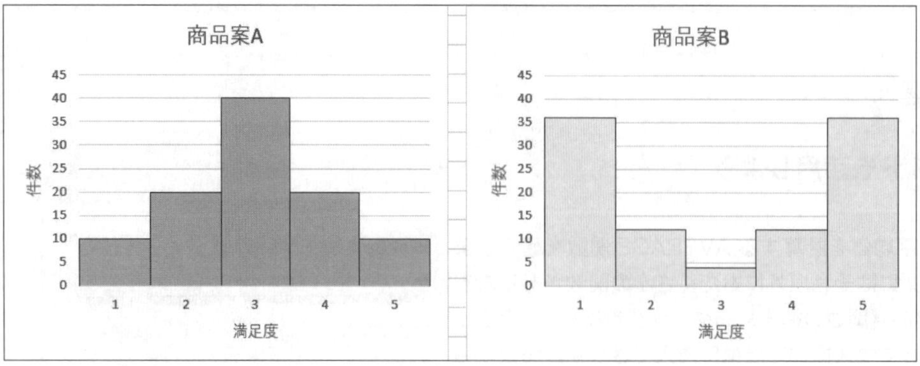

両方とも平均値は同じく３点ではあるものの、評価がまったく違うことがわかります。もし皆さんなら、どちらを新商品として採用するという意思決定をするでしょうか。考えてから読み進めてみてください。答えはどちらでもかまいません。ただし、理由が必要です。

それでは、解釈例を挙げてみましょう。

商品案Ａがよいと思った人は、「平均値は３とやや低いが、好み（満足度）の意見が割れていないから、もう少し改良すれば、万人向けの商品となり得る」と考えたかもしれません。それに対して、商品案Ｂがよいと思った人は、「不満という人も多いが、同じく満足という人も多いので、万人向けではないが一定数のファンを獲得できる商品となり得る」と考えたかもしれません。

いずれにせよ、平均値が同じでもばらつきが異なるという点が重要です。

平均値だけでは、データのばらつきから得られる情報を見逃してしまうという点に注意してください。

平均値よりも割合がいい場合

さて、今回の例で、商品案Ｂのほうがよいと考えた人がデータをもとにアピールするとしたら、どんなまとめ方がよいでしょうか。平均値を使っていては、「一定数のファン（満足度が高い人）」がいることはアピールできません。そこで、平均ではなく、点数ごとに区切ってそれを選んだ人の数をカウントした度数を求めてみましょう。

Excel での計算の仕方は、後で見ることにして、まずは結果の確認です。

	商品案A	商品案B
1	10	36
2	20	12
3	40	4
4	20	12
5	10	36
5点の人の割合	10%	36%
4点以上の人の割合	30%	48%

平均値が同じでも、高評価にしている人の割合が異なる

平均値だけではなく、頻度と構成比の活用も視野に入れましょう（第３章を参照）。

IF 関数で変数を変換しよう

さて、度数をカウントした表はピボットテーブルなどでも作れますが、より Excel を使いこなすために関数を使った方法についても学習しておきましょう。関数が苦手という人は、第３章で学習したピボットテーブルを復習して、表を作成してみてください。

ここでは 2 つの方法をご紹介します。1 つは「IF 関数」を使う方法、もう 1 つは「COUNTIF 関数」を使う方法です。COUNTIF 関数を使うほうが簡単ですが、まずは IF 関数を使う方法を確認していきます。

IF 関数は**条件によって返す値を変える**関数で、「=IF(対象とするセルと条件 , 条件に当てはまるときの文字列 , 当てはまらないときの文字列)」のように書きます。以下の図の説明を見てみてください。

1 IF 関数の入力

❶セル【D2】～【G2】に以下の数式を入力

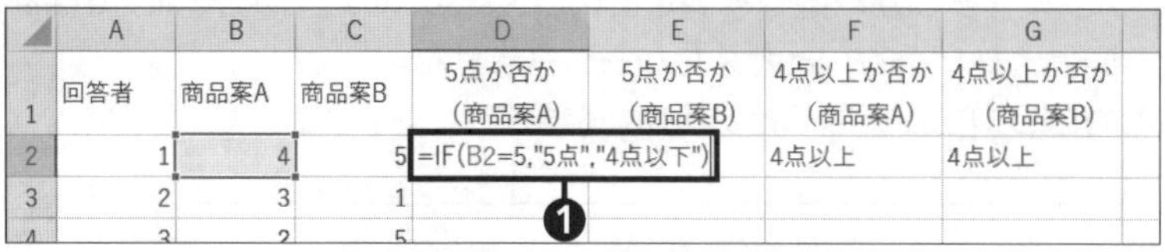

=IF(B2=5,"5 点 ","4 点以下 ")

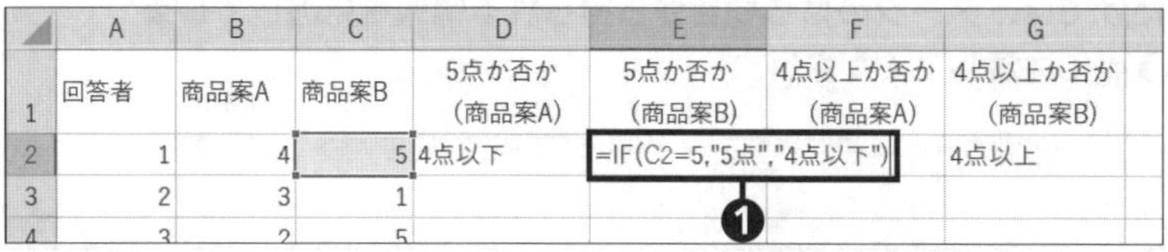

=IF(C2=5,"5 点 ","4 点以下 ")

=IF(B2>=4,"4 点以上 ","3 点以下 ")

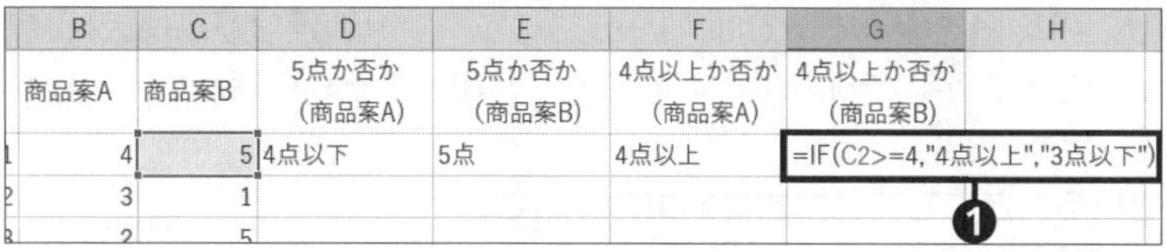

=IF(C2>=4,"4 点以上 ","3 点以下 ")

2 数式のコピー

❶セル範囲【D2:G2】を選択して、《ホーム》タブの《コピー》をクリック
❷以降のセル範囲を選択して、《ホーム》タブの《貼り付け》をクリック

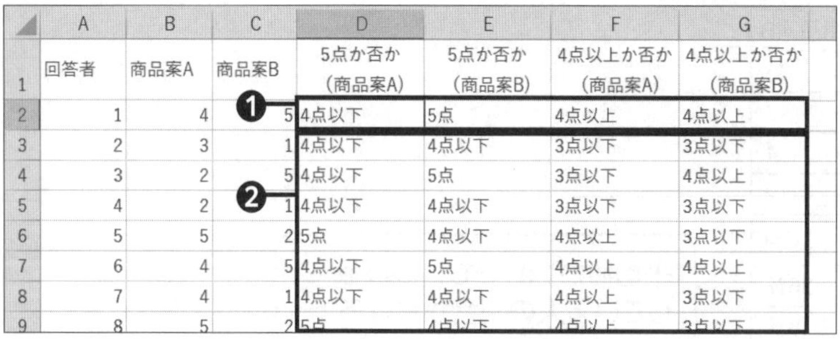

セル【D2】に入力した関数は以下のとおりです。これは、IF（もし）セル【B2】の値が 5 だったら "5 点 " という文字列を、そうでなければ "4 点以下 " という文字列を表示しろという意味です。セル【E2】には同じ数式を、セル番地だけ C2 に変更して入力します。

=IF(B2=5,"5 点 ","4 点以下 ")

セル【F2】に入力した関数は以下のとおりです。もし、4 点以上なら "4 点以上 " という文字列を、そうでなければ、"3 点以下 " という文字列を入れろという意味です。4 点以上を判定するために「>=」という不等号記号を使っています。セル【G2】にも同じ数式を、セル番地だけ C2 に変更して入力します。

=IF(B2>=4,"4 点以上 ","3 点以下 ")

セル【C2】～【G2】を下にコピー＆ペーストすると、B 列と C 列の値に応じて「5 点」「4 点以下」「4 点以上」「3 点以下」と表示されます。これで点数という量的変数が、それぞれの値に応じた質的変数に変換できます。

これを使って、ピボットテーブルで度数表を作り、それぞれの構成比を求めれば、知りたい回答の該当割合が計算できます。

COUNTIF 関数で度数表を作成しよう

もう 1 つは、COUNTIF 関数を使ってダイレクトに度数表を作成するという方法です。COUNTIF 関数は条件を満たす値の個数を数えてくれるもので、「=COUNTIF(対象とするセル範囲 , カウントする条件)」と書きます。これも知っておくと便利な関数ですので、例題を見ながら、使い方をマスターしましょう。

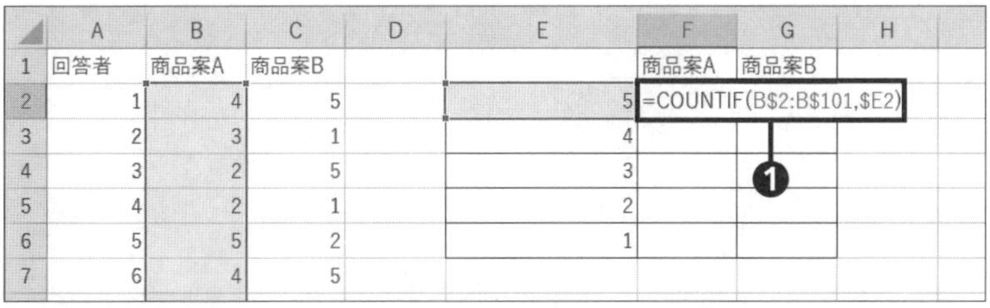

1 COUNTIF 関数の入力

❶セル【F2】に以下の数式を入力

=COUNTIF(B$2:B$101,$E2)

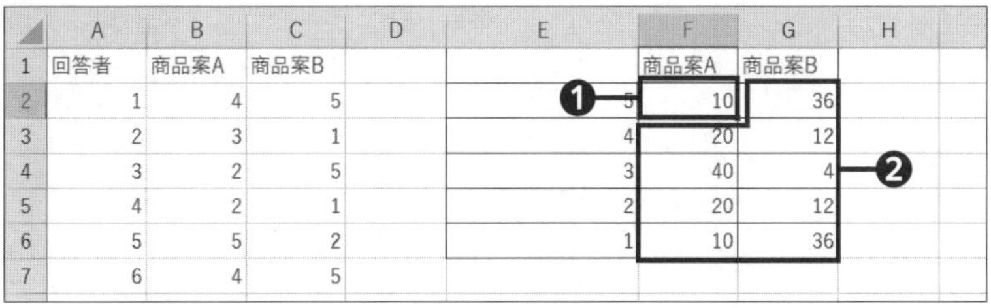

2 関数のコピー

❶セル【F2】を選択して、《ホーム》タブの《コピー》をクリック
❷セル範囲【F2:G6】を選択して、《ホーム》タブの《貼り付け》をクリック

上の図のように度数表を作成することができます。別配布の Excel のデータには、COUNTIF 関数を使った度数表の例を載せていますので、それぞれのセルにどんな式が入るかを確認しましょう。

LET'S TRY

演習

携帯電話のアンケートデータの満足度で、関数やピボットテーブルなどを使って、平均と度数分布、満足 9 点以上の割合を計算してみましょう。うまくいったら、各自の興味のあるデータでも分析してみましょう。重要な点は、結果を解釈して見ることです。解釈したら、誰かに伝えて（レポートして）みましょう。

COLUMN

NPS という顧客満足度評価

NPS® とは、ネット・プロモーター・スコア（Net Promoter Score）のことで、顧客満足度を測定するために開発された調査指標です。この指標は、満足度を「あなたは、○○（商品・サービス名）についてどれくらい満足ですか」と聞くのではなく、「あなたは、○○を友人にどれくらいすすめたいと思いますか」というように聞き、0 から 10 までの 11 段階で得点を答えてもらいます。

ポイントは、このデータを平均値ではなく、以下の図のように、推奨者、中立者、批判者というようにまとめ、該当割合や、「推奨している人の割合から批判している人の割合」を計算して活用するという方法です。計算方法は、ここで学習した構成比の計算を使って簡単に計算できます。マーケティングの分野で多用されますので、ぜひ調べてみてください。

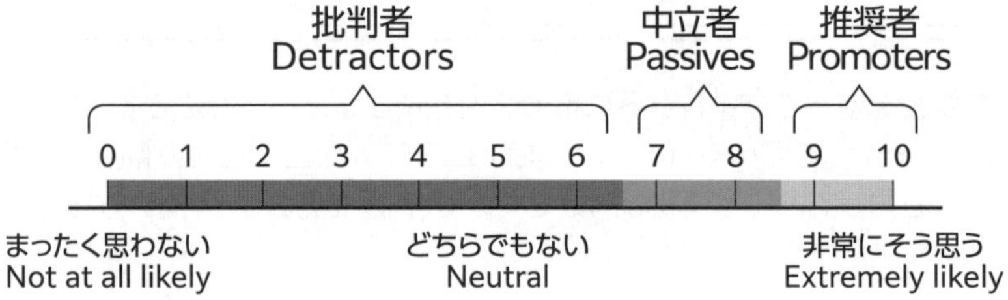

SECTION 03

度数分布とヒストグラムを活用しよう

棒グラフで分布を確認する方法はわかったのですが、うまくいかないデータがあるんです。棒の数が多すぎちゃって、ごちゃごちゃです。

値の候補がたくさんある場合には、値を区間で区切って分析するヒストグラムを使うと便利ですよ。

度数分布表とヒストグラムとは何か

前の節までは、量的変数（数値）といっても、10 点満点や 5 点満点など値の範囲が狭いデータを分析してきました。ただし、量的データはもっと細かな区切りの値をとる連続量であることがほとんどです。その場合、データの散らばり方（分布）を見るために棒グラフを作っても、値の幅が広すぎて横軸の値をうまく設定できません。このような連続量の**データの分布を見る場合は、データ区間を区切り、その区間ごとに頻度をカウントして棒グラフ（ヒストグラム）**を作るといった分析手法が行われます。

ここでは、1970 年代後半のアメリカ·ボストンの住宅価格のデータを使って学習していきましょう。

※データの出典：「カーネギー・メロン大学の StatLib データセットアーカイブ」内にある boston.txt
http://lib.stat.cmu.edu/datasets/boston

このデータは、Boston Housing データと呼ばれるもので、データサイエンスを学習する際の例題データとして有名なデータです。506 件のボストンの住宅について（価格や部屋数）と住宅があるエリアについて（固定資産税率や犯罪率など）の計 14 変数を持ちます。

	A	B	C	D	E	F	G	H	I	J	K	L	M	N	O	P
1	No.	犯罪率	広い家の割合	非小売業の割合	川の隣か	NOx濃度	平均部屋数	古い家の割合	主要施設への距離	主要高速道路へのアクセス性	固定資産税率	生徒と先生の比率	黒人の割合	低所得者人口の割合	住宅価格(単位1000ドル)	
2	1	0.00632	18	2.31	0	0.538	6.575	65.2	4.09	1	296	15.3	396.9	4.98	24	
3	2	0.02731	0	7.07	0	0.469	6.421	78.9	4.9671	2	242	17.8	396.9	9.14	21.6	
4	3	0.02729	0	7.07	0	0.469	7.185	61.1	4.9671	2	242	17.8	392.83	4.03	34.7	
5	4	0.03237	0	2.18	0	0.458	6.998	45.8	6.0622	3	222	18.7	394.63	2.94	33.4	
6	5	0.06905	0	2.18	0	0.458	7.147	54.2	6.0622	3	222	18.7	396.9	5.33	36.2	

ここでは、「住宅価格（単位 1000 ドル）」という変数に着目し、どんな価格の家がどれくらいあるかを分析してみます。

まず平均値を計算すると、平均は 22.53（千ドル）だということがわかります。とはいえ、データを見ると、価格はかなりばらついていることがわかります。そこで、データのばらつきをグラフにして、全体像を把握してみましょう。そこで、用いられるのが「ヒストグラム」という分析手法です。

分析ツールで度数分布表とヒストグラムを作成しよう

Excel には「関数」で分析するだけではなく、データ分析に特化した「分析ツール（データ分析）」という機能が実装されています。19 個の分析ツールを選ぶことができます。

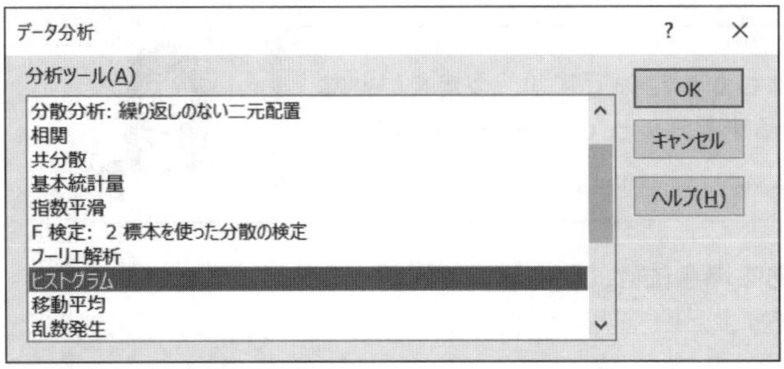

なお、もし《データ》タブの中に《データ分析》というメニューがない場合には、Excel のオプションからアドインを追加設定しておきましょう。

COLUMN

分析ツールアドインを追加する

《ファイル》→《オプション》をクリックして、《Excel のオプション》を表示し、❶《アドイン》を選択します。アドイン一覧から❷《分析ツール》を選択し、下の❸《設定》をクリックして、表示される《アドイン》ダイアログボックスの❹《分析ツール》にチェックを入れてください。

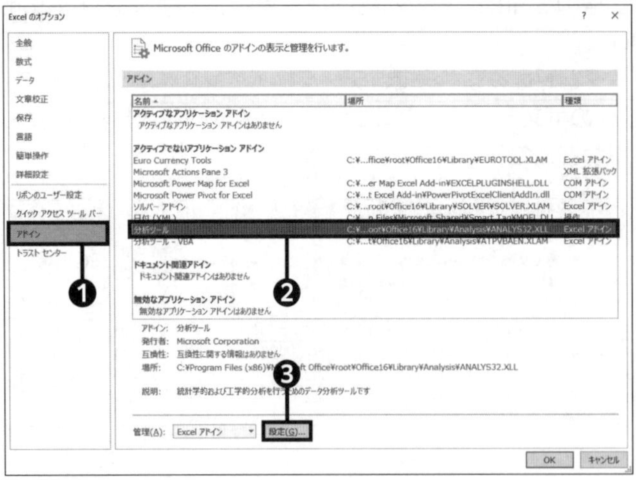

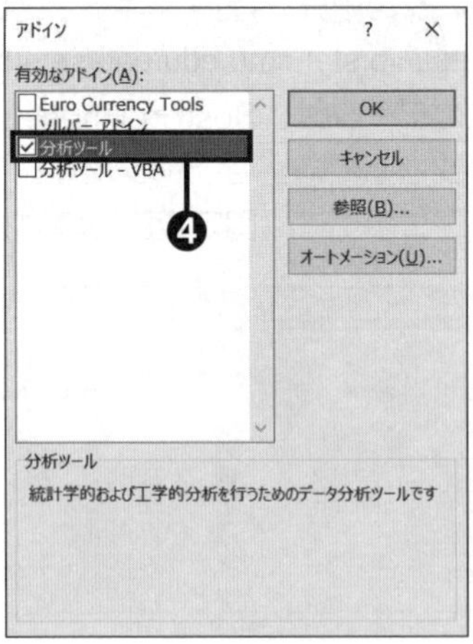

それでは分析ツールでヒストグラムを作成してみましょう。

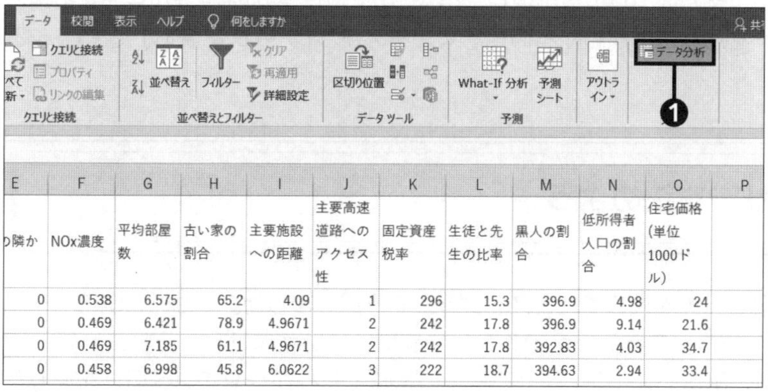

1 分析ツールの起動

❶《データ》タブの《データ分析ツール》をクリック

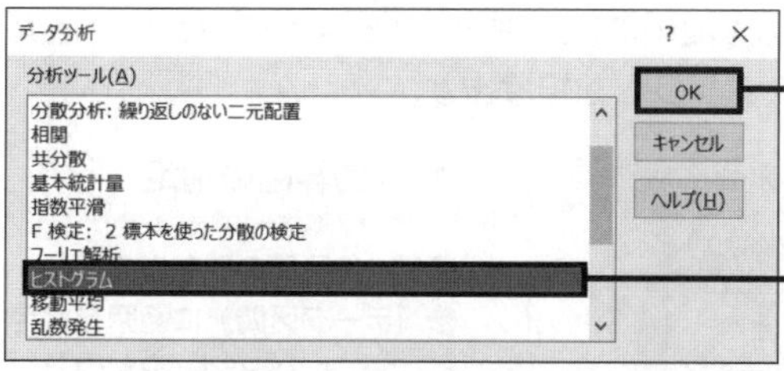

2 ツールの選択

❶《ヒストグラム》を選択
❷《OK》をクリック

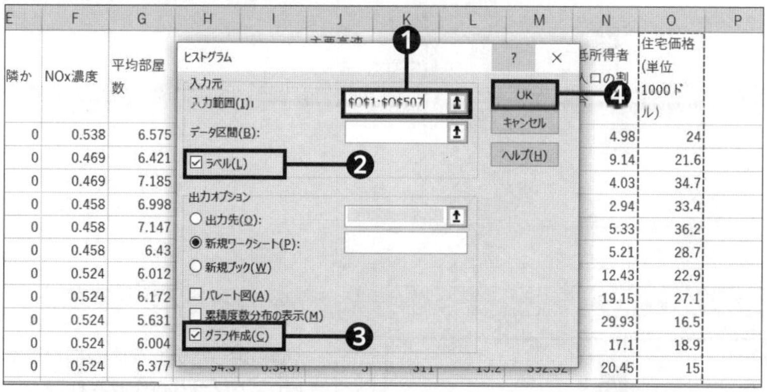

3 入力範囲の指定

❶《入力範囲》に対象となるデータの範囲(ここでは【$O$1:$O$507】)を指定
❷選択範囲の先頭行が変数名なので《ラベル》にチェックを入れる
❸《グラフ作成》にチェックを入れる
❹《OK》をクリック

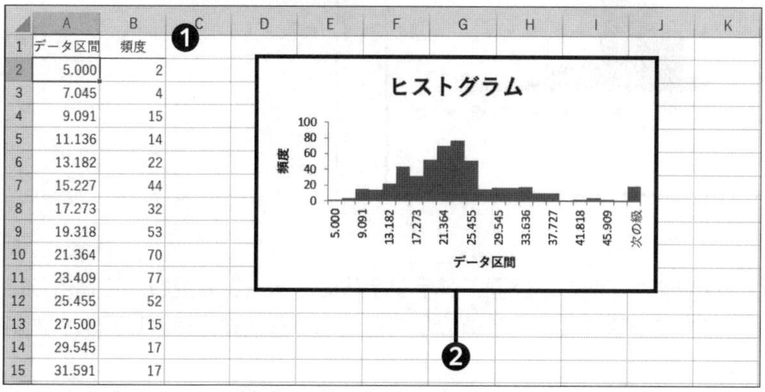

4 ヒストグラムの完成

❶シートが追加され、ヒストグラム(グラフ)と度数分布表が表示される
❷見やすくなるよう軸の表示や、棒の太さを調整

結果を見ると、自動的に区間が 0 ~ 5.000、5.000 ~ 7.045(単位千ドル)……といった具合に区切られ、対象区間(価格帯)に含まれる頻度(住宅数)の表が作られます。これが度数分布表です。それを棒グラフ化したヒストグラムも作成されます。

これを見ると、先ほど計算した平均 22.53 前後の住宅が多く、それより安い物件や高い物件は減っていく傾向が見て取れます。このように簡単に連続量の分布を確認できるのが、ヒストグラムの便利なところです。

なお、今回は山のピークが1つで、平均値の近くにピークが来ていました。ただし、必ずしもそうなるとは限りません。場合によっては山が複数出現し、いくつかの価格帯の住宅群が存在する場合もあります。分布を見ながら、どんなことがわかるのかを考えるのが、**「データを読む」**ということです。

意味を考えてくくり方を決めよう

先ほどは Excel が自動的に区切り方を決めて、ヒストグラムを作成しました。でも、2.045（千ドル）間隔という区切りは、ストーリーを作るうえでわかりやすいとはいえません。それよりも、「0 ~ 5.00」「5.00 ~ 15.00」「15.00 ~ 30.00」などのように意味上もわかりやすい区切りを使ったほうが便利です。その場合、「データ区間」の列をあらかじめ作成しておき、《ヒストグラム》ダイアログボックスで指定しておけば、好きな区切り方でヒストグラムを描けます。

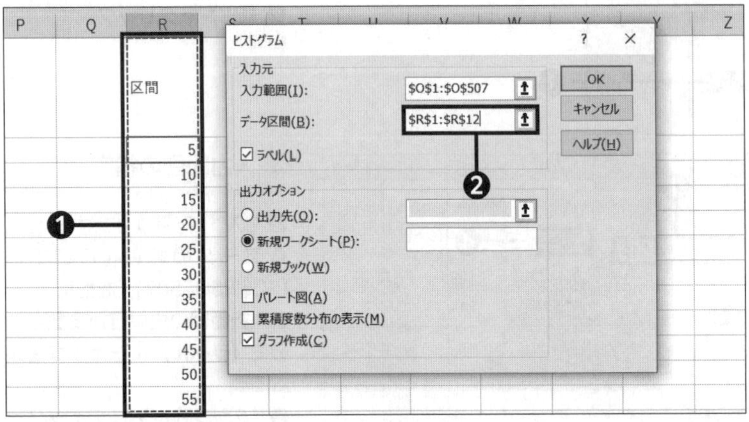

1 入力範囲の指定

❶データ区間の列を作成
❷《データ区間》に範囲を指定（ここでは【$R$1:$R$12】）

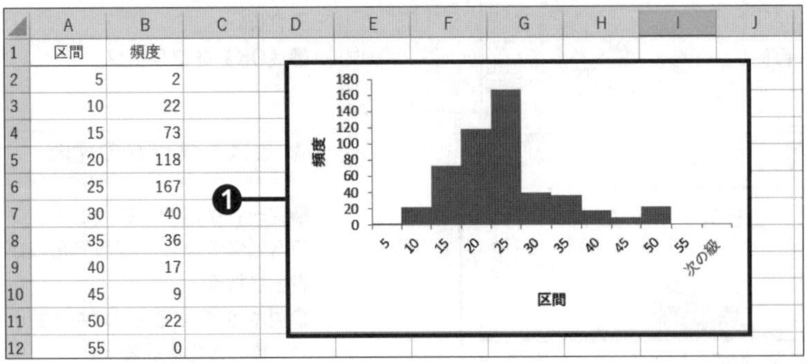

2 ヒストグラムの完成

❶指定したデータ区間に沿ったヒストグラムが作成される

ただし、区切り方によってわかりやすさが変わる反面、グラフ全体のイメージも変わってしまうことがあります。何に使うのか、何をわかりやすく伝えたいのかを考えながら、試行錯誤してよりよいヒストグラムを作ってみましょう。

重要なことは、平均値では消えてしまう**データの散らばり方（分布）を明らかにすること**ですので、その点を意識して分析することを忘れないようにしましょう。

平均が真ん中とは限らない：データの偏りにも着目しよう

ボストンの住宅のデータでは、平均値の周りに山（出現頻度）のピークが来ていました。ただし、いつもそうとは限りません。有名な事例として、総務省の発表している「貯蓄額別の世帯分布」の結果を見てみましょう。

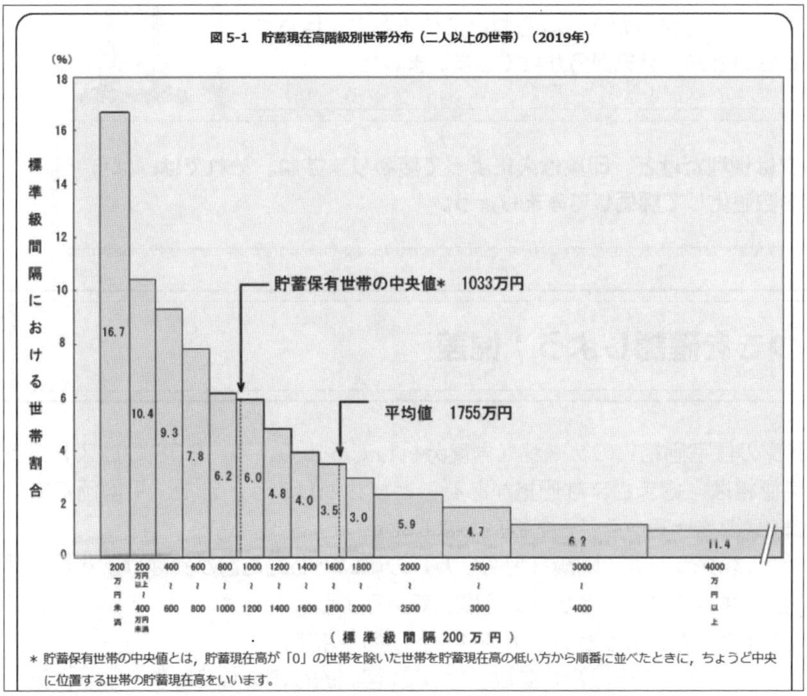

図 5-1　貯蓄現在高階級別世帯分布（二人以上の世帯）（2019年）

＊ 貯蓄保有世帯の中央値とは，貯蓄現在高が「0」の世帯を除いた世帯を貯蓄現在高の低い方から順番に並べたときに，ちょうど中央に位置する世帯の貯蓄現在高をいいます。

https://www.stat.go.jp/data/kakei/family3/05.html より引用

世帯の貯蓄額の平均は 1755 万円となっていますが、山のピーク（該当件数が一番多い区間）は、200 万円以下です。平均が真ん中に来るというイメージを持っていると「1755 万円が平均値だから、半分くらいの世帯は 1755 万円ぐらいの貯蓄があるのか」と思ってしまいがちですが、このように分布をヒストグラムで図示してみると、平均が必ずしも真ん中あたりにあるとは限らないことに気付けます。

なお、ちょうど真ん中に当たる値のことを**「中央値」**といいますが、中央値は、1033 万円となっています。これは対象とした世帯の半分が 1033 万円以下（真ん中なので 1033 万以上ともいえる）だということを表しています。

これらのように「平均値」1 つとっても、要約という分析は捨てられる情報が何なのかを意識して使わないといけないことがわかります。次の章では、データのばらつきについて、グラフ（ヒストグラムなど）以外で把握する方法を学習していきます。

LET'S TRY

演習

ボストンの住宅データの他の変数や、各自が興味を持てるデータの連続変数についてもヒストグラムを作成してみましょう。

SECTION 01

ばらつきを数値化する

ヒストグラムを作ったら、ばらついているとか、ばらついていないとか、意見が分かれてしまいました。

グラフは便利だけど、印象は人によって変わりますね。それでは、ばらつきを数値化して評価してみましょう。

平均からのばらつきを確認しよう：偏差

第5章で用いた「ボストンの住宅価格」のデータを再度分析してみましょう。P.68のヒストグラムのように、506件の住宅価格は、さまざまな価格があることがわかります。また、平均価格に近い価格が多く、ひと山のピークになっていることも確認しました。

ただし、ヒストグラムのようなグラフは、階級（区切り方）の違いでも見た目が異なりますし、グラフを見る人によっても「散らばっている」とか「散らばっているようには見えない」というように異なる印象で（主観的に）評価できてしまうというデメリットがあります。

そこで、データの散らばり具合（ばらつき具合）を数値化して、客観的な値にしてみましょう。データ分析や統計学で多用されるのは「分散」とか「標準偏差」という値なのですが、少しややこしいので、まずは**「平均偏差」**という指標を学習し、データのばらつきを評価する方法をマスターしましょう。

まずは「ばらつき」とは何かから確認していきます。「ばらつき」とは、ひと言でいえばデータの散らばり方ですが、ばらつき方を評価するには、「〇〇からのばらつき」といったように、**基準となる点からの「差」を評価する**ことが必要です。

データ分析から少し離れた例ですが、「〇〇って面白い味がする」と評価するには、「普通の味」という基準から〇〇がずれている（差がある）から面白い（普通ではない）味、と評価できるのと一緒です。その普通がないと、差が評価できないことになってしまいます。

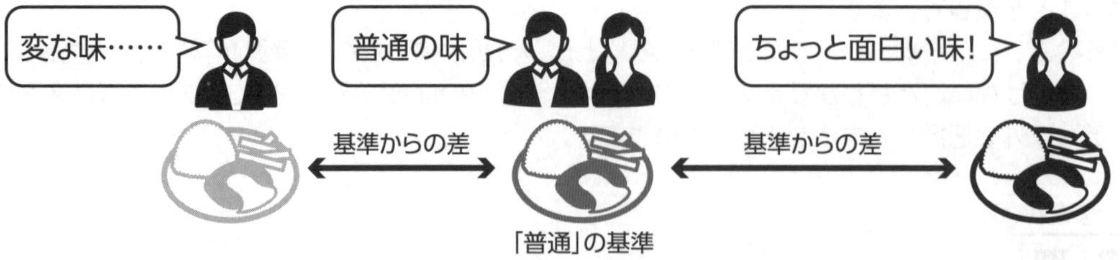

さて、データ分析に戻りましょう。データ分析で他の散らばりを評価するときに、基準として「平均値」が多用されます。もちろん他の基準もありますが、まずは「平均値を基準として」量的変数のばらつきを考える方法を試してみましょう。

そこで、Excel で「平均値」と各住宅価格について「平均からの差（ずれ）」を計算していきます。この平均からのずれのことを**「偏差」**と呼びます。

	A	B	C	D	E	F	G	H	I
1	No.	住宅価格（単位1000ドル）	平均値からの差（偏差）			住宅価格の平均値			
2	1	24.0				=AVERAGE(B2:B507)			
3	2	21.6							
4	3	34.7							
5	4	33.4							

1 平均値を求める

❶セル【F2】に「=AVERAGE(B2:B507)」と入力

	A	B	C	D	E	F	G	H	I
1	No.	住宅価格（単位1000ドル）	平均値からの差（偏差）			住宅価格の平均値			
2	1	24.0	=B2-$F$2			22.5			
3	2	21.6							
4	3	34.7							
5	4	33.4							

2 偏差を求める

❶セル【C2】に「=B2-$F$2」と入力

	A	B	C	D	E	F	G	H	I
1	No.	住宅価格（単位1000ドル）	平均値からの差（偏差）			住宅価格の平均値			
2	1	24.0	1.47			22.5			
3	2	21.6	-0.93						
4	3	34.7	12.17						
5	4	33.4	10.87						
6	5	36.2	13.67						
7	6	28.7	6.17						
8	7	22.9	0.37						
9	8	27.1	4.57						
10	9	16.5	-6.03						
11	10	18.9	-3.63						
12	11	15.0	-7.53						

3 コピーする

❶セル範囲【C3:C507】にコピー＆ペーストする

図の C 列を見ると、平均価格の 22.5（千ドル）より高いデータもあれば、マイナス（平均より安い）のデータもあることがわかります。この「偏差」を見ていくというのが基本ですが、偏差が 506 個もあるとパッと見ただけでは把握できないので、偏差の平均を取ってみましょう。

「平均からのばらつき」の平均はゼロ！？：平均偏差

以下の図は、セル【G2】に偏差の平均値を計算した結果です。

	A	B	C	D	E	F	G	H	I
1	No.	住宅価格（単位1000ドル）	平均値からの差（偏差）			住宅価格の平均値	偏差の平均		
2	1	24.0	1.47			22.5	=AVERAGE(C2:C507) ❶		
3	2	21.6	-0.93						
4	3	34.7	12.17						
5	4	33.4	10.87						

1 偏差の平均を求める

❶セル【G2】に「=AVERAGE(C2:D507)」と入力

	A	B	C	D	E	F	G	H	I
1	No.	住宅価格（単位1000ドル）	平均値からの差（偏差）			住宅価格の平均値	偏差の平均		
2	1	24.0	1.47			22.5	0.00 ❶		
3	2	21.6	-0.93						
4	3	34.7	12.17						
5	4	33.4	10.87						

2 結果が表示される

❶結果は「0.00」となった

ここで注目するのは、「偏差」の平均が0になってしまっている点です。平均値とは、平均以上のデータと平均以下のデータが釣り合うところなので、単純に偏差の平均を求めると0になります。個々の住宅価格の偏差を見ると、平均より高かったり、安かったりといういろいろな値があったにもかかわらず、平均0では「平均価格からのばらつきがない」と誤解されてしまいます。データ分析で、個々のばらつき（偏差）を平均からのずれで評価する難しさはこの点にあります。

そこで、次のように考えます。

平均からのずれは、＋と－を取り除いて評価しましょう。

平均からのずれの＋／－を取り除く方法としてわかりやすいのは「絶対値」という考え方です。「＋だったら、そのままの値。－だったら、－を取り除いた値にする」というのが、絶対値にするということです。Excelでは、ABS関数を使うと絶対値が計算できます。

	A	B	C	D	E	F	G	H	I
1	No.	住宅価格（単位1000ドル）	平均値からの差（偏差）	偏差の絶対値		住宅価格の平均値	偏差の平均	偏差の絶対値の平均（平均偏差）	
2	1	24.0	1.47	=ABS(C2) ❶		22.5	0.00		
3	2	21.6	-0.93						
4	3	34.7	12.17						
5	4	33.4	10.87						

1 絶対値を求める

❶セル【D2】に「=ABS(C2)」と入力

	A	B	C	D	E	F	G	H	I
1	No.	住宅価格（単位1000ドル）	平均値からの差（偏差）	偏差の絶対値		住宅価格の平均値	偏差の平均	偏差の絶対値の平均（平均偏差）	
2	1	24.0	1.47	1.47		22.5	0.00		
3	2	21.6	-0.93	0.93					
4	3	34.7	12.17	12.17 ❶					
5	4	33.4	10.87	10.87					

2 コピーする

❶セル範囲【D3:D507】にコピー&ペーストする

	A	B	C	D	E	F	G	H	I
1	No.	住宅価格（単位1000ドル）	平均値からの差（偏差）	偏差の絶対値		住宅価格の平均値	偏差の平均	偏差の絶対値の平均（平均偏差）	
2	1	24.0	1.47	1.47		22.5	0.00	=AVERAGE(D2:D507) ❶	
3	2	21.6	-0.93	0.93					
4	3	34.7	12.17	12.17					

3 平均を求める

❶セル【H2】に「=AVERAGE(D2:D507)」と入力

	A	B	C	D	E	F	G	H	I
1	No.	住宅価格（単位1000ドル）	平均値からの差（偏差）	偏差の絶対値		住宅価格の平均値	偏差の平均	偏差の絶対値の平均（平均偏差）	
2	1	24.0	1.47	1.47		22.5	0.00	6.65 ❶	
3	2	21.6	-0.93	0.93					
4	3	34.7	12.17	12.17					

4 平均偏差が求められた

❶「6.65」という平均偏差が求められた

この「『平均からのずれ』の平均」のことを**「平均偏差」**と呼びます。これで、見た目の印象ではなく、客観的なばらつきの指標を手に入れることができました。

「平均偏差」を解釈してみましょう。

このデータから、以下のことがわかります。

- **この 506 エリアの住宅価格の平均は、22.5（千ドル）**
- **平均より高い物件や安い物件もあるが、その差の平均は、6.65（千ドル）**

これがデータから得られたファクト（事実）です。この結果をもとに、「平均価格が高いなぁ（または、安いなぁ）」とか「価格のばらつきが大きいなぁ（または、小さいなぁ）」と解釈するために背景知識が必要なのは、第 4 章で学習したことと同じです。

多用されるのは「標準偏差」！？

ここまで学習した「平均偏差」はその仕組みもわかりやすく、便利なのですが、実は、データ分析や統計学の世界では、あまり使われてきませんでした。その背景には、昔は「絶対値」を計算するのが難しかったという事情があります。そこで、多くの場合「標準偏差（または分散）」というばらつきの指標が多用されてきました。ここでは、「平均偏差」と「標準偏差」の違いを整理しておきます。

なお、数式が得意ではない人は、この両者の数学的な違いはあまり気にしなくてもかまいません。道具として以下の理解だけで OK です。

- **「平均偏差」と「標準偏差」は平均値からのばらつきの大きさを表している。「数値が大きければ、データがばらついていて、数値が小さければデータのばらつきが小さい」。**
- **平均偏差と標準偏差の値は（若干）異なるため、ある分析では、どちらを使うかを統一しておき、混在することは避ける（ほとんどの場合「標準偏差」が使われる）。**

では、標準偏差とは何でしょうか（くり返しますが、数学が得意ではない人は、読み流してしまっても大丈夫です）。

ポイントは、偏差の＋と－を取り除く際に、絶対値ではなく 2 乗を使うという点です。

先ほど触れたとおり、絶対値は「プラスならプラスのまま、マイナスならプラスに」という論理演算なので、昔のシンプルな電卓では計算できませんでした。そこで、以下のようにプラスとマイナスを取り除く方法が考えられました。

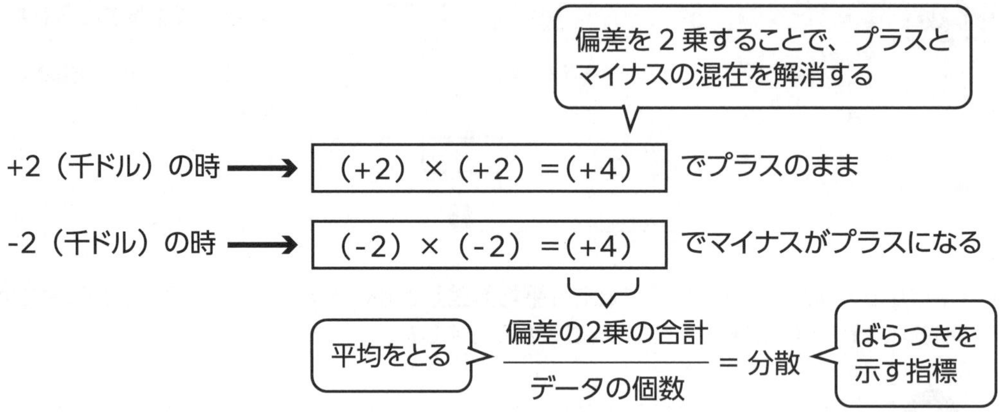

ただし、この方法には、使い勝手に課題があります。2 乗してしまったので偏差が大きくなり、しかも単位が（千ドル）から（千ドル）2 になってしまうのです。そこで、この指標（分散）のルート（平方根）を計算し、単位をもとに戻すという処理が行われます。それが**「標準偏差」**です。

計算機が発達していなかった時代には、絶対値より 2 乗を計算するほうが簡単だったという事情によって、今でもばらつきの指標は「分散」や「標準偏差」が最も一般的な指標として利用されています。皆さんも、ばらつきの指標としては、単位が変わらずにわかりやすい「標準偏差」を使うことが普通なのだと覚えておいてください。

平均偏差と標準偏差の違いはプラスとマイナスを取り除く方法ですが、一般的には標準偏差が使われます。

標準偏差を計算しよう：関数の活用

「標準偏差」の計算の仕組みについて解説しましたが、Excel では関数を使えば、簡単に計算することができます。2 つの関数があるのですが、その違いは後ほど確認するとして、ここでは「STDEV.P 関数」を使って計算しましょう。

以下の図のように、STDEV.P のかっこの中にもとのデータの範囲指定をするだけで計算できます。指定する範囲は偏差ではなく、もとのデータなので気を付けてください。

なお、平方根を計算する前の値「分散」は「VAR.P 関数」で求められます。また、「平均偏差」は「AVEDEV 関数」で求められますので、併せて覚えておきましょう。

B	C	D	E	F	G	H	I	J	K
住宅価格（単位1000ドル）	平均値からの差（偏差）	偏差の絶対値		住宅価格の平均値	偏差の平均	偏差の絶対値の平均（平均偏差）	標準偏差		
24.0	1.47	1.47		22.5	0.00	6.65	=STDEV.P(B2:B507)		
21.6	-0.93	0.93							
34.7	12.17	12.17							
33.4	10.87	10.87							

❶

1 STDEV.P 関数を入力

❶セル【I2】に「=STDEV.P(B2:B507)」と入力

B	C	D	E	F	G	H	I	J	K
住宅価格（単位1000ドル）	平均値からの差（偏差）	偏差の絶対値		住宅価格の平均値	偏差の平均	偏差の絶対値の平均（平均偏差）	標準偏差		
24.0	1.47	1.47		22.5	0.00	6.65	9.19		
21.6	-0.93	0.93							
34.7	12.17	12.17							
33.4	10.87	10.87							

❶

2 標準偏差が求められた

❶「9.19」という標準偏差が求められた

上の図の2の値を見ると、標準偏差は9.19という結果になっています。ということは、平均22.5（千ドル）で、9.19（千ドル）のばらつきが、平均からのばらつきだということになります。

なお、平均偏差と標準偏差の値が異なることが気持ち悪く感じるかと思います。これは、標準偏差は、2乗した値の平均（分散）の平方根を計算しているため、分散の分母であるデータの個数部分も平方根に含まれてしまっているためです。意味のうえからは、「平均偏差」のほうが「平均からのばらつきの平均」を正しく表していますが、標準偏差が一般的に使われているので、この違いを理解したうえで、ばらつきを評価するということを覚えておいてください。

LET'S TRY

演習

配布データの中の式や関数を確認し、関数の使い方を理解しましょう。そのうえで、各自の興味があるデータについて、平均と標準偏差を計算してみましょう。

SECTION

02 売上データを分析しよう

あるお店の売上金額のデータが手に入ったんですが、
これも標準偏差で分析できるんでしょうか？

もちろんできますよ。グラフで視覚化しながら分析しましょう。

売上データを折れ線グラフで視覚化しよう

ここでは、以下のようなある店舗の一日の売上金額（売上高）の推移（6月の30日分）を記録した「時系列データ」を分析していきましょう。なお、時系列データの場合、順序に意味がありますので、その推移を把握しやすくするために、折れ線グラフを描くことが一般的です。

A列の「時間（日付)」とB列の「A店の売上高」を選び、《挿入》タブの折れ線グラフのボタンを押すと種類が選べるので、「折れ線グラフ」か「マーカー付き折れ線グラフ」を選ぶといいでしょう。ここでは「折れ線グラフ」を選んでみました。

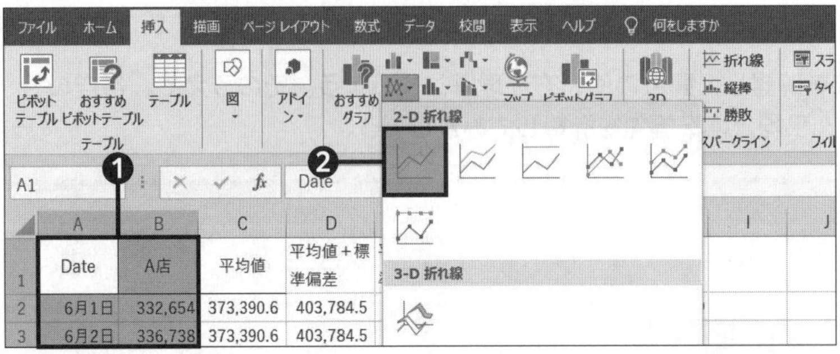

1 グラフの種類を選ぶ

❶セル範囲【A1:B31】を選択
❷《挿入》タブの《折れ線 / 面グラフの挿入》→《折れ線》

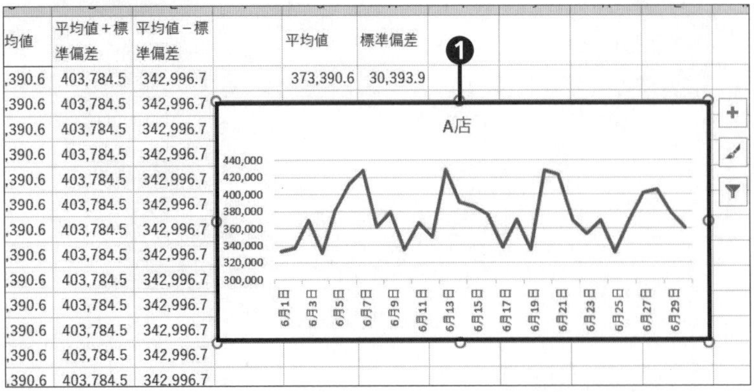

2 折れ線グラフが作成された

❶必要に応じて数値軸の範囲などを調整

このように、日々の売上高の推移が簡単に確認できます。では、平均値とばらつきについて検討していきましょう。平均値は「AVERAGE 関数」で、標準偏差は「STDEV.P 関数」で計算しましょう。

さて、この値を上の折れ線グラフに追記してみようと思います。以下、簡単な方法を解説します。

まず、平均値と標準偏差を計算します。この例では、セル【G2】と【H2】に計算しました❶。続いて、平均値を C 列にコピー＆ペーストします。この例では、373,390.6 円となっています。その際、数式がペーストされないように《値として貼り付け》で貼り付けてください❷。そして、D 列には「平均値＋標準偏差」の値（403,784.5 円）を、E 列には「平均値 - 標準偏差」の値（343,996.7 円）をそれぞれ貼っておきます❸。

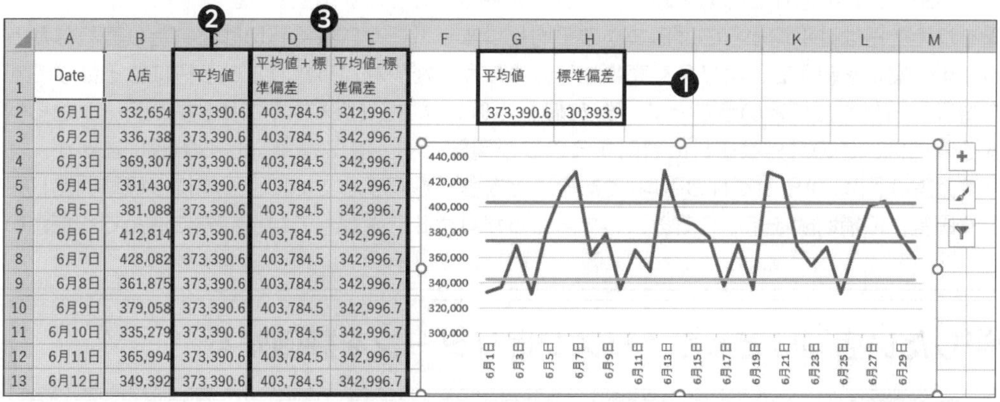

	A	B	C	D	E
1	Date	A店	平均値	平均値＋標準偏差	平均値-標準偏差
2	6月1日	332,654	373,390.6	403,784.5	342,996.7
3	6月2日	336,738	373,390.6	403,784.5	342,996.7
4	6月3日	369,307	373,390.6	403,784.5	342,996.7
5	6月4日	331,430	373,390.6	403,784.5	342,996.7
6	6月5日	381,088	373,390.6	403,784.5	342,996.7
7	6月6日	412,814	373,390.6	403,784.5	342,996.7
8	6月7日	428,082	373,390.6	403,784.5	342,996.7
9	6月8日	361,875	373,390.6	403,784.5	342,996.7
10	6月9日	379,058	373,390.6	403,784.5	342,996.7
11	6月10日	335,279	373,390.6	403,784.5	342,996.7
12	6月11日	365,994	373,390.6	403,784.5	342,996.7
13	6月12日	349,392	373,390.6	403,784.5	342,996.7

G	H
平均値	標準偏差
373,390.6	30,393.9

最後に、折れ線グラフをクリックすると、グラフが参照するデータ範囲の枠が表示されるので、ブルーの領域の角をドラッグして E 列まで広げます。すると、C ～ E 列もグラフに含まれるようになり、売上高の折れ線グラフに「平均値」「平均値＋標準偏差」「平均値 - 標準偏差」の 3 本の補助線が表示されます。それでは、これから何がわかるか考えていきましょう。

平均からのばらつきのパターンを確認しよう

まずは、売上高の系列と平均値に着目してみます。平均値の補助線を引くことで、日々のずれ（偏差）がわかりやすくなりました。これを見ながら、平均値より多く売れた日や売れなかった日の出現パターンがないかを確認していきます。

よく見てみると、7 日周期でパターンがあるように見えます。このような**繰り返しパターン（サイクリカルなパターン）は、季節性といいます**が、その場合、前の日と比較して「今日は売れた、売れなかった」という判断をするだけでは十分ではないことになります。例えば、日曜日は売れるけど月曜日は売れないことが多い、というパターンがあったときに、「今日（月曜日）は、昨日より売れてないじゃないか」といわれても「まあ、月曜日ですし」と思うはずです。このようにサイクリカルな傾向を見つけるためにも、平均値の補助線を引くのは有効です。このあたりの繰り返しパターンがある場合の分析方法については、第 13 章で改めて学習しますので、ここではパターンの発見が重要だということを押さえておいてください。

それ以外にも、平均以上が連続するとか、平均以下が連続する場所があるかといった視点も重要なチェックポイントです。

標準偏差って、なんだ？

今回、「平均＋標準偏差」と「平均 - 標準偏差」という補助線も引いてみました。ここから、標準偏差の意味を考えてみたいと思います。

標準偏差とは、「平均からのばらつきの平均」を表しているわけですから、この範囲は、**日々の売上としてよくある範囲**を示していることになります。どの日が、その幅（標準偏差）内にいるかを確認すると同時に、どの日がこの幅を超えているかを確認することが重要です。

この幅を超えた日は「平均からのばらつきの平均」、つまり「日々これくらいは売れたり売れなかったりするはずの幅」を超えて、より多く売れたり、より売上が少なかったりという日になるはずです。これらを普段から外れた値ということで**「外れ値」**と呼びます。ビジネスに限らず、データから何か発見する際には、この「外れ値」に着目することが重要です。第 7 章で詳しく学習しますが、ここでは標準偏差は「平均からのずれの平均」であることを強く理解するために、「平均値＋標準偏差」「平均値 - 標準偏差」の補助線を追記してみました。しっかり意味を確認してから、先に進んでください。

担当したい店舗はどっち：リスクとリターンを評価する

やや数学的な話ばかりになってきたので、実践的な道具として、平均値と標準偏差を活用することを考えてみたいと思います。

以下の 3 つのビジネスケースについて、各自の答えを考えてから、先に進みましょう。

【Case1】

Q. あなたは、どちらの店舗の店長になりたいですか。A 店、B 店のどちらかを選び、その理由を考えてください。

A 店	日々の平均売上高	300 万円	標準偏差	30 万円
B 店	日々の平均売上高	100 万円	標準偏差	30 万円

【Case2】

Q. あなたは、どちらの店舗の店長になりたいですか。C 店、D 店のどちらかを選び、その理由を考えてください。

C 店	日々の平均売上高	300 万円	標準偏差	3 万円
D 店	日々の平均売上高	300 万円	標準偏差	30 万円

【Case3】

Q. あなたは、どちらの店舗の店長になりたいですか。E 店、F 店のどちらかを選び、その理由を考えてください。

E 店	日々の平均売上高	300 万円	標準偏差	30 万円
F 店	日々の平均売上高	200 万円	標準偏差	20 万円

Case1 は、多くの人は、A 店を選ぶのではないでしょうか。それはばらつきが同じ（標準偏差 30 万円）に対して、売上高は A 店が B 店の 3 倍ある、つまりビジネス規模が 3 倍だからチャンスが大きいと感じるからでしょう。もちろん、忙しいのは嫌だから小規模の B 店のほうがいいという人がいても OK です。

重要な点は、「平均値」が期待できるリターン（収益機会）の判断に使えるということです。

それでは、Case2 はどうでしょうか。これは Case1 よりも意見が分かれると思います。リターン(収益機会、ビジネス規模）は C 店、D 店と同じですが、日々の売上の多少（上下）が異なるというケースです。

C 店は標準偏差 3 万円に対して、D 店は標準偏差が 30 万円です。どちらも平均値が同じということは、判断の違いは、この標準偏差の違いから来ているわけです。

C 店を選んだ人は、おそらく「C 店のほうが、日々の売上がばらつかないから管理しやすい」などの安定性を評価したのではないでしょうか。

それに対して D 店を選んだ人は「D 店は大きく売れる日と大きく売れない日が混在するから、その理由（売れたり売れなかったりする理由）が見つかれば、店舗運営に工夫ができる」といった**改善性（チャンスとリスク）**を評価したのではないでしょうか。

このように「標準偏差」というばらつきは、チャンスやリスクを表し、実務では安定性や改善性を評価するための道具に使えるということがわかります。

Case3 は、平均値と標準偏差がともに異なるため、結果の利用者が、平均を重視するか、標準偏差を重視するかを、目的に応じて判断する必要があり、総合的な判断が必要にはなります。ただし、道具（平均と標準偏差）の使い方は一緒です。

今回は、売上高のデータでの平均値と標準偏差で考えましたが、例えば、あるテストで科目ごとに平均値と標準偏差が異なるとしたら、それは何を意味するのかといった分析にも、応用できます。いずれにしろ、ある分析手法を学んだら、「単に計算できる」ことを目指すのではなく、「道具として活用できるように理解する」ところまで目指すことが大切です。しっかり復習しておきましょう。

LET'S TRY

演習

平均値と標準偏差を、どんなデータにどう使うと、どんな活用ができるかを考え、報告しあいましょう。

SECTION

03 一部のデータでは誤差を加味しよう

30日分の売上データの分析結果を伝えたら、喜ばれました。
ただ、「誤差」とか聞かれたんですが、何のことですか？

誤差はデータを戦略系の視点で見るときに出てくる用語ですよ。データをどう使うかってビジネスではとても重要なんです。会計系と戦略系で見方が異なることがあるから、整理しておきましょう。

たまたまの結果かもという視点を持つ

第２章で学習した「母集団データ」と「標本データ」という話を思い出してください。先ほどのA店６月の売上データは、どちらのデータでしょうか。「母集団データ」「標本データ」の違いがわからない場合は、第２章を復習して、このデータがどちらに当てはまるのかを考えてから、先に進みましょう。

1）この期間の売上実績に興味があるなら「母集団データ」とみなそう

この６月の30日間の売上がどんな状態であったかを把握するための分析であれば、この期間が知りたいコトの全期間なので、「母集団データ」と考えて分析をします。この場合、求めた平均値やばらつきは、（計算間違いさえしていなければ）誰が計算しても断言できる正しい値です。

経理とか簿記会計的な現状把握の視点で眺めるときには、基本的には、その期間を母集団とみなすことが一般的です。

2）この期間の売上傾向に興味があるなら「標本データ」とみなそう

それに対して、分析するデータ期間は６月の30日間のデータではあるものの、このお店の売上能力といったような傾向を把握したいのであれば、話は変わります。６月の結果はあくまで「たまたま」であると考えます。というのは、このお店の売上傾向を把握する目的なら、別に「５月31日から６月29日」の30日の期間であっても、「６月１日から７月５日」であっても、本質的には問題がないからです。区切りがよいので「６月の30日間」を対象にしているにすぎません。したがって、どう期間を区切るかによって出てくる結果（平均値など）は変わってしまうはずです。つまり、分析対象はあくまで切り取られた一部のデータなので、「標本データ」ということになります。

６月の結果を他の月での能力評価に適用するということは、分析結果を、**経営戦略やマーケティング戦略を立てるための意思決定の情報として活用したい**と考えているのでしょう。

このように同じデータであっても、結果を使う目的によって、「母集団データ（そのデータ範囲に興味がある）」か「標本データ（そのデータ範囲を超えて一般化したい）」か、が変わってくることを覚えておきましょう。

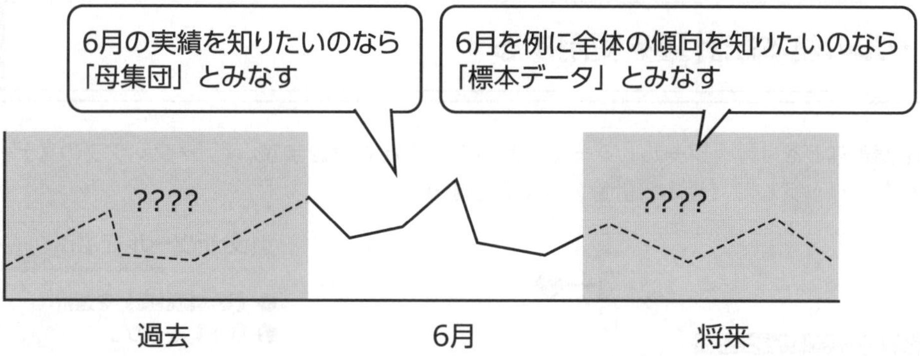

ここで重要なキーワードを押さえておきます。標本データはたまたまその期間となっているということですから、得られた結果にも「たまたま」さが含まれます。これを**「(推定) 誤差」**と呼びます。

データを標本データとみなす場合、そこからの結論は誤差があります(断言できない)。

2つの標準偏差の使い分け

先ほど、Excelの関数を使って標準偏差を計算する方法を学習しました。実は、標準偏差には、母集団データで計算する「母集団標準偏差」と標本データで計算する「標本標準偏差」があります。それぞれ、以下の関数に対応します。

「母集団標準偏差」:STDEV.P 関数　計算するときの分母が「データの個数:n」
「標本標準偏差」:STDEV.S 関数　計算するときの分母が「データの個数 -1:n-1」

	A	B	C	D	E	F	G	H	I	J	K
1	Date	A店									
2	6月1日	332,654		母集団標準偏差	30,393.9	←=STDEV.P(B2:B31)					
3	6月2日	336,738		標本標準偏差	30,913.5	←=STDEV.S(B2:B31)					
4	6月3日	369,307									
5	6月4日	331,430									
6	6月5日	381,088									
7	6月6日	412,814									
8	6月7日	428,082									

一部のデータで計算した「標本標準偏差」のほうが、誤差を加味する分、ばらつきが大きくなっていることがわかります。

目的に応じて、これらの関数を使い分けましょう。

分析ツールの基本統計量を使用する

平均値や標準偏差などを「分析ツール」で一気に計算することもできます。《データ》タブの《データ分析ツール》をクリックして《基本統計量》を選択します。

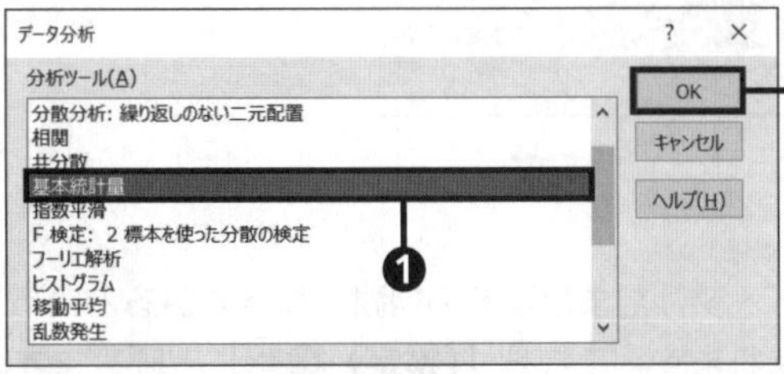

1 分析ツールを選ぶ

❶《基本統計量》を選択
❷《OK》をクリック

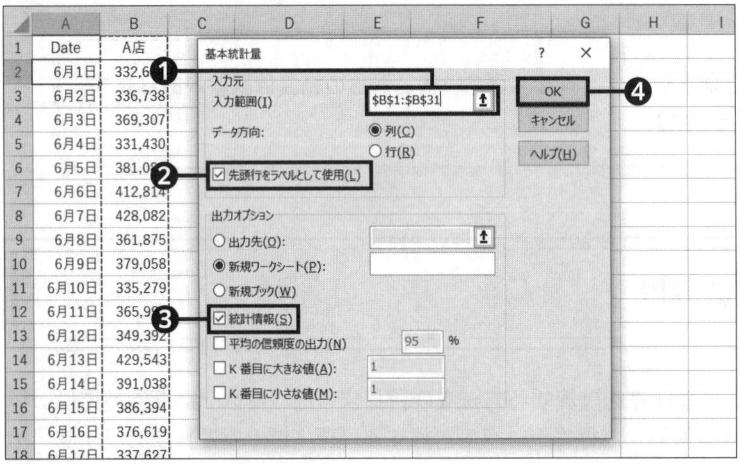

2 入力範囲を指定

❶《入力範囲》に分析対象の範囲を指定
❷範囲の先頭行が変数名の場合は《先頭行をラベルとして使用》にチェックを入れる
❸《統計情報》にチェックを入れる
❹《OK》をクリック

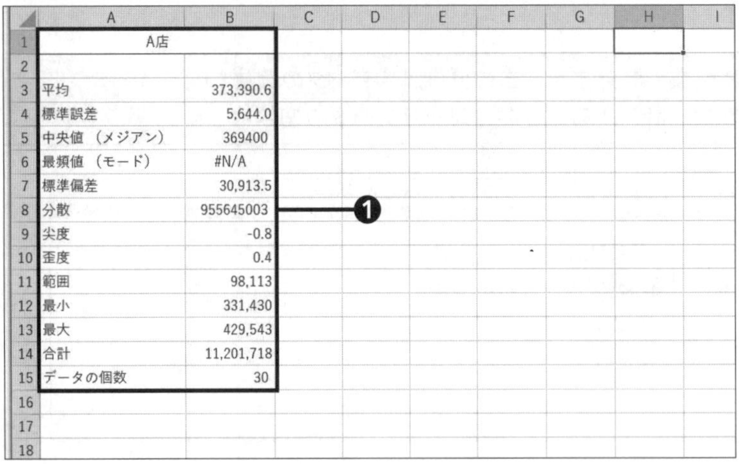

3 結果が表示された

❶シートが追加され、基本統計量が表示される

この「分析ツール」の「基本統計量」の計算はとても便利ですが、注意が必要です。それを理解するために、標準偏差の値を、先ほどの関数で計算した 2 種類の値と比べてみましょう。「30913.5」ですから、**「標本標準偏差」が計算されている**ことがわかります。このように「分析ツール」の「基本統計量」は、一部のデータ（標本データ）とみなして計算しており、誤差を加味した標準偏差になっている点に注意して利用してください。

母集団標準偏差だと思って、使っているケースがよくあるので、注意が必要です。

平均値に誤差を加味しよう：標準誤差

もう1つ、誤差に関わる情報が「標準誤差」です。名前が標準偏差と似ていますが、違う指標です。

データを一部のデータ（標本データ）とみなすと、平均値にも誤差を加味する必要があるはずです。この30日間の1日当たりの平均売上高は、373390.6円でしたが、期間を少し変えれば、結果も変わるはずです。そこで、平均にどれくらいの誤差を加味すべきかを示したのが「標準誤差」です。

結果を見ると「標準誤差：5644.0円」となっています。つまり、30日間で計算した平均売上高に誤差をつけ、373390.6円± 5644.0円という風に考えようというわけです。

ここまで第5、6章を通じて量的変数の要約を学習してきました。第7章では、平均と標準偏差のより積極的な使い方について学習しますので、先に進む前に、第5、6章をしっかり復習しておきましょう。

LET'S TRY

演習

ボストンの住宅データの住宅価格について、「分析ツール」で基本統計量を計算してみましょう。このデータが一部のデータ（標本データ）としたら、どんなことが考えられるか、議論してみましょう。

SECTION

01 新しい変数を作って差別化しよう

売上に来店客数の値が追記されたデータをもらったんですが、数がたくさんあってどこから手を付けたらいいのかわかりません。

実際のデータは、いくつもの変数が含まれるから、分析はいろいろと増えるね。でも、基本的なことだけでも、役に立つよ。手法は増やさず、今まで勉強してきたことを組み合わせてみよう。

複数の変数をもとに解析する

第6章では、ある小売店の日々の売上金額（売上高）のデータを分析しました。ただし、実際のデータ分析では、ある1つの変数のみがデータに含まれているということはまれで、通常、いくつもの変数が含まれています。変数を組み合わせて分析する「多変量解析」といった高度な手法が用いられることもあるのですが、必ずしもそういう高度な手法が必要とは限りません。まずは、今使える道具（手法）を活用して、有益な知見をデータから掘り起こすことを考えることのほうが重要です。

まず、今回のデータを見てみましょう。前回（P.81）のデータに、日々の来店客数が追加されたものです。

	A	B	C	D	E	F	G	H	I	J	K	L	M
1	Date	売上高	来店客数							売上高	来店客数		
2	6月1日	332,654	109						平均値	373,390.60	146.43		
3	6月2日	336,738	80						標準偏差	30,393.92	52.43		
4	6月3日	369,307	92										
5	6月4日	331,430	164										
6	6月5日	381,088	212										
7	6月6日	412,814	228										
8	6月7日	428,082	192										
9	6月8日	361,875	204										
10	6月9日	379,058	174										

売上高と来店客数の「平均値」と「標準偏差」を計算する。
セル【J2】：=AVERAGE(B2:B31) 、セル【K2】：=AVERAGE(C2:C31)
セル【J3】：=STDEV.P(B2:B31)、セル【K3】：=STDEV.P(C2:C31)

もちろん、実際には、その日の気温や天気など、さまざまなデータが追加されているかもしれませんが、いきなりたくさんの変数を見るとかえってわかりにくくなりますので、ここでは「来店客数」だけを追加したデータを見ていきます。

変数はいきなり増やしすぎてもかえって使いにくくなります。絞り込んで検討していきましょう。

これまで「量的変数」の分析では、「平均値」と「標準偏差」を学習してきました。ここでは、このデータが「母集団データ（知りたい期間はこの 30 日だけと考えている)」として、分析してみます。その場合は、第 6 章で説明した関数で簡単に計算できます。

変数を分解すると見えることが増える！？

ここで、分析を進める前に、変数をしっかり読み解いておきたいと思います。「売上高」と「来店客数」はどのような関係にあるのでしょうか。もちろん、さまざまな関係を想定することはできますが、以下のように式を変形してみましょう。○○の部分が何になるかを考えてみてください。

売上高 = 来店客数 × ○○

↓

○○をわかりやすくするために式を変形

○○ = 売上高 ÷ 来店客数

○○は何?

○○が表すのは、来店客数 1 人当たりの購入金額、いわゆる**「客単価」**です。このようにデータを組み合わせて、他の変数を設定することを「定義」といいます。この例では、「売上高」を「来店客数」×「客単価」で定義した（もしくは、「客単価」を「売上高」÷「来店客数」で定義した）ということになります。

どうして、こんな面倒くさいことをするのでしょうか。それは、ある変数（この場合、売上高）を他の変数に分解すると、**サブゴールが見える**からなんです。もう少し具体的に考えてみましょう。

このお店から「売上高を増やしたいのだけど、どうすればいいか？」とアドバイスを求められたとします。そのとき、直接「売上高」を増やすことを考えるのは難しいものです。それは、「売上高」がいろいろな要因から影響を受けているからです。もちろん、人間は「意味」がわかりますから、経験からいろいろなアイデアを出すことはできますが、データにもヒントを求めたいと考えたらどうでしょうか。

売上高を「来店客数」と「客単価」に分解すると、

- **「来店客数」を増やすには、どうするか**
- **「客単価」を増やすには、どうするか**

というように視点を具体化できます。

「売上高」をゴール（目標）とすれば、「来店客数」と「客単価」はサブゴール（具体化された下位の目標）となります。

このように変数が複数あったら、ゴールとサブゴールという視点から、新しい変数を「定義」し、作成できないかを考えてみましょう。以下、客単価の計算の仕方をまとめておきますので、確認してみましょう。

	A	B	C	D	E	F	G	H	I
1	Date	売上高	来店客数	客単価					
2	6月1日	332,654	109	=B2/C2 ❶					平均値
3	6月2日	336,738	80	4209.225 ❷					標準偏差

D	E	F	G	H	I	J	K	L	M
単価						売上高	来店客数	客単価	
51.872					平均値	373,390.60	146.43	2,859.89 ❶	
09.225					標準偏差	30,393.92	52.43	910.38 ❷	
14.207									
20.915									
97.585									
10.588									
29.594									

1 客単価を求める

❶セル【D2】に「=B2/C2」と入力
❷以降のセルにコピー＆ペースト

2 平均値と標準偏差

❶セル【L2】に以下の関数を入力

=AVERAGE(D2:D31)

❷セル【L3】に以下の関数を入力

=STDEV.P(D2:D31)

ついでに「偏差」も計算してみましょう。対象のセルの値から平均値を引き算します。

	A	B	C	D	E	F	G	H	I	J	K	L
1	Date	売上高	来店客数	客単価	偏差（売上高）	偏差（来店客数）	偏差（客単価）			売上高	来店客数	客単価
2	6月1日	332,654	109	3051.872	=B2-J$2	-37.4	192.0		平均値	373,390.60	146.43	2,859.89
3	6月2日	336,738	80	4209.225	-36,652.6	-66.4	1,349.3		標準偏差	30,393.92	52.43	910.38
4	6月3日	369,307	92	4014.207	-4,083.6	-54.4	1,154.3					

各変数の偏差を求めると、例えば「6 月 1 日は、来店者数は普段（平均値）より少なかったが、客単価は普段（平均値）より高かった」といった状況が見えてきます。売上高が普段（平均値）より少なかったのは、「来店客数が少なかった」ことが要因であるとうかがい知れるでしょう。

このように、第 6 章までで学習した「偏差」だけでも、変数を分解し、新しい変数を定義することで、より役に立つ知見を得られます。いろいろな工夫をしてみましょう。

計算結果には「単位」を付けて読む癖を付けましょう。

今回は、「売上高」「来店客数」「客単価」という 3 つの変数を分析対象にしていますが、それぞれ単位が異なるという点に着目してください。それぞれの単位は「円」「人」「円」です。当たり前に思えるかもしれませんが、分析結果には意味を持たせる必要があります。単位を付けられるものは、しっかり単位を付けて読み解く癖を付けておきましょう。

LET'S TRY

演習

以下の要約結果をもとに、何がわかるか箇条書きにしてみましょう。その際、数値には、単位を付けて何の数字なのかすぐにわかるような文章で、レポートしてみましょう。そのうえで、他の人のレポート（箇条書き）と比べてみましょう。

	売上高	来店客数	客単価
平均値	373,390.60	146.43	2,859.89
標準偏差	30,393.92	52.43	910.38

SECTION

02 異なる単位の変数を比較する

来店客数が大きく減っているのに、客単価があまり減っていない日がありますね。

減り方の大きさってどうやって比較しているんですか？　片方が「人」でもう一方は「円」ですよ。

あ！

そのずれは、大きいのか小さいのか：標準化

今回扱う変数では、「円」や「人」という異なる単位が混在しています。となると平均や偏差を比較しても、直接大小関係を判断できません。といっても、感覚的に「今日はお客さんが多かったわりに、客単価はあまり増えなかったなぁ」というような判断はしていると思います。実は、これは過去の経験に照らし合わして、判断しているわけですが、これに似たような判断を、データからも行うことができます。それが**「標準化」**という手法です。

なお、「標準化」という新しい言葉が出てきましたが、使う指標は「平均値」と「標準偏差」で、それを組み合わせるだけですから、難しいことはありません。1つずつ仕組みを理解しながら、Excelの関数で計算してみましょう。

標準化という考え方

まずデータを見てみましょう。わかりやすくするために先ほどの売上データの一部を変更して、少数の架空のデータで分析してみます

	A	B	C	D	E	F	G	H	I	J	K	L
1	Date	来店客数	客単価	偏差（来店客数）	偏差（客単価）					来店客数	客単価	
2	架空日1	172	3,319.9	**26**	**460**				平均値	146.43	2,859.89	
3	架空日2	198	2,768.9	**52**	**91**				標準偏差	52.43	910.38	
4	架空日3	224	2,905.9	**78**	**46**							
5	架空日4	250	4,679.9	**104**	**1,820**							
6												
7												
8												

偏差を求めても、単位が「人」と「円」なので単純比較できない

例えば、架空日１の偏差を見ると、来店客数は、普段（平均値）よりも 26 人多く、客単価は普段（平均値）よりも 460 円高いことがわかります。ただし、単位が異なるので、どちらが大きいか判断できません。

そこで、単位消しのテクニックを使います。単位は、同じ単位で割れば、消すことができます。「円」÷「円」もしくは「人」÷「人」とすれば、もとの単位が消えて、それぞれ割合（%）にそろえることができるはずです。ここでは、偏差を標準偏差で割ってみましょう。

	A	B	C	D	E	F	G	H	I	J	K	L
1	Date	来店客数	客単価	偏差（来店客数）	偏差（客単価）	**標準化得点（来店者数）**	**標準化得点（来店者数）**			来店客数	客単価	
2	架空日 1	172	3,319.9	26	460	=D2/J$3	**0.51**		平均値	146.43	2,859.89	
3	架空日 2	198	2,768.9	52	91	**0.99**	**0.10**		標準偏差	52.43	910.38	
4	架空日 3	224	2,905.9	78	46							
5	架空日 4	250	4,679.9	104	1,820							
6												

偏差を標準偏差で割って単位を消したものが標準化得点

架空日1の来店者　偏差：26 人 ÷ 標準偏差：52.43 人 ≒0.5（標準化得点）
架空日1の客単価　偏差：460 円 ÷ 標準偏差：910.38 円≒0.5（標準化得点）

個々の「偏差」を「標準偏差」で割ることで、単位がない（比率になった）「標準化得点（Z 得点）」が得られます。さて、これは何を意味しているのでしょうか！？

標準化得点（Z 得点）は、ある日（ある対象）の「平均からのずれ（偏差）」が、「『平均からのずれ』の平均（標準偏差）」に対してどれくらいの割合となるのかを示しています。

例えば、架空日１の来店者数は平均値より 26 人多い日でしたが、６月各日のずれの平均は 52 人ぐらい（標準偏差 52.43 人）ですから、架空日１のずれは普段のずれの半分ぐらい（50%ぐらい）高かったといえます。同様に客単価の標準化得点も 0.5 となっているので、この日は、普段の客単価のずれの半分ぐらい（50%ぐらい）高かったとなります。

来店客数と来店者数の標準化得点はともに 0.5 ですから、**平均よりも同程度多かった（人数が多く、客単価が高かった）と判断できる**わけです。

STANDARDIZE 関数で標準化得点を計算しよう

Excel には、標準化得点を計算するための STANDARDIZE 関数が用意されています。先に、平均値と標準偏差を計算しておき、「=STANDARDIZE（対象とする値 , 平均値 , 標準偏差）」と指定すると、標準化得点（Z 得点）が求められます。

	C	D	E	F	G	H	I	J	K	L
	来店客数	客単価	標準化得点（売上高）	標準化得点（来店客数）	標準化得点（客単価）			売上高	来店客数	客単価
4	109	3051.872					平均値	373,390.60	146.43	2,859.89
8	80	4209.225					標準偏差	30,393.92	52.43	910.38
7	92	4014.207						❶		
0	164	2020.915								
8	212	1797.585								
4	228	1810.588								
2	192	2229.594								
5	204	1773.897								
8	174	2178.494								

1 平均値と標準偏差を求める

❶対象の平均値と標準偏差を求める

セル【J2】=AVERAGE(B2:B31)
セル【J3】=STDEV.P(B2:B31)

	A	B	C	D	E	F	G
1	Date	売上高	来店客数	客単価	標準化得点（売上高）	標準化得点（来店客数）	標準化得点（客単価）
2	6月1日	332,654	109	❶ [illegible]1.872	-1.3	-0.7	0.2
3	6月2日	336,738	80	4209.225	-1.2	-1.3	1.5
4	6月3日	369,307	92	4014.207	-0.1	-1.0	1.3
5	6月4日	331,430	164	2020.915	-1.4	0.3	-0.9
6	6月5日	381,088	212	❷ [illegible]7.585	0.3	1.3	-1.2
7	6月6日	412,814	228	1810.588	1.3	1.6	-1.2
8	6月7日	428,082	192	2229.594	1.8	0.9	-0.7

2 標準化得点を求める

❶ STANDARDIZE 関数を入力

セル【E2】
=STANDARDIZE(B2,J$2,J$3)
セル【F2】
=STANDARDIZE(C2,K$2,K$3)
セル【G2】
=STANDARDIZE(D2,L$2,L$3)

❷以降のセルにコピー

標準化得点を見ると、例えば次のようなことがわかります。

> **6月1日は、客単価はあまり多くなかった（普段のずれの0.2=20%高かっただけ）が、客数が普段のずれの0.7=70%少なかったので、その結果売上高は、普段のずれの範囲の1.3倍大きく落ち込んでいた。**

分析する際、変数が増えると、単位が混在することも多く、このような単位を消した比較が重要になることがあるので、ぜひ「標準化」という手法があるということを覚えておいてください。

「単位」が同じでも標準化は必要！？

さて、「標準化」は単位を消して、異なる単位の変数を比較するときに有効ということを学習しましたが、実は、単位が一緒の変数でも、標準化することが必要な場合があります。例えば、国語の試験 60 点と英語の試験 70 点のどちらの成績がよかったかを考える場合です。

単純に得点の比較では、英語の成績のほうがいいですが、このテスト、国語の問題がとても難しくて、国語の平均点は 50 点、英語の平均点は 60 点としたらどうでしょうか？

どちらも偏差は +10 ですが、国語のテストは、多くの人が平均点 50 点の周りにいて、平均点 50 点で標準偏差 5 点だったとします。一方、英語のテストは、0 点の人も多く、逆に 100 点の人も多く、点数の差が大きくて平均点 60 点で標準偏差が 20 点だったとします。

だとしたら、平均点から 10 点高い得点を取っても、ばらつきが小さい（標準偏差が 5 点だった）国語での 10 点のほうが、英語での 10 点（標準偏差が 20 点）よりも、よくできた科目だと感じると思います。これらから、標準化得点で比較すればよいことがわかります。

> **国語の標準化得点（60点−50点）÷5点=2**
> **英語の標準化得点（70点−60点）÷20点=0.5**

といった具合に、国語の 60 点は高い評価ができそうだとわかるでしょう。

LET'S TRY
演習

学校の成績以外に「偏差値（標準化得点）」を使ったら役立ちそうなデータを考えてみましょう。

SECTION 03

ずれの大きな値にチャンスを見つけよう

偏差値とか標準化とか、そんなに便利なんでしょうか。

ずれの評価を活用すると「チャンス発見」につながりますよ。データ活用では、重要な考え方なんです！！

大きなずれに着目しよう

売上高と比較するために、ここでは「客単価」に着目してみましょう。以下は、客単価の標準化得点を折れ線グラフで表したものです。標準化得点ですので、「人数（単位：人）」を評価しているのではなく、普段からどれくらい来店者数が多いか（もしくは少ないか）を割合の形で表したことになります。

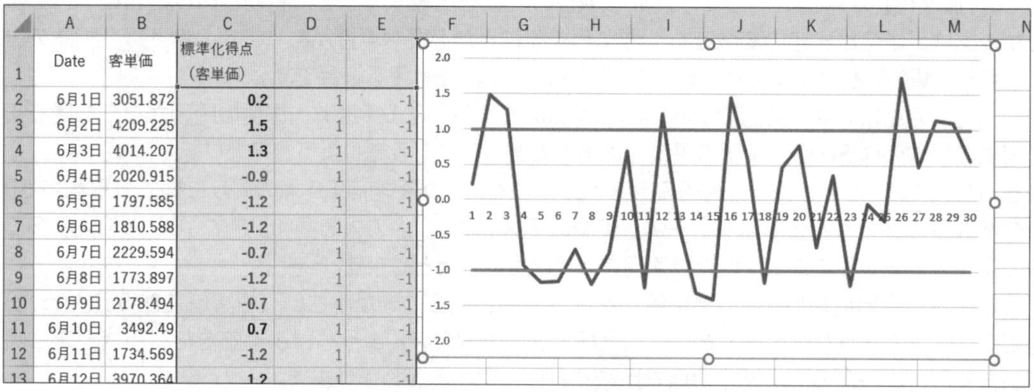

	A	B	C	D	E
1	Date	客単価	標準化得点（客単価）		
2	6月1日	3051.872	0.2	1	-1
3	6月2日	4209.225	1.5	1	-1
4	6月3日	4014.207	1.3	1	-1
5	6月4日	2020.915	-0.9	1	-1
6	6月5日	1797.585	-1.2	1	-1
7	6月6日	1810.588	-1.2	1	-1
8	6月7日	2229.594	-0.7	1	-1
9	6月8日	1773.897	-1.2	1	-1
10	6月9日	2178.494	-0.7	1	-1
11	6月10日	3492.49	0.7	1	-1
12	6月11日	1734.569	-1.2	1	-1
13	6月12日	3970.364	1.2	1	-1

このグラフには２本の補助線を追記してみました。位置は、1.0 上のラインと 1.0 下のライン(-1.0)です。標準化得点 0 の位置は平均点を指し、± 1.0 は標準偏差 1 つ分の位置を表します。標準偏差は、平均からのずれの平均値を意味しているので、「平均値 ± 標準偏差」は目安として使えます。常に標準偏差 1 つ分を目安にするわけではありませんが、今回はそれを使います。

さて、平均値 ± 標準偏差の範囲をこの期間の**「普段」の客単価の範囲**と考えてみましょう。標準偏差が平均からのずれの平均であることを考えれば、この想定はさほど違和感はないはずです。

そう考えると、データはこの範囲に入る日と、範囲を超える日とに分けられることになります。皆さんは、どちらのデータに焦点を置いて考えるでしょうか。

普段の傾向を把握したいのであれば、この上下のラインの間のデータに着目するはずです。でも、この範囲は「普段」なのですから、もしこのお店のことをよく知っているなら、「当たり前」の結果に見えると思います。

一方、範囲を超えているデータはどうでしょうか。「当たり前の範囲」の外にあるわけですから、当たり前ではない≒着目に値するのではないかと考えることもできるでしょう。

このように想定を超える値を取るデータのことを**「外れ値」**と呼びます。外れ値は想定を超えている値ですから、「なぜそんな値になっているのか」を考えることで、何か想定していない発見が得られる可能性があります。

ずれを 2 つに分けて比べてみよう

さて、もう一度、先ほどの折れ線グラフを見てみましょう。外れ値には、2 つの種類があることがわかります。

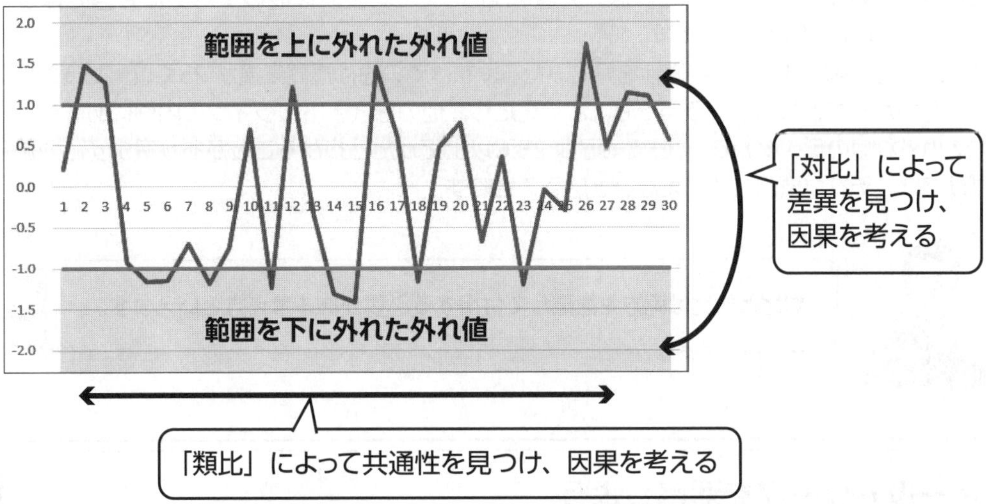

当たり前といえば、当たり前なのですが、データの読み方で、この違いを意識することが重要になります。

対比で原因を考えよう

まず、上に外れたデータ群と下に外れたデータ群を比較してみましょう。大きく外れたもの同士を比較することで「客単価が高かった日と低かった日」の違いがわかりやすくなります。このような比較のことを**「対比」**と呼び、両群の違いを探す視点でデータを読み込んでいきます。いわば、両群の違いを生じさせている「原因」を探索するという方法です。この「対比」から「因果（原因と結果の関係）」を探すという思考は、データからヒントやチャンスを発見する際に強力な方法になります。

ここで**「対比」**を外れ値で行ったのはなぜだかわかりますか？　逆に、平均値より少しだけ多く売れた日と少しだけ売れなかった日を比較しても、差を生じさせている要因を思いつきにくいためです。そのようなわずかな差を生じさせた（思いついた）要因は、たまたまの偶然でしかないかもしれません。したがって、大きく外れた日を「外れ値」で特定し、それを比較するほうが、意味があるのです。

ただし、この方法には難点もあります。それは、大きく異なるものの対比で、**ものすごく当たり前の原因が見つかってしまう**可能性もあることです。例えば、来店者数が大幅に少ない日と多い日を比べた結果、「豪雨があったか否か」という要因がわかったとしても、「まあ、それはそうだろう」という感想にしかなりません。とはいえ、いろいろ試行錯誤しながら、要因を発見するには、対比というのは重要な比較方法ですので、ぜひ活用しましょう。

類比で原因を考えよう

対比の難点を補ううえで、もう１つの比較方法も活用することが必要です。それは、**「類比」**という比較の仕方です。これは「上に外れた値の共通性は何か」「下に外れた値の共通性は何か」というように、似たデータの共通性を軸に原因を考えていくという視点です。この「類比」から「因果」を探すという思考も、データからヒントやチャンスを発見する際に強力な方法になります。ただし、類比による比較にも難点があります。それは、共通性があっても、それは**他のデータにも当てはまってしまうかもしれない**ということです。

例えば、客単価が高い外れ値の共通性を見てみたら、すべての日は最高気温が 25℃以上だったという共通点が見つかったとしましょう。でも、よく見たら、他の日（上下のラインの内側にあるデータと低い方向の外れ値のデータ）でも、最高気温は 25℃以上だったとわかることがあり得ます。つまり、共通性だけでは、それが原因とはいえないということです。

類比と対比は両方を意識して併用する必要がある考え方といえます。

フィールドワークを活用しよう

さて、こういう対比や類比を行うためには、データにない情報についても検討しなければなりません。先ほどの例でいえば、データに最高気温という変数がなくても、もしかしたら最高気温が影響しているかも、と考えてデータを探して確認するという具合です。したがって、データを読み込める背景知識が必要になります。

今、さまざまな分野でデータ活用人材が求められるのは、その分野の知識がある人でなければ、データから発見を得にくい、つまりファクトからファイディングを導きにくいからです。背景知識とデータ分析力を兼ね備えた人材が期待されています。

それでは、その分野の知識がないと絶対にデータ活用ができないのでしょうか？　そんなことはありません。その場合は、データを離れ、現場に出て追加情報を取得することで、背景知識不足を補えます。現場に出てリサーチすることを、**フィールドワーク（フィールドリサーチ）**といいます。データ分析では、データの加工、計算だけでなく、こういったリサーチ力も期待されます。

外れ値の特定がフィールドでの発見に役立つことがある

では、データをまったく分析せずに、いきなりフィールドワークに行けばいいのかというと、それは非常に非効率です。

例えば、先ほどの例のように、外れ値を調べて「来店者が特に多かった日」と「特に少なかった日」を特定してから、フィールドで聞き取り（ヒアリング調査）を行ってはどうでしょうか。

「来店者が多い日と少ない日の違いは何ですか？」と漠然とした質問をするのと、「『来店者が特に多かった○月○日や○日』と『特に少なかった○月○日と○日』とで、何か違いがありましたか？」と聞くのでは、得られる結果が異なるはずです。

それは、自分で他のデータを眺めるときも同じです。比較すべきものを絞ってから、追加情報を検討しないと見えないものがあります。そのためにも、データから外れ値を特定するという方法を活用できるようにしましょう。

LET'S TRY

演習

ボストンの住宅価格のデータで、外れ値（平均からかなり高い家もしくは安い家）を特定し、対比、類比を行ってみましょう。そして、データに含まれる他の変数で、その違いや共通性を探して発表し、議論してみましょう。

COLUMN

偏差値とは

標準化した得点を見たことがある人は少ないかもしれませんが、テストで「偏差値」という値を見ることは多いのではないでしょうか？　実は、偏差値と標準化得点は、以下の関係にあります。

偏差値　＝　50点+標準化得点×10

要は、真ん中（平均点）が50点となるように、ずれを10倍したものを加えた値が偏差値で、標準化得点と同じことを意味しています。先ほどの例の国語と英語の偏差値を求めると、次のようになります。

国語の偏差値　50点+2×10=70
英語の偏差値　50点+0.5×10=55

SECTION

04 外れ値をもっと活用しよう

外れ値の活用が役立つことはわかりましたが、実際にどんなところで使われているのですか。

例えばビッグデータの中で使われています。外れ値の役割はますます増えているんですよ。

ビッグデータの１つの大きな役割

先ほど、外れ値から「対比」や「類比」を行うことで、新たな知見を得るということを学びましたが、データ自体の件数（行方向の数）が少なかったらどうでしょうか。外れ値が少なすぎて、共通性や違いを見つけにくいかもしれません。それに対して、ビッグデータであれば、外れ値もある程度の量が得られるでしょうから、対比や類比が行いやすくなります。

とかくビッグデータは、「今までデータ化されていない物事をデータ化できたこと」に価値があると喧伝されがちですが、それ以外にも、外れ値からヒントを得やすくなるという利点があります。

ただし、ビッグデータは、データの取り扱いが大変です。サイズが大きいので、ちょっとした作業も時間がかかったり、高いコンピューター性能が要求される上に、データベースやプログラミングの技能も求められたりします。

しかし、ビッグデータの分析は非常に役に立つので、可能な限り、データベース（の使い方）やプログラミング（の使い方）についても学習しておき、ビッグデータを活用できる準備をしておくことをおすすめします。まだまだこれらを得意にしている人材は少なく、身に付ければ強力な武器にできます。

単発の外れ値と連続する外れ値

さて、もう１つ外れ値の異なる活用方法を覚えておきましょう。以下のグラフは、先ほどの６月のデータの続きを足したグラフです。どんな印象を持つでしょうか。

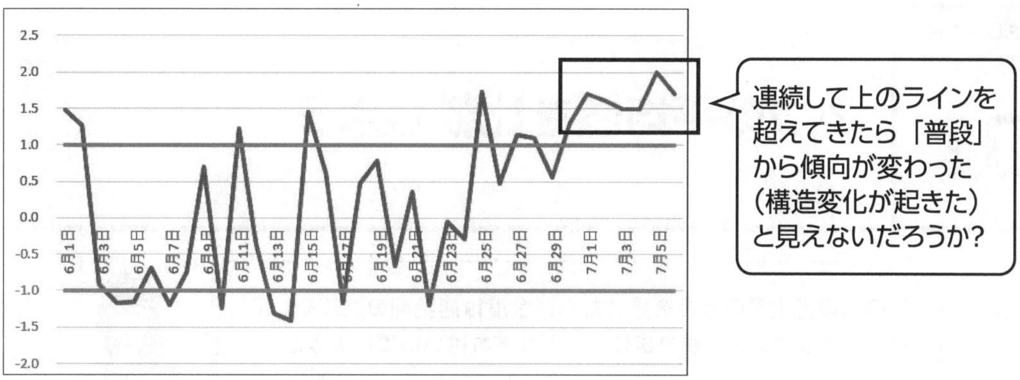

７月に入り、連続して上方向の外れ値が続いて現れました。これをもとに「たまたま多かった日が続いた」と考えるか、そもそも「普段（平均値±標準偏差）」が変わった＝増加傾向に構造が変わったと考えるかは、意見が分かれるところでしょう。もう少しデータが増えてくれば、「あの頃から、構造が変わった」と確認できるかもしれませんが、それではチャンスを逃してしまうかもしれません。

このようにリアルタイムで外れ値をウォッチすると、構造変化の発見に役立つことがあります。これらは**異常値検出**とか**構造変化検出**などと呼ばれますが、基本は「外れ値」への着目で、さまざまな分野で活用できる手法です。

この手法は、実際に株価の推移やネットへのアクセス数の推移などのデータの監視などでも活用されています。

LET'S TRY
演習

ここまで学習した内容をどんな分野、どんなデータに活用できるか考えてみましょう。売上のようなビジネスデータだけではなく、さまざまな分野に応用できるので、自分でその応用方法を考えるのと併せて、他者の行った応用事例をネットで探してみましょう。

SECTION

01 2つの平均値を比較しよう

この前の売上高の分析を見せたら、今度は店舗間の比較をしてほしいとリクエストされました。どうすればいいでしょうか？

異なる対象を比較することはとても重要ですが、ちょっとしたコツが必要です。平均値とばらつきの比較と、仮説検定について少し詳しく学習しましょう！

まずは対象ごとに要約し、比較する

ここまでは、平均値や標準偏差（ばらつき）といった「要約するための指標」によって、データが多くても「ぱっと見て」全体像を把握する方法を学習しました。ただし、実際のデータ分析では、知りたい対象が１つとは限りません。

今回の例では店舗が追加され、２店舗のデータとなっています。以下のデータは第７章まで利用してきたＡ店のデータにもう１店舗Ｂ店を加えたデータです。Ｃ列にＢ店の日々の売上高が追記されています。そして、それぞれの店舗について要約を行います。ここでは、Ｆ列にＡ店、Ｇ列にＢ店をとり、２行目にAVERAGE関数による平均値、３行目にSTDEV.P関数による標準偏差を計算しました。

	A	B	C	D	E	F	G	H	I	J
1	Date	A店	B店			A店	B店			
2	6月1日	332,654	275,703		平均値	373,390.6	280,914.1			
3	6月2日	336,738	276,213		標準偏差	30,393.9	19,076.2			
4	6月3日	369,307	275,839							
5	6月4日	331,430	267,370							
6	6月5日	381,088	270,307							
7	6月6日	412,814	313,029							
8	6月7日	428,082	319,375							
9	6月8日	361,875	261,914							
10	6月9日	379,058	263,475							

セル【F2】=AVERAGE(B2:B31)

セル【F3】=STDEV.P(B2:B31)

セル【G2】=AVERAGE(C2:C31)

セル【G3】=STDEV.P(C2:C31)

これらの要約統計量を比較することで何がわかるのでしょうか？　まずは日々の売上高の傾向を見て、わかったと感じたことをまとめてみてください。復習として第６章SECTION2の内容が参考になります。その結果を踏まえて、この先どんな分析を続けていけばよいかを考えていきます。

LET'S TRY

演習

Ａ店とＢ店の平均値と標準偏差を比較して、何がわかるか、簡単にまとめてみましょう。

多くの場合、平均値や標準偏差などの要約統計量は数値だけではなく、グラフなどで視覚化して用いられます。それは、結果を見た側にとっても数値よりもグラフなどのほうが傾向の違いがわかりやすいからです。ここでは平均値の比較を例に、グラフの使い方を学習しましょう。平均値の比較では、値を線でつないだグラフを使うことが多いので、Excel の折れ線グラフを作成します。

1 セル範囲の指定

❶セル範囲【E1:G2】を選択

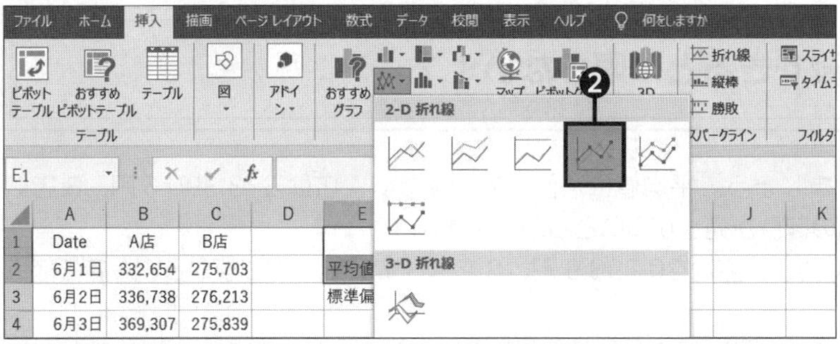

2 グラフ種類の選択

❶《挿入》タブの《折れ線 / 面グラフの挿入》→《マーカー付き折れ線》を選択

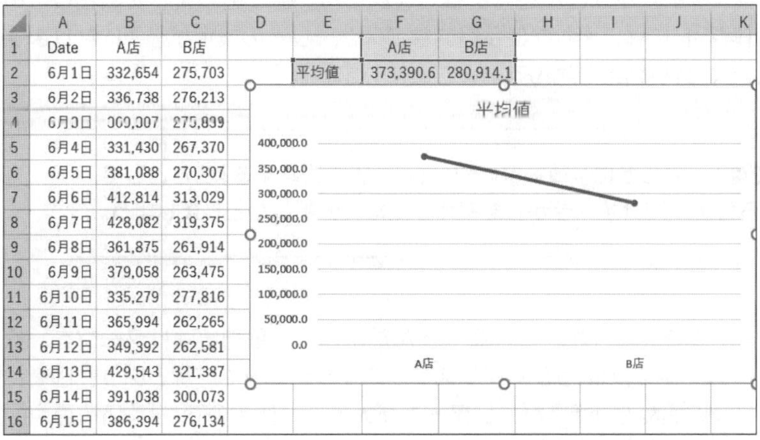

3 グラフが作成される

ここで注意が必要なのが、グラフは目盛りの範囲によって、印象が異なってしまうという点です。例えば、縦軸の範囲を 0 ~ 40 万円から 20 ~ 40 万円に変更すると、傾きが急になります。すると、より 2 店舗に差がある印象を受けます。

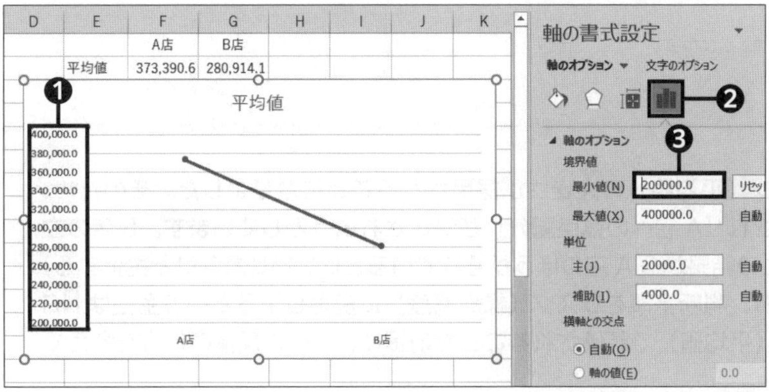

4 軸の範囲の設定

❶縦軸をダブルクリック
❷《軸のオプション》をクリック
❸《最小値》に「200000」を入力

このようにグラフは直感的にわかりやすい反面、作り方によっては印象を変えてしまうという弱点があります。自分でグラフを作るときにこの点を注意するとともに、他者が作ったグラフを読む際には、目盛りをしっかり確認する癖を付けましょう。この点に気を付けてさまざまな分析結果を見ると、**自分の都合のいい結果に見えるよう設定している資料**がとても多いことに気が付くと思います。

このような視点からさまざまな事例を見ることで、分析力（データ活用リテラシー）を高めることができます。

要約はそのまま比較できるとは限らない！？

さて、結果を解釈していきましょう。平均値に着目してみます。A 店は 373,390.6 円、B 店は 280,914.1 円ですから、A 店のほうが売上が多いとわかります。

一方の標準偏差（ばらつき）も、A 店は 30,393.9 円、B 店は 19,076.2 円ですから、A 店のほうが大きいことがわかります。

これだけだと、分析者の視点（解釈）がほとんど含まれていません。単に値の大小を比較しているだけだからです。データの「解釈」には、それを使う目的などストーリーの設定が必要になります。ここで実際のビジネスを想定して、分析結果を読んでいくことにしましょう。

ここでは「どちらかに予算を重点配分して、店舗改装する」こととして、「どちらに重点配分すべきか」を考えるために分析したとしましょう。

その場合、この結果はどう見えるでしょうか。第 6 章で学んだように、平均値はリターンを、標準偏差はリスクを表していますので、A 店のほうがハイリスク、ハイリターンな店舗という評価を付けることもできるでしょう。平均値が大きいほうが、リターンが大きいわけなので、「A 店に重点配分しよう」とか、リスクが小さいから「B 店に重点配分しよう」といった判断がなされます。

ここで重要なのは、「どちらに重点配分するか」といった意思決定は、同じ要約結果を使っても人によって異なる可能性があるという点です。つまり、解釈上の答えは 1 つではないということです。

次に進む前に、ここで分析力を高める、もしくは実践的なデータ分析を行うための演習をしておきましょう。

LET'S TRY

演習

判断基準として、リターン（平均値）の大きさが採用されることになりました。そのため、A 店が優れていると判断され「A 店への重点配分」が決定されようとしています。B 店の立場になって、反論する（この結果から A 店のほうが優れているとはいい切れないと主張する）方法を考えましょう。なお、判断基準をリスク（標準偏差）に変更しようという主張は NG です。あくまでリターン（平均値）で評価されることを前提に、B 店の反論の仕方を考えてみましょう。

結果を違う角度から読み解こう

どんな反論方法を思いついたでしょうか？　ここでは、いくつかの視点から反論のパターンを整理していきましょう。ここでの事例は売上高と予算配分というビジネスのケースですが、要約値の比較という意味では、どんな分野でも共通する視点ですので、ポイントを押さえておきましょう。

①比較基準を変えて反論する

比較すべき基準が不適切という反論の仕方です。「店舗規模や運営状態が違うので、売上高を比較して意味があると思えない」などが該当します。例えば、以下のような反論ができるでしょう。

- **従業員１人当たりの売上高を比較して、従業員ごとの売上力で判断すべき**
- **売り場面積当たりの売上高を比較して、単位面積値の売上力で判断すべき　など**

これらの主張で反論するためには、店舗の従業員数や売り場面積などのデータを追加し、比較基準を新たに作成して反論します。実は、この基準の変更というのは、最も本質的な変更です。というのは、平均、分散、標準偏差や各種グラフなどを駆使しても、この比較基準が異なれば、すべての結論が変わってしまうからです。

今回は、ビジネスでの売上高の比較ですが、どんなテーマでも、「その基準で比較することのみでいいのか」を考え、多面的に評価する可能性を考えることが重要です。

例えば、国連が出している「世界幸福度ランキング」の例を考えてみましょう。2020年の結果では、日本は何位になっているでしょうか。実は、日本は62位で2019年から4位後退しました。すると、「日本は不幸せな国だ」という結論になるのでしょうか？　「比較基準を考える」ためには、そもそもこの「幸福度」ってどんな値なのかを確認することが重要です。具体的な項目の説明は割愛しますが（詳細は https://happiness-report.s3.amazonaws.com/2020/WHR20.pdf)、日本で評価が低い項目には、「寛容さ」と「主観満足度」があります。ここでの「寛容さ」とは「1か月以内に寄付をしたか否か」です。寄付をするという文化的な習慣が低い日本がこの点をもとに「幸福度が低い」とされることに違和感はないでしょうか？　また、主観満足度は「人生評価において楽しいか、つらいか」を主観で回答するものですが、楽観的な国民性か否かでその値は大きく変わるはずです。

このように「比較」で何かを評価する場合、そもそもその基準での比較に意味があるかといった根本的な視点を持って、データとその分析結果を読み解き、活用することが必要になります。この例では、B店が不利になっている理由は何かを考えることで、他の基準を考えることができるでしょう。

②要約値の差の大きさに言及して反論する

次は、そもそも「その差」に意味があるかを考える視点です。今回でいえば、A店は373,390.6円、B店は280,914.1円ですから、その差は1日当たり「92,476.5円」です（月に直すと280万円弱)。差があるのは確かですが、この差は、意味のある差でしょうか？　少しでも差があることだけで判断するなら、A店が373,390.6円、B店が373,390.7円でも、「0.1円差がある」という結論になるはずです。実際には、「数字上の差」と「解釈上の（意味のある）差」を分けて考える必要があります。

これはデータ活用上、極めて重要なポイントです。

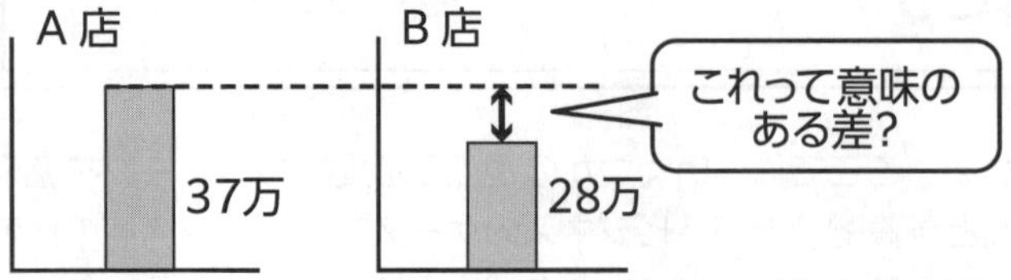

実際、ビジネスの分野だけなく、「差がある」というのを、「数字上の差」と「解釈上意味のある差」とを区別していないことが多く見られます。学問の分野では、「○○と△△に差がある」ことを、後述する**「仮説検定」**という手法で検証するのですが、それでも数値上に差があることばかり主張されることがよくあります。先ほどの例では、「0.1円も確かに差だけど、意味がある差とは思えない」のに、「差があった」という点のみを強調し、主張を展開するといった具合です。

結果を解釈するために、ストーリー（結果を用いる背景）も確認しておく必要があります。例えば、重点配分する額が「10万円なのか、10億円なのか」によって、分析によって得られた差の解釈も変わるはずです。こういった差の大きさへの着目から反論するという視点も大切です。

③要約値そのものの大きさに言及して反論する

②に関連して、そもそも「平均値の大きさ」自体にも着目する必要があります。今回、A店は373,390.6円、B店は280,914.1円ですが、もし予算を重点配分する側が「日々の売上平均が100万円規模の店舗を重点配分すること」と決めていたとしたらどうでしょうか。確かに差という意味ではA店が勝っていたとしても、そもそもA店、B店ともに、100万円平均という基準をクリアしていません。こんな初歩的なことで判断ミスはしないと思われるかもしれませんが、②でも触れたとおり、「数字上の差」ばかりを意識して、比べる値（平均値）そのものへの着目がないがしろにされていることも少なくないのです。

比較する際は**「そもそもの値に意味があるからこそ、差を検討することに意味がある」**ことを忘れないようにしましょう。こういう視点も、結論に反論するような視点を持つことで培われます。

④たまたま度合いを加味して反論する

最後は、この結論が「たまたま」ではないのかといった視点です。B店の反論として「確かに6月の売上では負けてしまったが、普段の月（それ以前の月）では、B店のほうが売上が高いことが多い」といった反論もできるはずです。

これは、分析する対象期間と、その結果を用いる期間が適切に対応しているかという視点からの反論です。例えば、6月はたまたまB店が負けた（ということは、B店がたまたま売上が少なかったか、A店の売上がたまたま多かったか、その両方が起きたか）だけで、その結果、A店の予算の重点配分を下とすると、7月以降「B店のほうが成績がよいのだから、B店に重点配分しておけばよかった」ということになるかもしれません。

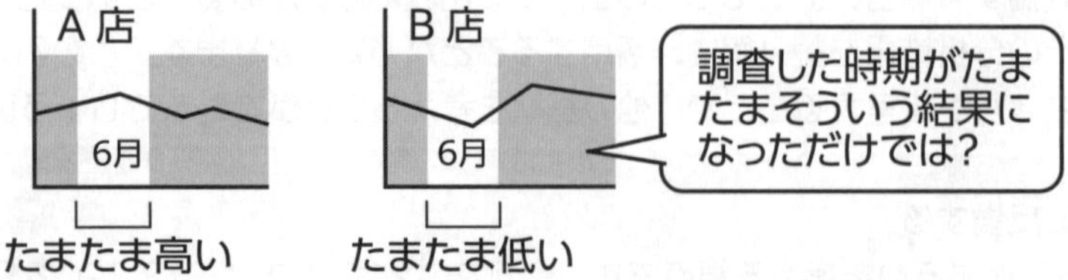

この「たまたま」をどう加味するかは、データ分析上、非常に重要な視点になります。この点はやや検討すべきポイントが多いので、次節であらためて整理し、学習していきましょう。

SECTION 02 「たまたま」を加味して比較しよう

2店舗の売上の比較に「たまたま」を加味するって、どうやればいいのですか？

以前学習した「標準誤差」を活用すると、たまたま度を加味できます。

平均値の誤差を計算して活用しよう

6月のデータを「たまたま」のデータとして分析するとはどういうことでしょうか？　復習になりますが、第6章で学習したように、データは「母集団データ」として扱うか「標本データ（サンプルデータ）」として扱うかを決める必要があります。お店の普段の売上能力を知るために、6月のデータを使って「普段」の傾向を推定しようというのであれば、データを「標本データ」として扱います。一方、6月の1か月の売上高にのみ興味がある場合には、データを「母集団データ（知りたい対象のすべての範囲がそろっている）」として扱います。

標本データの場合、知りたい対象の一部分（期間の一部分）を分析対象にしているわけですから、平均値など得られた統計量も「たまたま」であり、誤差を加味しなければならなかったわけです。第6章では、平均値に誤差を加味するために**「標準誤差」**という統計量を学習しました。ここでもExcelの「分析ツール」の「基本統計量」を用いて、標準誤差を計算しておきましょう（操作方法は第6章を参照のこと）。

	A	B	C	D	E
1	A店		B店		
2	平均	373390.6	平均	280914.1	
3	標準誤差	5644.0	標準誤差	3542.4	
4	中央値（メジアン）	369400.0	中央値（メジアン）	275771.0	
5	最頻値（モード）	#N/A	最頻値（モード）	#N/A	
6	標準偏差	30913.5	標準偏差	19402.4	
7	分散	955645002.7	分散	376451582.9	
8	尖度	-0.8	尖度	-0.5	
9	歪度	0.4	歪度	1.0	
10	範囲	98113.0	範囲	59879.0	
11	最小	331430.0	最小	261508.0	
12	最大	429543.0	最大	321387.0	
13	合計	11201718.0	合計	8427423.0	

「標準誤差」の部分を活用する。「標準偏差」と混同しないように注意。

「標準誤差」は、この標本データ（一部のデータ）で計算した平均値には、このぐらいの誤差を加味すべきということを示しています。この値をもとに、以下のような表を作成しておきます（セル範囲【E1:G3】を参照）。

	A	B	C	D	E	F	G	H	I	J
1	Date	A店	B店			A店	B店			
2	6月1日	332,654	275,703		平均値	373,390.6	280,914.1			
3	6月2日	336,738	276,213		標準誤差	5644.0	3542.4			

この結果を見ると、平均値に標準誤差を付けると、A店は平均値の範囲が367,746.6 ~ 379,034.6円、B店は277,371.7 ~ 284,456.5円の範囲を想定すればよさそうです。これをもとに考えれば、A店の想定平均範囲は、B店の想定平均範囲を上回っていますので、「たまたま度を加味しても、A店のほうが売上高の平均値が高い」と判断できそうです。このように標準誤差を用いることで、たまたま度を加味した判断が可能になります。

エラーバー付き折れ線グラフを作成しよう

標準誤差を折れ線グラフに反映する方法についてもマスターしておきましょう。用いる機能は、**「エラーバー付き折れ線グラフ」**です。

まず先ほどと同じ手順で折れ線グラフを作成します。なお、ここで使うデータは、3行目に「標準誤差」を追記してあるデータですので、注意してください。

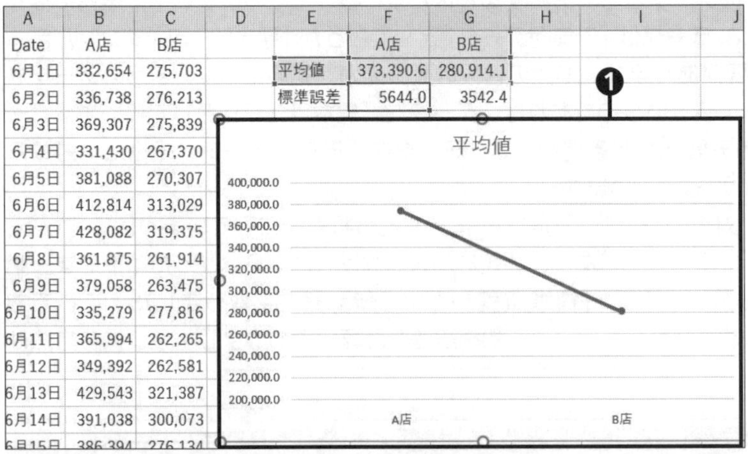

1 折れ線グラフの作成

❶折れ線グラフを作成

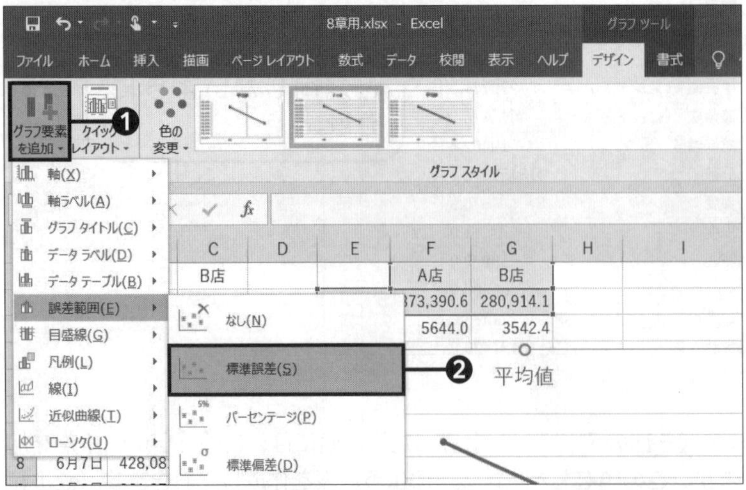

2 標準誤差の追加

❶《デザイン》タブの《グラフ要素を追加》をクリック
❷《誤差範囲》→《標準誤差》を選択

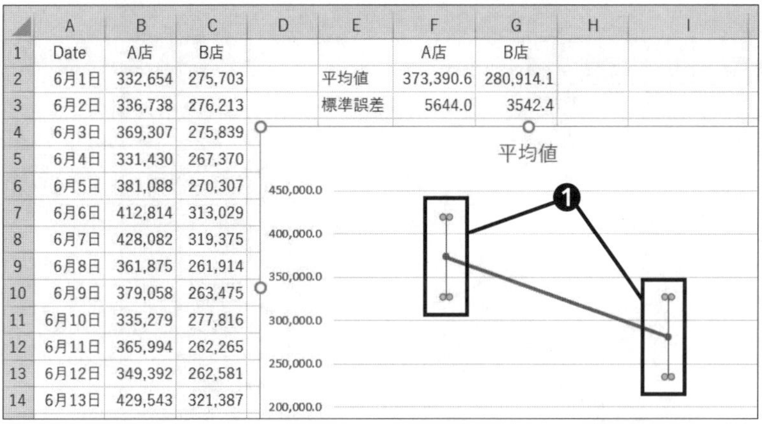

3 標準誤差が追加される

❶標準誤差のひげ（エラーバー）が追加される

ただし、これでは正しい標準誤差が追記されていません。A 店、B 店それぞれの標準誤差をエラーバーの範囲にするために、もう 1 ステップ作業が必要です。

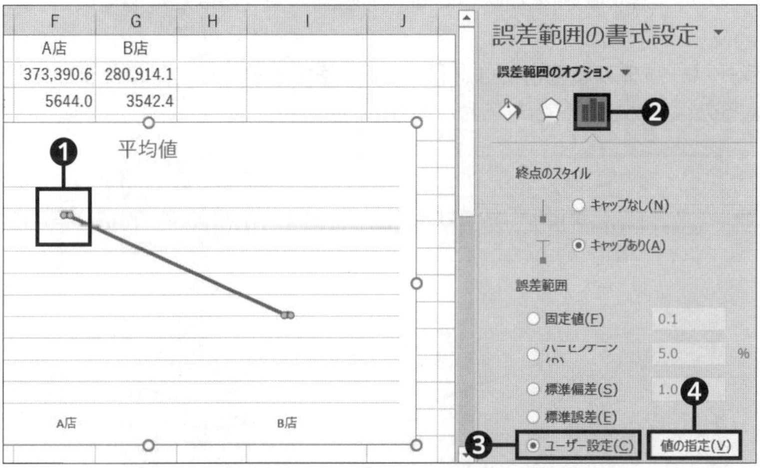

4 標準誤差の調整

❶エラーバーをダブルクリック
❷《誤差範囲のオプション》をクリック
❸《ユーザー設定》を選択
❹《値の指定》をクリック

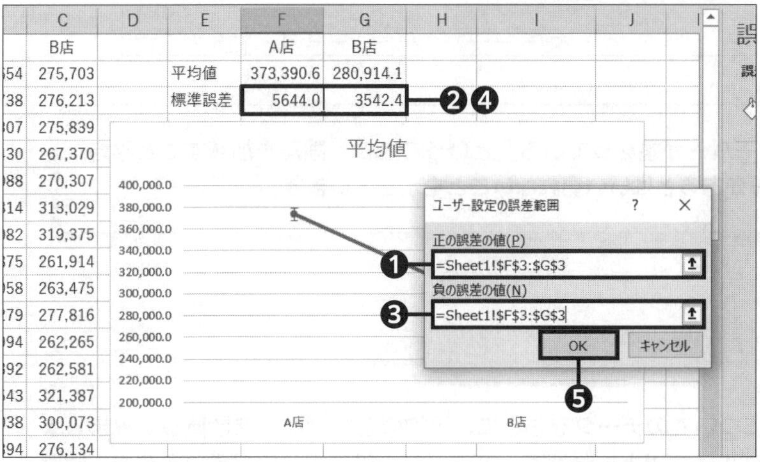

5 値の指定

❶《正の誤差の値》をクリック
❷標準誤差が入力されたセル範囲をドラッグ
❸《負の誤差の値》をクリック
❹標準誤差が入力されたセル範囲をドラッグ
❺《OK》をクリック

この例では、「正の誤差範囲」と「負の誤差範囲」に A 店、B 店の標準誤差（セル範囲【F3:G3】）を指定します。すると、以下のような標準誤差を用いたエラーバー付きの折れ線グラフが完成します。

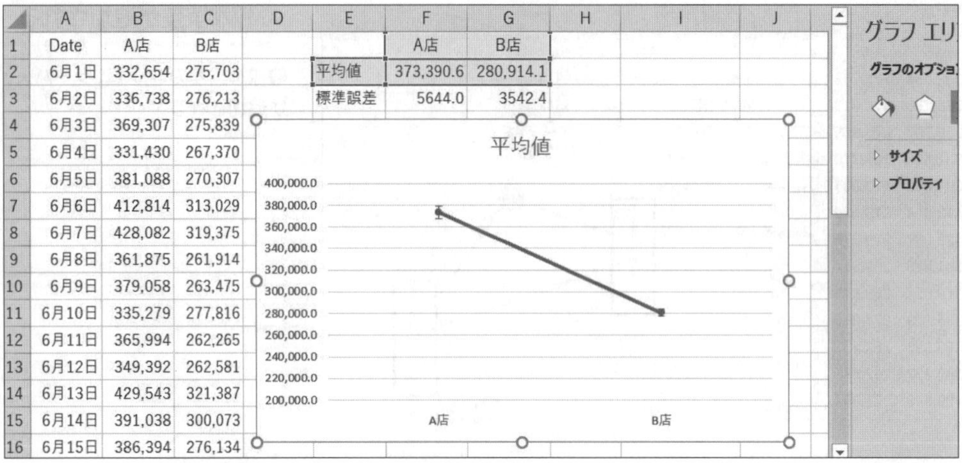

今回は、標準誤差が大きくないため、エラーバーが短いですが、店の部分に上下の範囲（エラーバー）が付いていることがわかります。その誤差の範囲を加味しても、両店舗の平均値は差があると判断できることになります。

もし、以下の例のようにエラーバーが重なる場合には、「両店舗に差があるのは、たまたまかもしれない。だから差があると考えるのはやめよう」となるわけです。

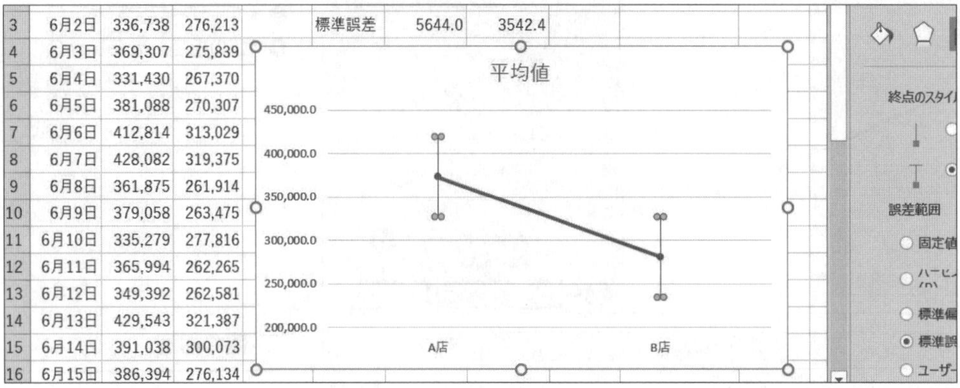

「エラーバーが重なっている」ということは、誤差を加味すると平均値に差があるとはいい切れないことを示しています。

LET'S TRY
演習

各自の興味があるテーマについてのデータをもとに、平均値と標準誤差を計算してみましょう。その際、データを２グループ以上に分けて、エラーバー付き折れ線グラフを描き、誤差を加味しても差があるといえそうかを確認してみましょう。

SECTION 03

「たまたま」を客観的に評価しよう（仮説検定の利用）

「仮説検定」という手法があると聞いたのですが、難しそうでよくわからないのですが。

今学習した、「エラーバー付き折れ線グラフ」と関連付けてみると、わかりやすいと思います。奥が深い手法ですが、まずはExcelのツールを使いながら、理解していきましょう。

仮説検定という考え方

標準誤差を加味することによって、標本データを用いて「たまたま」であることを踏まえた結果の解釈が可能になりました。この考え方の先に**「仮説検定」**という統計手法があります。「仮説検定」という手法はやや複雑なため、ここでは細かな点までは解説しきれませんが、標準誤差の活用と関連付けて、ポイントと基本的な使い方を押さえてしまいましょう。

まず仮説検定とは、原因と結果の関係が前提となります。この例では「店舗が違う」が原因となり、「売上高が違う」という結果の違いを生じさせていると考えます。簡単にいえば、「お店が違うと売上高が違うといえる」という仮説を立てたということです。「仮」説としているのは、一部のデータ（標本データ）では、結果がたまたまかもしれないから、結論は断言できないからです。

そこで、どれくらいその仮説が正しいといえそうかをデータから求めてみようというのが「仮説検定」の考え方です。

一見難しく思えますが、先ほどのエラーバー付き折れ線グラフでいえば、エラーバーの重なり部分が大きければ、差があるとはいい切れない（差があるのはたまたまだ）となり、重なりが小さければ「（たまたまではないので）差があると判断しよう」ということです。

その際、どれくらい重なっていれば「たまたま」になるのかを、グラフで判断すると主観になる（人によって判断が異なる）ので、客観的な数値で表そうというのが、「仮説検定」という手法の目的です。

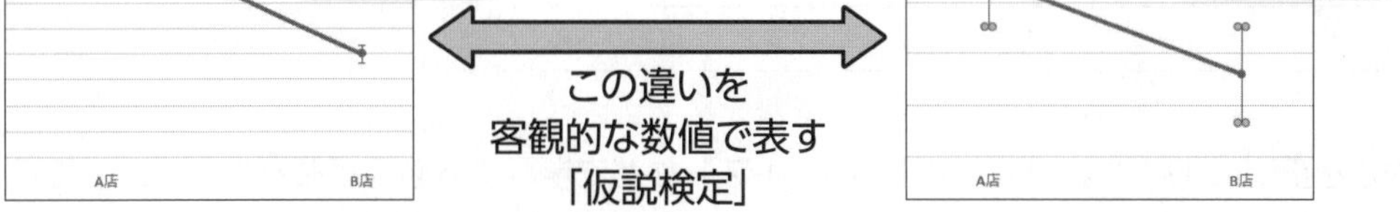

分析ツールのｔ検定を使ってみる

ここでは、A 店、B 店という 2 つの対象の平均値の差を検定します。その際に用いるのが**「ｔ検定」**という手法です（注：仮説検定にはさまざまな手法があるため、平均値の差の検定はｔ検定以外もあります)。Excel では分析ツールから利用できます。

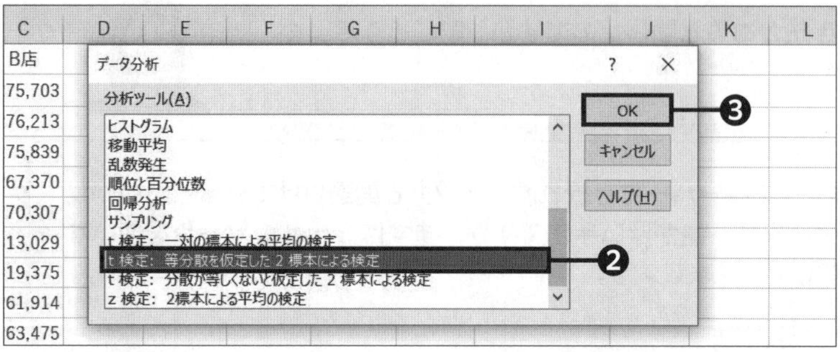

1 分析ツールの選択

❶《データ分析》ダイアログボックスを表示
❷《ｔ検定：等分散を仮定した 2 標本による検定》を選択
❸《OK》をクリック

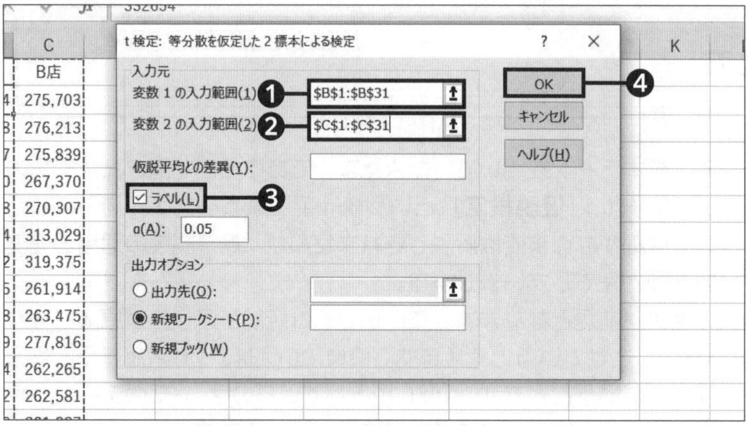

2 範囲の指定

❶《変数 1 の入力範囲》に A 店の範囲【$B$1:$B$31】を指定
❷《変数 2 の入力範囲》に B 店の範囲【$C$1:$C$31】を指定
❸《ラベル》をチェック
❹《OK》をクリック

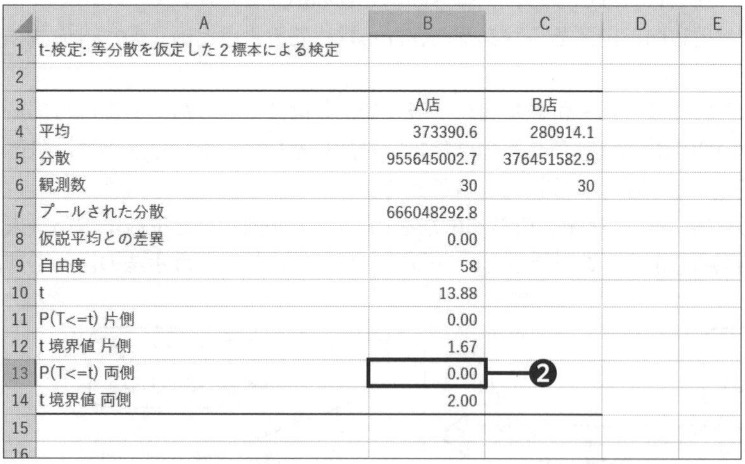

	A	B	C
1	t-検定: 等分散を仮定した 2 標本による検定		
2			
3		A店	B店
4	平均	373390.6	280914.1
5	分散	955645002.7	376451582.9
6	観測数	30	30
7	プールされた分散	666048292.8	
8	仮説平均との差異	0.00	
9	自由度	58	
10	t	13.88	
11	P(T<=t) 片側	0.00	
12	t 境界値 片側	1.67	
13	P(T<=t) 両側	0.00	
14	t 境界値 両側	2.00	

3 ｔ検定の結果を確認

❶新しいシートが追加される
❷ p 値（有意確率）に注目（表示形式を調整しています）

仮説検定を正確に利用するには、統計学のテキストなどで学習する必要がありますが、ここでは、そのエッセンスを学んでおきましょう。結果のうち、2 か所に着目してみます。1 つ目は「平均（値)」で、2 つ目は**「P（T<=t）両側」**という部分です。

1 つ目の平均値はすでに解説したとおり、その大きさと差を見て、意味のある差といえるかを解釈するために用います。ここまでの分析の読み方と同じです。ここで新しく学ぶのが「P（T<=t）両側」

という部分で**「p 値（有意確率）」**と呼ばれる部分です。

統計学では、p 値（有意確率）を帰無仮説や対立仮説という視点から学習しますが、ここではその読み方だけを学習しておきましょう。

「P（T<=t）両側」は、p 値（有意確率）を表しています。0～1の値をとります。

p 値（有意確率）をどう使うか

p 値は「有意確率」と呼ばれる指標ですが、注意したいのは「意味のある確率」ではありません。この点、とても誤解されていますので、間違わないようにしっかり押さえておきましょう。p 値は 0 から 1 の値をとり、数字が小さいほど、「2 つのグループの平均値に差があるといえる」と判断できます。いわば p 値は、**「2 つのグループに差があるのが、どれくらい “ たまたま ” なのか」**を表す確率といえます。

この例では、p 値は 0.00 ですから、「A 店と B 店の平均値に差がある」のが「たまたま」である確率は、0 に近い（ほぼゼロ）となります。つまり、「一部のデータで分析して誤差があるとしても、平均値には差があるといえそうだ」というわけです。これは、先ほどのエラーバー付きの折れ線グラフで、「エラーバーがどれくらい重なって見えるか（どれくらいたまたまと感じるか）」ということを、客観的に「たまたま度合いを確率」で表したということです。

したがって、**p 値が小さいことが期待される**のですが、有意確率＝意味のある確率と覚えてしまうと、p 値が大きいほうがいいのではないかと誤解して覚えてしまいがちなので注意しましょう。繰り返しになりますが、意味を解釈するには「平均値の大きさとその差」を解釈することが必要で、誤差を加味するとはたまたま度を解釈するためにあるということを忘れないようにしましょう。

「p 値はどれくらい小さければよいのか？」という質問がありそうなので、先に目安を示しておきます。

いくつ以下でなければならないかは、分析者が判断する必要があります。というのは、p 値はたまたま度合いを示しているわけですから、どれくらい「たまたま」でも結論を主張するかは、分析者（もしくは分析結果を聞く側・使う側）の判断になります。

とはいえ、1 つの目安として**「5%有意水準」**というものが多用されています。これは p 値が 0.05 よりも小さければ「たまたまとはいえない」ので、仮説が成り立つ（この場合には、A 店、B 店に差がある）といえると考える基準です。今回は p 値は 0.00 なので 0.05 よりも小さいですから、「5% 有意水準で仮説が成り立っている（差があるといえる）」ということになります。

SECTION

04 ばらつきも比較してみよう

比較できるのは「平均」だけでしょうか？

仮説検定など比較するための手法は、平均以外にもいろいろな比較に用いられます。ここでは、ばらつきの比較についても学習していきましょう。

分析ツールのＦ検定を使ってみる

仮説検定など比較するための手法は、平均以外にもいろいろな比較に用いられます。ここでは、ばらつきの比較についても学習していきましょう。

分析ツールのＦ検定を使ってみる。

Ａ店、Ｂ店の売上高の平均値の比較では、「t 検定」という仮説検定手法を活用しました。ここでは、売上高のばらつきに差があるといえるかを分析していきます。その際に活用できるのが**「Ｆ検定」**をいう手法です。ここでも「分析ツール」を活用します。

1 分析ツールの選択

❶《データ分析》ダイアログボックスを表示

❷《Ｆ検定：２標本を使った分散の検定》を選択

❸《OK》をクリック

名前どおり、２標本（２グループ）の分散、すなわち「ばらつき」を比較して、差があるといえるかを検証する分析手法です（標準偏差と分散との関係は P.74 を参照）。この手法を選ぶと、以下のような設定画面が出ます。基本的には、t 検定の時と同じ部分を指定するだけです。

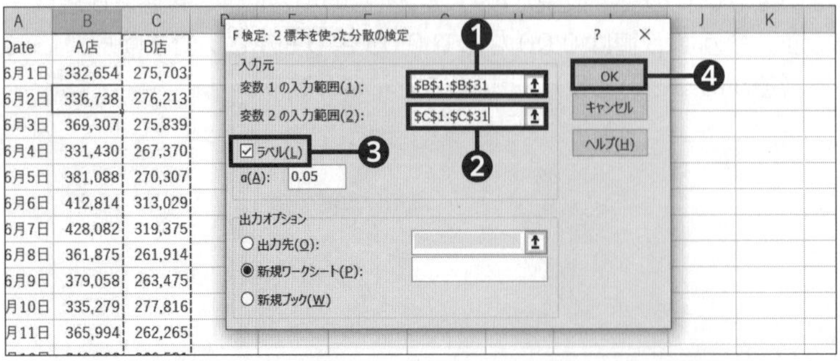

2 範囲の指定

❶《変数１の入力範囲》にＡ店の範囲【$B$1:$B$31】を指定

❷《変数２の入力範囲》にＢ店の範囲【$C$1:$C$31】を指定

❸《ラベル》をチェック

❹《OK》をクリック

	A	B	C
1	F-検定: 2 標本を使った分散の検定		
2			
3		A店	B店
4	平均	373390.6	280914.1
5	分散	955645002.7	376451582.9
6	観測数	30	30
7	自由度	29	29
8	観測された分散比	2.539	
9	P(F<=f) 片側	0.0073	
10	F 境界値 片側	1.861	
11			
12			

3 F検定の結果を確認

❶新しいシートが追加される（表示形式を調整しています）

ここで見るべき結果は、A 店、B 店の売上のばらつきと p 値（有意確率）です。

まず、ばらつきについては、「分散」の値で確認できます。ただし、分散は計算途中で 2 乗されている部分があるため、単位をもとに戻した標準偏差のほうがわかりやすいということを学習しました（P.74 参照）。そこで、分散の値の平方根を計算し、標準偏差を計算してみます。平方根は **SQRT 関数**で計算できます。この例では、A 店の売上のばらつき（標準偏差）が 30,913.5 円、B 店が 19,402.4 円となっていることがわかります。これが意味のあるばらつきの差かどうかを判断するというのは、平均値を比較した t 検定の時と一緒です。

2 つ目の「p 値（有意確率）」ですが、「P(F<=f) 片側」の部分を使います。ひと手間かかりますが、**この値を 2 倍した値を評価して「たまたま度」を判断**します。p 値の値は、t 検定と同じく 0 から 1 の範囲になり、小さいほどたまたまではないので、差があると評価する、つまり A 店と B 店で差があると判断するというのは、t 検定の時と同じです。5%有意水準（P.107 参照）だとすると、p 値（有意確率両側）は、0.015 と 0.05 より小さいですから「5%有意水準で、2 店舗に売上高のばらつきに差があるといえる」という結論になります。

	A	B	C	D	E	F	G	H
1	F-検定: 2 標本を使った分散の検定							
2						=SQRT(B5)	=SQRT(C5)	
3		A店	B店					
4	平均	373390.6	280914.1			A店	B店	
5	分散	955645002.7	376451582.9		標準偏差	30,913.5	19,402.4	
6	観測数	30	30					
7	自由度	29	29					
8	観測された分散比	2.539						
9	P(F<=f) 片側	0.0073			p値両側	0.015		=B9*2
10	F 境界値 片側	1.861						
11								

このように、平均値の差の検定で t 検定を使ったのと同じ要領で、ばらつきの差の検定を F 検定で行うことができます。データ分析では、ばらつきに差があるか否かも重要な分析視点ですので、F 検定についてもマスターしておきましょう。

LET'S TRY

演習

各自の興味があるテーマについてのデータを集め、平均値の差の検定（t 検定）とばらつきの差の検定（F 検定）をしてみましょう。その際、比較できるのは、2 グループ間なので、男女間比較や、2 年度間比較など 2 グループのデータに分けられるデータを用意しましょう。

SECTION 01 アイデア評価のためにデータを集めよう

新商品アイデアを提案したら、「本当に今までのものよりよくなったか分析して」と頼まれたのですが。どんなデータが必要になりますか

アイデア評価にも平均値の比較が使えるから、ぜひｔ検定を活用してみましょう。同時に、アイデアの評価の仕方も勉強しましょう。そうすれば、どんなデータが必要かわかると思います。

アイデア評価は、データ分析の重要なテーマ

データ分析というと、数式ばかり出てきて何か固い印象が感じられる分野と思われている人も多いかと思います。一方、アイデア立案は柔軟な思考が必要な柔らかい印象かもしれません。前者がロジカルで、後者がクリエイティブと呼ばれることがあります。このような印象が強いため、クリエイティブな分野には、データ分析は無縁と思っている人が少なくありませんが、そんなことはありません。

というのは、面白いアイデア、新規性の高いアイデアほど、「それって本当にうまくいくの？」と思われてしまいやすいためです。したがって、いきなりアイデア採用というわけにはいかず、アイデアのよさを相手に説得する必要が出てくるわけです。つまり、人とは違い面白いことを考える人ほど、その面白みを相手に納得させる技を持っておくことが重要になります。

その際、強力な武器になるのが、データ分析です。この点を少し整理してから、具体的にデータ分析でアイデアを評価する方法を学習しましょう。

実験調査とデータ分析

例えば、現行商品に対して新商品案Ａを考えたとしましょう。この商品のよさを評価するのであれば、実際に試作品を作成し、想定するユーザーに試用してもらい、評価をとれば、案の良しあしが判断できるはずです。**実験調査やテストマーケティング**と呼ばれたりします。

ここで問題になるのは、「アイデアの評価は、可能な限り**少数のデータで評価したい**」という点です。というのは、試作段階ですから、評価によっては没になってしまうかもしれません。したがって、大量に生産し評価テストをしたらコストがかかりすぎてしまいます。そこで用いられるのが、第８章で学習した「一部のデータで差を評価する」方法です。つまり誤差を加味して評価するという方法が必要になります。その際、多用されるのが**「仮説検定」**です。ここでは第８章で学習したｔ検定を用いる方法から学習していきましょう。

なお、第 8 章までと異なるのは、データを新たに取得しなければならないという点です。新商品案ですから、まだ評価データがないわけで、これを適切に収集する必要があるわけです（「1 次データ」を集めるということ：P.16 参照)。

このデータ収集では、主に「誰を対象に」「何人ぐらい」「どのように」データを集めればいいかといった調査の設計視点が必要になります。いい加減に集めたデータをいくら分析しても、適切な説得材料にはできません。これらは、調査設計や実験計画法など専門性が高いものですが、ここでは簡単なポイントのみ押さえておきましょう。

以降は新商品アイデアの事例で解説しますが、その比較方法は、「試薬 A を投与したグループとしなかったグループでの効果の差」や「過去に転職を経験したか否かによる生産性の違い」といった、学術的な比較研究とも共通します。各自が興味を持てるテーマに置き換えて読み進めてみましょう。

1）誰を対象にするか：母集団の設定

これは「母集団の設定」と呼ばれる視点です（母集団については P.22 参照)。一部のデータで評価を下すわけですから、その調査対象とその結果を適用する対象がずれていたら意味がありません。例えば、極端な例でいえば、若者向けの新商品案なのに、評価実験に参加した回答者がみな高齢者だったら、どんな高度な分析をしても「高齢者の評価」しか得られないわけです。そこまで極端に知りたい対象と調査する対象がずれればおかしいことに気が付きますが、一部のデータしか取れないわけですから、慎重に「誰に聞くべきか」を検討してから、データ収集する必要があります。少し難しくいえば、**「調査データで得られた結果を、どの範囲まで一般化するか」**という視点です。

他の事例でもこの点を確認しておきましょう。先ほど事例に挙げた「過去に転職を経験したか否かによる生産性の違い」を考える場合、「過去」を「過去 3 年以内に転職」と考えるか「過去いつでもいいから 1 度でも転職」と考えるかによって、調査対象とそこから得られる結果が変わるでしょう。もしくは、今働いている業界を絞って調査するのか、どんな業界でもいいからと広く設定するのかによっても適用範囲が異なってきます。

データを集め終わって、分析を始めてからでは修正できない（データを再度集めないと解決できない）ので、細心の注意が必要です。

2）どれくらい集めるか：サンプル数の決定

1）で決めた母集団全員に調査するわけにはいかないので、そこから何件調査データをとるかを決める必要があります。サンプル数の決定というステップです。サンプル数の決定では、基本的に「データ数が多ければ誤差が少なくなる（たまたま度が減る）が、コストが増える」というトレードオフを考えて件数を決定する必要があります。なお、ここでのコストというのは、お金がかかるというだけではありません。例えば、新商品案であれば、それが発売前に流出しないように情報を管理する手間も増えるでしょう。したがって可能な限り、件数を減らしたいというのがサンプル数の決定の課題になります。倫理的にも件数を少なくしたいということもあります。医薬品の効果検証などの場合には、(副作用が出てしまうかもしれないなどの）リスクも考えれば、最小限の実験回数で結論を得たいと考えるはずです。

これらサンプル数の決定は、1 つの研究テーマになるぐらい奥が深いのですが、ここでは「可能な限り少なくしたいが、少なすぎるとうまくいかない」という関係を押さえておくだけで大丈夫です。

実際、仮説検定手法で分析してみると、サンプル数の多少を加味して、p 値（有意確率）が計算されますので、取得したサンプル数に応じてどれくらい結論が「たまたま」かは判断できることになります。
　サンプル数の決定に興味がある、もしくは研究やビジネスで調査を行う場合には、「調査設計」「サンプル数の決定」などのキーワードもとに深く学習してみましょう。

3）どのように：調査項目の決定

　調査項目の決定は、調べる対象によって千差万別なので一般化はできませんが、以下の各点から調査項目の決定のポイントを確認しておきます。

①比較対象の決定

　今回は、新商品案 A の評価を検証します。その際、最も重要なのは、「比較対象」を明確に設定することです。単に「新商品案 A はいかがでしたか」と調査しても、その評価が高いか低いかを判断することはできません。一般的には、「現行商品に比べて、評価が高くなった（もしくは高くならなかった）」というように比較対象を設定するはずです。だとすると、調査時点で、新商品案 A と現行商品の両方の評価を測定していく必要があります。意外と多く見られるミスは、この比較対象を調査せずに、「新商品案 A は高い評価でした」と主張したときに「どれくらい評価がよくなったのかがわからない」と反論をされることです。新商品などのアイデア評価だけではなく、学術論文などでも何らかの影響の効果を検討する際に「比較対象」が必要になります。

②評価基準の決定

　例えば新商品案 A の評価を調査するとして、漠然と「新商品案 A はいかがでしたか」と聞かれても、回答者はどう答えていいかわかりません。データ分析をするなら、回答者によって基準が異ならないようにする必要があります。では「新商品案 A に 100 点満点で点数を付けてください」と聞くのはどうでしょうか？　実はこれも基準が曖昧です。人によっては、「味がよかったので 75 点」かもしれませんし、ある人にとっては「（味はよくなかったけど）カロリーが低いから 75 点」なのかもしれません。したがって、可能な限り何を評価するのかを示すことが大切です。テストマーケティングでは、「味」「スペック」など個別の基準で評価してもらうこともありますが、「買いたいと思いますか」とか「人にすすめたいと思いますか」といったような行動や態度レベルで評価されることもあります。いずれにしろ、**評価基準を具体化する**ことが大切です。
　先ほど触れたとおり、調査項目の決定は、調べる対象によって千差万別です、そこで参考になるのが、類似調査（研究）のレビューです。レビューとは、似たようなテーマの調査や研究などを調べて、参考にする作業を指します。これは学術研究では特に重要ですが、過去どんな項目から調査したのかを踏まえて調査設計をすることで、よりよい調査データが集められます。

LET'S TRY
演 習

この節では、調査設計を中心に学習しました。やや抽象的な内容なので、各自の関心のあるテーマでの調査事例をレビューして、どんな項目について、誰に、どれくらい調査をしたのかを確認してみましょう。できれば、「もっとこういう風に調査すべきだったのではないか」という視点から事例を読み、よりよい調査設計を話し合いましょう。

SECTION 02

集めたデータでアイデア評価をしよう

新商品案と現行商品について評価データを集めてきました。
でも、どうやって入力して、分析していいかわかりません。

自分で集めたデータは、データの入力も自分でする必要がありますね。
分析しやすいデータの持たせ方についてもマスターしましょう。

対象をいくつ評価させるか

ここでは具体的にデータを分析しながら、アイデア評価の仕方を学習していきます。今回は、新しいコーヒー飲料のアイデア評価のケースです。評価する対象商品は、新商品案と既存商品の２つです。ここで、新商品案を**「商品Ｐ」**、既存商品を**「商品Ｑ」**とラベル付けして、調査に用いることにします。ここでＰやＱという記号にしたのは、試飲をする回答者に、どちらが新商品案でどちらが既存商品かを事前にわからないようにするためです。もし、どちらかが新商品かを知ってから試飲すると、なんとなく新商品のほうがおいしく感じてしまうなどの**「バイアス（偏り）」**がかかる可能性が出てしまうためです。このように調査では、いかにバイアスを回避するかは重要な視点になります。

余談ですが、商品テストではしばしばＰとＱという記号が使われます。これは、ＡやＢだと順序があるように感じられるからで、ＰやＱだとどちらが先かなどのイメージから来るバイアスがかかりにくいといわれています。

なお、複数の商品を評価してもらう場合、回答者ごとに**１つのみ（ＰかＱのいずれか）回答してもらう**方法と、回答者ごとに**両方（ＰとＱ）を回答してもらう**方法があります。できれば、１人に両方試してもらいたいところですが、あえて両方を評価させないほうがいいこともあります。例えば、評価対象がコーヒーだとして、含まれる香料の香りが強い場合、どちらを先に飲んでも２つ目に飲むコーヒーの評価に影響してしまう（バイアスがかかる）ことがあり得るからです。そのような場合、１人が片方のみを評価するという方法が望まれます。

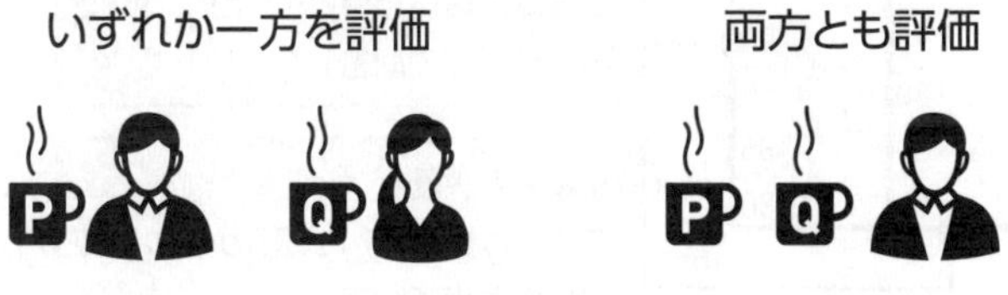

データの持たせ方

それでは、実際のデータを見ていきましょう。ここでは、1 人が 1 つのみを評価するケースと、1 人が 2 つとも評価するケースに分けてデータを見ていきます。データの入力形式のことを「データの持たせ方」と呼ぶことがあります。

ケース 1：1 人が 1 つの対象のみを評価する場合

第 2 章で学んだとおり、分析用のデータ形式の基本は、行に「知りたい対象（対象者)」、列に「知りたいコト（変数)」という点をしっかり守ってデータを入力します。1 人 1 商品を評価している場合、次のようなデータの持たせ方になるのが、一般的です。

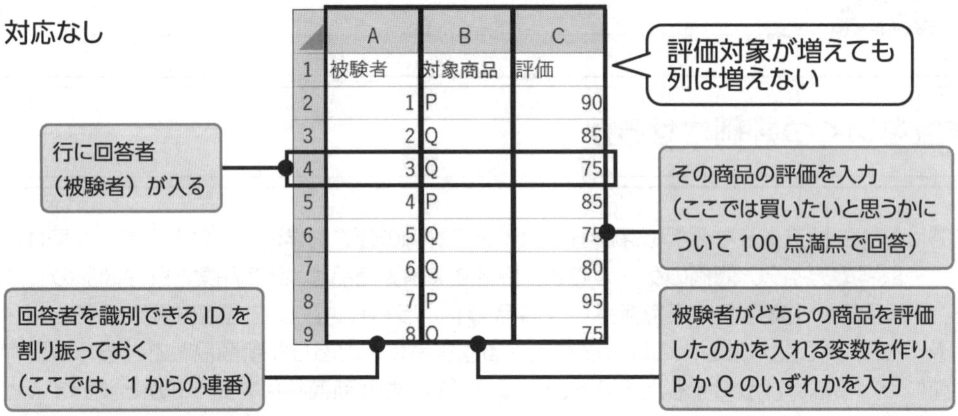

	A	B	C
1	被験者	対象商品	評価
2	1	P	90
3	2	Q	85
4	3	Q	75
5	4	P	85
6	5	Q	75
7	6	Q	80
8	7	P	95
9	8	Q	75

この例では、P、Q それぞれに 20 名ずつが回答し、40 件のデータが入力されています。このケースでは 2 択ですが、3 択以上でも選択肢が R、S などと増えるだけで変数の数（列数）は増えません。

ケース 2：1 人が 2 つの対象両方を評価する場合

ケース 2 では、1 人が P、Q 両方を評価しています。したがって、評価の値（ここでは買いたいと思うかについて 100 点満点）は 2 つずつあることになります。したがって、データは以下のように入力されます。

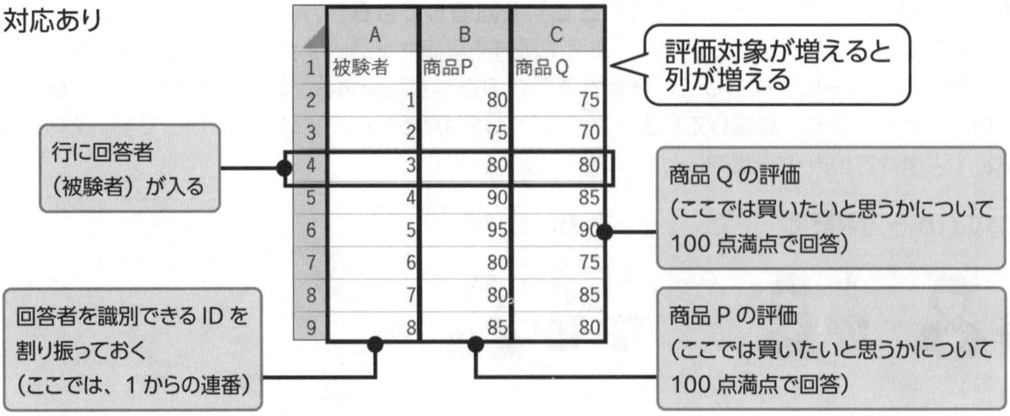

	A	B	C
1	被験者	商品P	商品Q
2	1	80	75
3	2	75	70
4	3	80	80
5	4	90	85
6	5	95	90
7	6	80	75
8	7	80	85
9	8	85	80

ここでは、20 名の被験者が、P と Q 両方を評価しています。したがって、行は 20 行になっています。

ちなみに、ケース 2 のようにある行に対応する列が複数あるデータを**「対応ありのデータ」**といいます。この場合、ある被験者の商品 P と商品 Q の評価は「対（つい）」になっています。それに対して、ケース 1 のデータは、ある被験者が 1 つのみを評価していますので、対になる商品評価がありません。このことから**「対応なしのデータ」**と呼ばれます。

「対応ありのデータ」「対応なしのデータ」で用いる分析方法が異なりますので、この区分をしっかり理解しておいてください。

LET'S TRY
演習

以下のケースは、それぞれ「対応なしのデータ」か「対応ありのデータ」かを考えてみましょう。そして、どういう風にデータが入力されるかについても考えて見ましょう。

- **ケース A：風邪薬 A と風邪薬 B のどちらの解熱効果が高いかを検証する調査を行う。服用後に何度熱が下がったかを記録する。なお、被験者（熱がある人）は、どちらかの風邪薬しか飲みません。**
- **ケース B：風邪薬 A の解熱効果を検証する。風邪薬を飲む前の体温と、飲んだ後の体温を記録する。**

対応なしのデータを要約しよう：ピボットテーブルの活用

それでは対応なしのデータを分析していきましょう。ここで、それぞれの平均値と標準偏差を計算してみます。第 6 章などでの A 店、B 店の売上のケースでは、それぞれ異なる列に値が入っていたので、列ごとに平均値や標準偏差を計算するだけで、値が求まりましたが、ここでは、**値は「C 列」に、分割基準が「B 列」に入っている**ので工夫が必要です。

商品ごとに値を求めるには、ピボットテーブルを用いるのが便利です。セル範囲【A1:C41】をもとにピボットテーブルを作成します（ピボットテーブルを作成する手順は、P.33 を参照）。

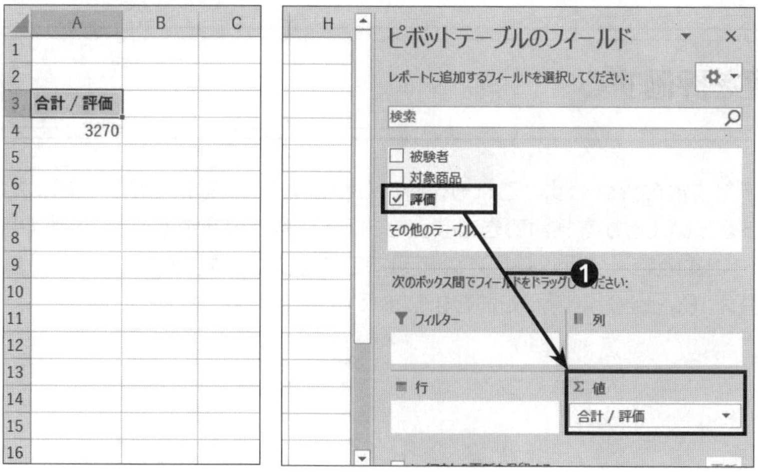

1 ピボットテーブルの作成

❶《評価》を《値》にドラッグ

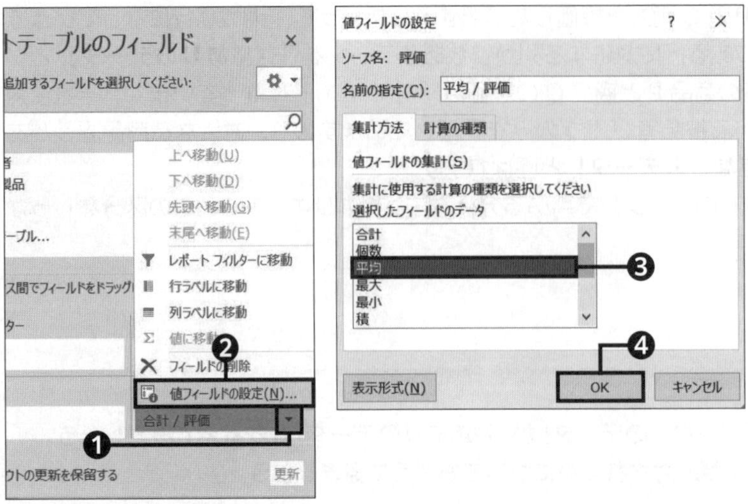

2 値フィールドの設定

❶《合計／評価》の▼をクリック
❷《値フィールドの設定》を選択
❸《平均》を選択
❹《OK》をクリック

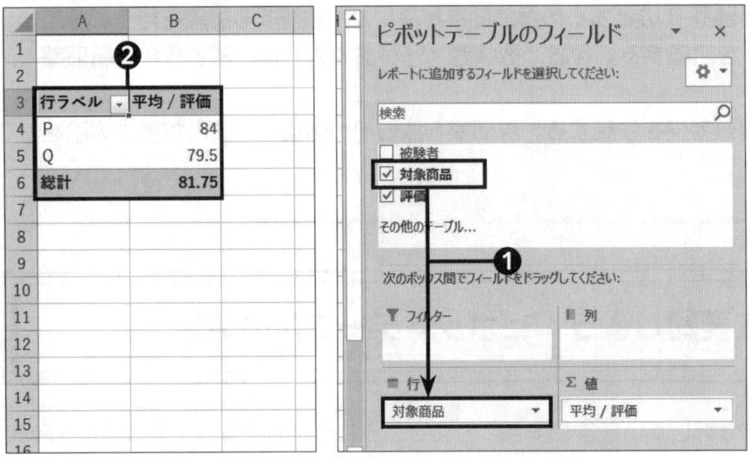

3 行フィールドの設定

❶《対象商品》を《行》にドラッグ
❷ＰとＱそれぞれの平均値と全体（総計）での平均値が表示される

このような手順で、簡単にグループごとの要約統計量を計算し、比較検討できることになります。

ここでは、P（新商品案）が平均 84 点、Q（現行商品）が平均 79.5 点と 4.5 点の差があることがわかります。データ分析では 4.5 点差があるということを示しているだけですので、この差が期待していた差といえるか（新商品案に変えるべきか）は、分析者が解釈する必要があります。

t 検定でたまたま度を評価する

もう 1 つのポイントは、たまたま度の評価です。これも復習になりますが、t 検定を用いれば、たまたま度を加味して評価差があるといえるかを検討できます。なお、第 8 章での方法と違い、評価（平均値を計算する列）が C 列のみですので、分析ツールでの範囲指定に工夫が必要です。そこで、まずは B 列（対象商品）で並べ替え（ソート）を行っておきましょう。

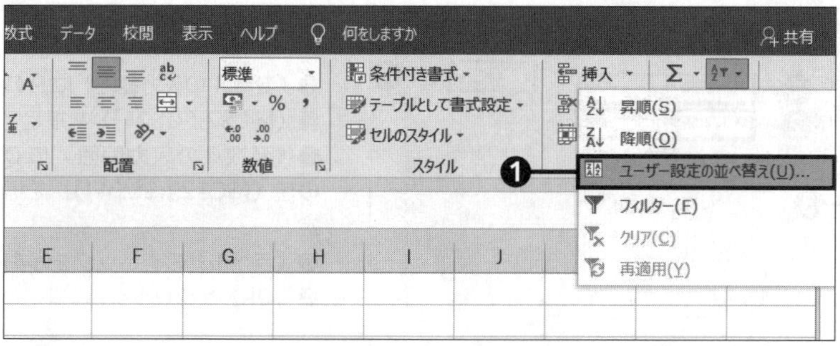

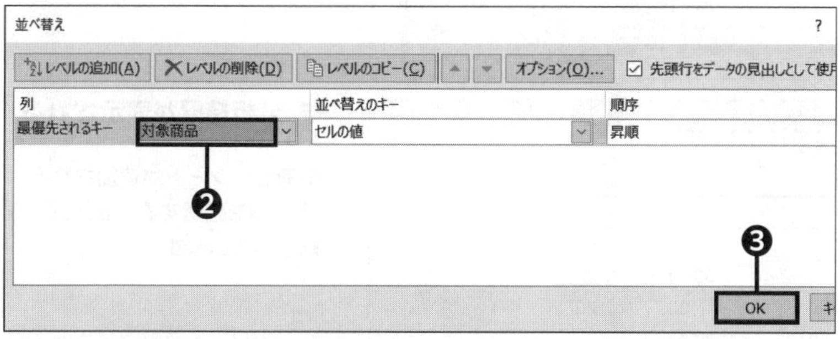

1 データを並べ替える

❶《ホーム》タブの《並べ替え》→《ユーザー設定の並べ替え》をクリック
❷《優先されるキー》で《対象商品》を選択
❸《OK》をクリック

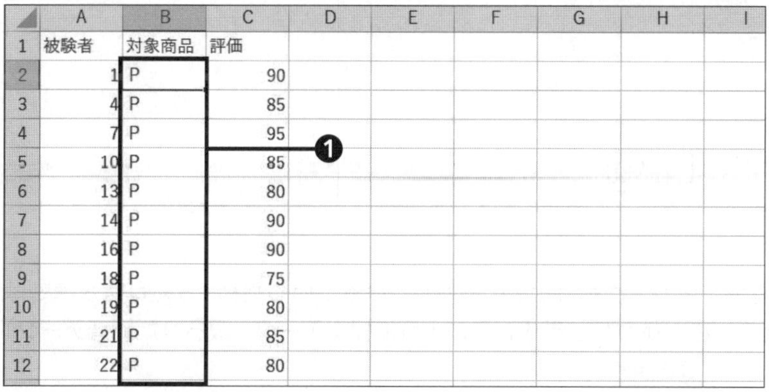

2 並べ変えられた

❶対象商品をキーに並べ替えられ、商品Pのデータが上のほうに、商品Qのデータが下のほうにまとまる

ここまで準備をしたら、第8章で学習した「t検定：等分散を仮定した2標本による検定」を使います

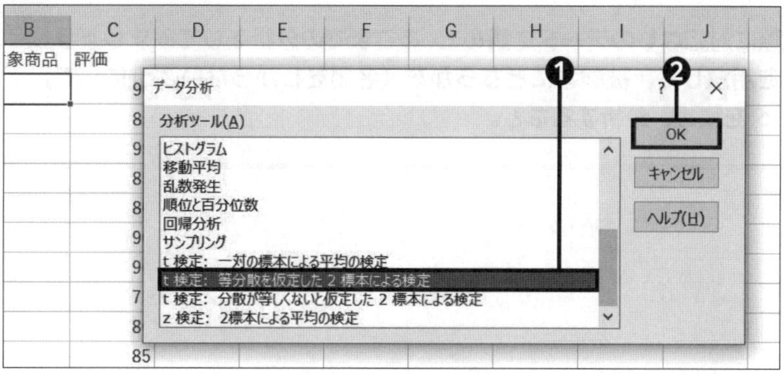

3 分析ツールの選択

❶分析ツールで《t検定：等分散を仮定した2標本による検定》を選択
❷《OK》をクリック

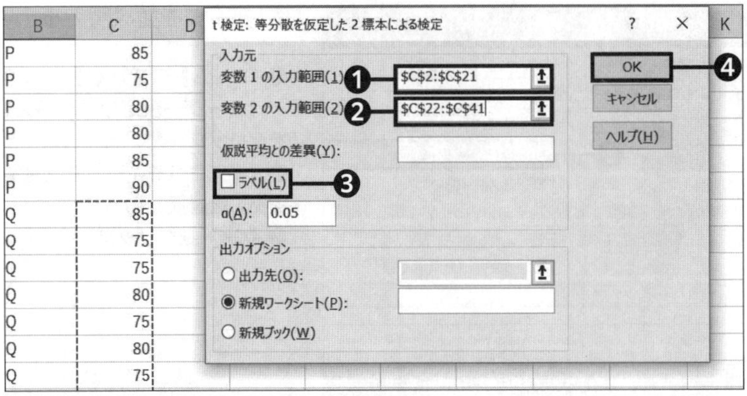

4 範囲の指定

❶《変数 1 の入力範囲》に P の値（【$C$2:$C$21】）を指定
❷《変数 2 の入力範囲》に Q の値（【$C$22:$C$41】）を指定
❸《ラベル》のチェックを外す
❹《OK》をクリック

	A	B	C	D	E
1	t-検定: 等分散を仮定した 2 標本による検定				
2					
3		変数 1	変数 2		
4	平均	84	79.5		
5	分散	30.53	31.32		
6	観測数	20	20		
7	プールされた分散	30.92			
8	仮説平均との差異	0			
9	自由度	38			
10	t	2.56			
11	P(T<=t) 片側	0.01			
12	t 境界値 片側	1.69			
13	P(T<=t) 両側	0.01			
14	t 境界値 両側	2.02			
15					

5 分析結果が表示される

❶新しいシートが追加される
❷ p 値を確認する（表示形式を調整しています）

結果を見ると、p 値（有意確率：P(T<=t) 両側）が、0.01 となっているため、5%有意水準では「P と Q に評価差があるといえる」ことがわかります。このように標本データ（限られた調査データ）を用いてアイデアを評価することができます。

LET'S TRY
演習

簡単な実験でいいので、実際に対応なしのデータを集めて、ここまでの分析をしてみましょう。例）お菓子 A とお菓子 B を用意して、被験者にどちらかを（名側をわからないようにして）試食してもらい、評価データを集め、分析するなど。

SECTION 03

対応ありのデータでアイデア評価をしよう

今度は、新商品案と現行商品について療法を評価してもらいました。分析方法は、対応なしの場合と同じでいいですか？

対応なしのデータと対応ありのデータでは、分析方法が異なるので、しっかり使い分けましょう。

対応ありのデータは、個々の差に着目できる

ここでは、対応ありのデータの場合の、平均値の差の評価を考えていきましょう。以下の図のように、評価差を計算すると「対応ありのデータ」での平均値の分析のイメージが付きやすくなります。まずはD列に評価差という変数を作って、そこに差を計算しておきましょう。

	A	B	C	D	E	F	G	H	I	J
1	被験者	商品P	商品Q	評価差						
2	1	80	75	5						
3	2	75	70	5						
4	3	80	80	=B4-C4						
5	4	90	85	5						
6	5	95	90	5						
7	6	80	75	5						
8	7	80	85	-5						
9	8	85	80	5						

計算したD列の値を眺めると「＋の値」つまり商品Pのほうが評価が高い人が多いことがわかります。それでは、この評価差について分析ツールで「基本統計量」を計算してみましょう。

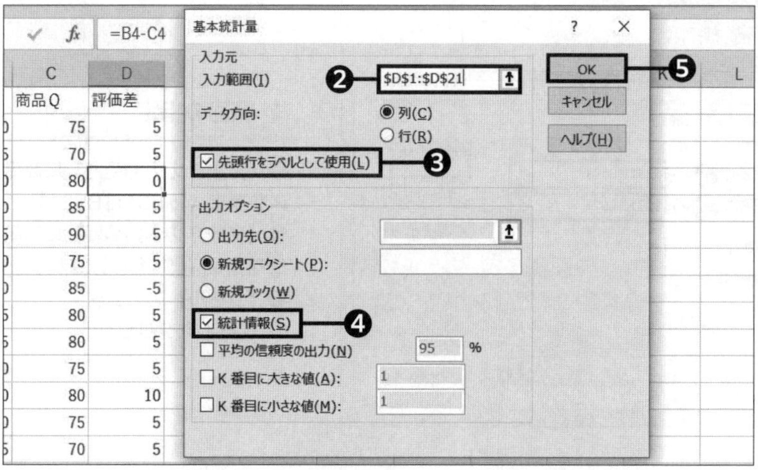

1 基本統計量を求める

❶分析ツールで《基本統計量》を選択して《OK》をクリック
❷入力範囲に【$D$1:$D$21】を指定
❸《先頭行をラベルとして使用》をチェック
❹《統計情報》をチェック
❺《OK》をクリック

	A	B
1	評価差	
2		
3	平均	4.50
4	標準誤差	0.95
5	中央値（メジアン）	5
6	最頻値（モード）	5
7	標準偏差	4.26
8	分散	18.16
9	尖度	1.01
10	歪度	-0.93
11	範囲	15
12	最小	-5
13	最大	10
14	合計	90
15	データの個数	20

2 分析結果を確認

❶「平均」と「標準誤差」に注目（表示形式を調整しています）

着目するのは「平均」と「標準誤差」です。数値を見ると、評価差の平均は「4.5」とプラスの値になっていることがわかります。ということは、商品 P（新商品案）のほうが、評価が高いことがわかります。

ただし、一部のデータで分析しているわけですから、結果は「たまたま」かもしれません。そこで、平均値の誤差（たまたま度）を表す「標準誤差」を確認すると、値が 0.95 となっています。ということは、平均値は 4.5 ± 0.95 ぐらいの範囲にありそうだということがわかります。もしこの範囲に「0」が含まれれば、たまたま 0 になる（差がない状態になる）かもしれないとなるはずです。

t 検定で分析する

どれくらいたまたま平均が 0 になりそうかを p 値（有意確率）で評価するために、「対応ありのデータに対する t 検定」を用います。Excel では分析ツールの**「一対の標本による平均の検定」**を使うことで分析できます。設定の仕方は、対応なしのデータでの t 検定と同じです。

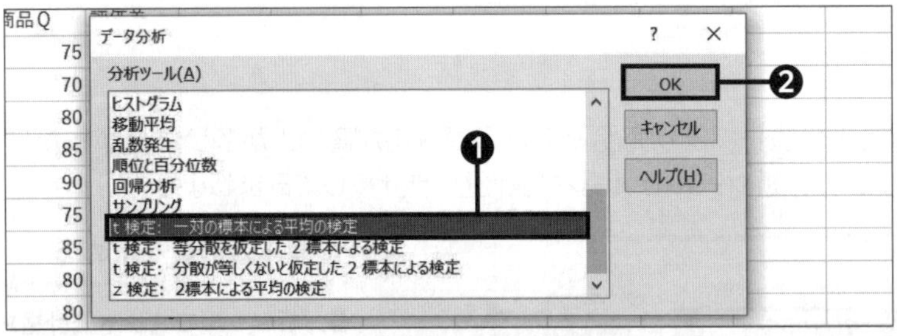

1 分析ツールの選択

❶分析ツールの《t 検定：一対の標本による平均の検定》を選択
❷《OK》をクリック

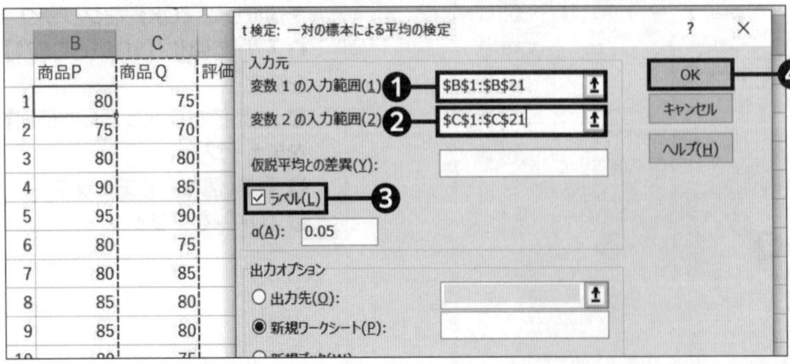

2 範囲の指定

❶《変数 1 の入力範囲》に商品 P を指定（【$B$1:$B$21】）
❷《変数 2 の入力範囲》に商品 Q を指定（【$C$1:$C$21】）
❸《ラベル》をチェック
❹《OK》をクリック

	A	B	C	D	E	F
1	t-検定: 一対の標本による平均の検定ツール					
2						
3		商品P	商品Q			
4	平均	84	79.5			
5	分散	30.53	31.32			
6	観測数	20	20			
7	ピアソン相関	0.71				
8	仮説平均との差異	0			❶	
9	自由度	19				
10	t	4.72				
11	P(T<=t) 片側	0.00				
12	t 境界値 片側	1.73				
13	P(T<=t) 両側	0.00				
14	t 境界値 両側	2.09				
15						

3 分析結果を確認

❶「平均値」と「P(T<=t) 両側」に注目（表示形式を調整しています）

結果の見方も対応なしのデータでの t 検定と一緒です。それぞれの平均値が 84 と 79.5 となっていて、その差は 4.5 です。これは評価差の平均値 4.5 と同じになっています。また、p 値（有意確率：P(T<=t) 両側）が 0.00 となっているため、5%有意水準では「P と Q に評価差があるといえる」ことがわかります。このように対応ありのデータでも簡単にアイデアを評価することができます。

LET'S TRY

演習

簡単な実験でいいので、実際に対応ありのデータを集めて、ここまでの分析をしてみましょう。例）お菓子 A とお菓子 B を用意して、被験者に両方を（名側をわからないようにして）試食してもらい、評価データを集め、分析するなど。

COLUMN

対応ありのデータと対応なしのデータの使い分け

この例では、試食してもらう商品（コーヒー）の香りの強さから、両方試食してもらうのはふさわしくない場合は片方のみを評価してもらう「対応なしのデータ」を集め、両方評価しても問題ない場合は「対応ありのデータ」として集めるといったように、使い分けました。コーヒーの試飲であれば対応なしありのどちらもあり得ますが、テーマによってはどちらかの方法しか使えないという場合もあります。例えば、薬がテーマであれば、1 人が薬 A と薬 B の両方を飲んだらどちらの効果かわからなくなりますから、対応なしのデータにするしかありません。

使い分けについてより詳しく知りたい場合は、関心のあるテーマでの t 検定の適用事例を探し、どんなデータをどういう風に集めているかを調べてみましょう。例えばGoogleなどで「t 検定　○○（関連のあるテーマのキーワード）」などで検索すると、いろいろな事例が見つかります。

なお、今回は、アイデアの評価差の事例でしたが、「ある研修を受ける前と受けた後の、成績の違い（対応ありのデータ）」や「担当講師が異なるクラスでの成績の違い（対応なしのデータ）」などに t 検定を用いるといわゆる「効果測定」といったテーマの分析もできます。学術研究でも、2 群の平均値の比較は多用されますので、ぜひマスターしておきましょう。

SECTION

01 人事評価データを分析しよう

最近、人事データの活用が進んでいるとニュースなどで聞きましたが、人事にもデータ分析が使われるんですか？

人事評価と聞くと難しく感じるかもしれないけど、学校のテストのデータだって人事評価データですよ。もちろん、それを分析して、皆さんを評価していますから。

確かにそうですね……。

評価データの基本的な分析

最近、働き方改革やデジタルトランスフォーメーション（DX）の流れが加速し、人事評価データなどヒューマンリソース（HR）データの活用に期待が高まってきています。人事評価にデータを活用すると聞くと、何か目新しい話に思えるかもしれませんが、人の評価をデータに基づいて行うというのは、古くからなされてきたデータ活用の方法です。その典型的なものが、学校などの試験データの活用です。ここではテストのデータの分析を通じて、人事評価でのデータ活用について学習していきましょう。ここでは、国語、英語、社会、数学、理科の 5 科目について 100 点満点のテストで 50 人を評価したデータを分析していきましょう。

	A	B	C	D	E	F	G	H	I	J	K
1	ID	国語	英語	社会	数学	理科					
2	1	99	90	72	77	78					
3	2	87	83	86	80	98					
4	3	80	78	72	68	82					
5	4	78	52	53	50	56					
6	5	78	88	80	88	91					
7	6	74	64	44	43	41					
8	7	96	65	81	56	65					
9	8	78	89	54	25	62					
10	9	94	88	84	72	79					
11	10	76	65	67	86	80					
12	11	97	87	51	52	58					
13	12	67	51	79	88	91					

さて、ここで 5 科目の合計点を計算しておきましょう。それをそれぞれの学生の総合点として評価しようと考えてみます。合計は SUM 関数で計算できます。そのうえで、この合計点でデータの並べ替え（降順）にしたものが以下の結果です。合計点の平均点とばらつき（標準偏差）なども計算してみましょう。

	A	B	C	D	E	F	G	H	I	J	K
1	ID	国語	英語	社会	数学	理科	合計点			合計点	
2	2	87	83	86	80	98	434		平均	310.2	
3	5	78	88	80	88	91	425		標準偏差	67.1	
4	25	94	78	78	80	88	418		最低	191.0	
5	9	94	88	84	72	79	417		最高	434.0	
6	1	99	90	72	77	78	416				
7	24	98	82	80	47	95	402				

セル【G2】 =SUM(B2:F2) を下方向にコピー
セル【J2】 =AVERAGE(G$2:G$51)
セル【J3】 =STDEV.P(G$2:G$51)
セル【J4】 =MIN(G$2:G$51)
セル【J5】 =MAX(G$2:G$51)

結果を見ると、最低点 191.0、最高点 434.0 となっていて、240 点以上も差があることがわかります。また、平均点は 310.2 で標準偏差が 67.1 ということも確認できます。これらをもとに、学生の成績を評価して問題ないでしょうか？　人事評価の場合、何をどのように評価するかによって、その人の評価の高低が変わってきますので、採用した方法が適切かどうかを考えることが大切です。ここでは合計点を使いましたが、これには問題がある可能性があります。この点をあらためて確認していきましょう。

合計得点に意味があるか？（偏差値の活用）

この点を確認するために、各科目の平均値と標準偏差を計算してみましょう。

	F	G	H	I	J	K	L	M	N	O	P
1	理科	合計点			合計点	国語	英語	社会	数学	理科	
2	98	434		平均	310.2	71.3	63.8	58.1	54.1	62.8	
3	91	425		標準偏差	67.1	17.0	16.9	17.7	21.0	17.3	
4	88	418		最低	191.0	31.0	15.0	11.0	13.0	25.0	
5	79	417		最高	434.0	99.0	90.0	88.0	90.0	98.0	
6	78	416									
7	95	402									

セル【K2】 =AVERAGE(B$2:B$51) を右方向にコピー
セル【K3】 =STDEV.P(B$2:B$51) を右方向にコピー
セル【K4】 =MIN(B$2:B$51) を右方向にコピー
セル【K5】 =MAX(B$2:B$51) を右方向にコピー

まずわかるのは、科目ごとの平均点が異なるということです。国語は平均点が 71.3 と高く、数学は平均点が 54.1 と低い傾向があります。ということは、仮に国語と数学で 60 点を取ったとしても、国語では平均点以下、数学では平均点以上になってしまいます。この点を踏まえずに、単純に合計してしまっては、問題が生じてしまいます。

また、標準偏差も科目によって異なっています。標準偏差が大きな数学と小さな英語では、平均点から同じだけ高い得点をとったとしても（例えば、英語で平均点から 10 点高い得点と、数学で平均点から 10 点高い得点）、標準偏差の小さな英語のほうがよくできたという評価になるはずです。

これらの点を踏まえると、5 科目がそれぞれ 100 点満点という同じ評価方法の変数であっても、単純に合計していいとは限らないとわかります。

そこで、第 7 章で勉強した**偏差値**を活用します。偏差値を活用すれば、科目ごとの平均値と標準偏差（ばらつき）の違いの影響を取り除くことができます。

	Q	R	S	T	U	V	W	X	Y	Z	AA
1	ID	国語	英語	社会	数学	理科	偏差値の平均		合計点（元の点数のままの合		
2	2	59.2	61.3	65.8	62.3	70.3	63.8		434		
3	5	53.9	64.3	62.4	66.2	66.3	62.6		425		
4	25	63.3	58.4	61.3	62.3	64.5	62.0		418		
5	9	63.3	64.3	64.7	58.5	59.3	62.0		417		
6	1	66.2	65.4	57.9	60.9	58.8	61.8		416		
7	24	65.6	60.7	62.4	46.6	68.6	60.8		402		
8	22	51.6	48.9	66.3	67.1	61.1	59.0		395		
9	39	53.3	54.8	53.9	67.1	64.5	58.7		392		
10	15	66.2	64.3	56.7	48.1	56.4	58.3		381		
11	3	55.1	58.4	57.9	56.6	61.1	57.8		380		
12	12	47.5	42.4	61.8	66.2	66.3	56.8		376		
13	10	52.7	50.7	55.0	65.2	59.9	56.7		374		
14	48	59.8	65.4	57.9	52.4	50.1	57.1		372		
15	50	59.2	58.9	53.9	61.4	47.2	56.1		367		

セル【R2】 =STANDARDIZE(B2,K$2,K$3)*10+50 を右方向と下方向にコピー
セル【W2】 =AVERAGE(R2:V2) を下方向にコピー

これを見てみると、例えば ID10 と ID48 の学生を比べた場合、合計点では ID10 の学生のほうが上位なのに、偏差値の平均では ID48 の学生が上位になり、**結果が逆転している**ことがわかります。

人事評価に限らず、何か対象を評価する場合、その評価基準が変われば結論は変わってしまいます。とはいえ、合計点が絶対に無意味というわけではなく、どう評価することが、「適切」だといえるのかを考えて基準を決めていく必要があります。そのためには、採用した基準がおかしくないかを考える癖を付けておくことが必要です。

評価項目数によって有利不利が出る？

それでは、偏差値の平均値で評価するという方法に問題はないでしょうか。ここで 5 科目の構成を見てみましょう。今回は、「国語」「英語」「社会」「数学」「理科」の 5 科目で評価しています。この科目群を、**文系力と理系力**に分けて、前者を「国語」「英語」「社会」に、後者を「数学」「理科」に分けてみたらどうでしょうか。もし文系科目が得意な学生と、理系の科目が得意な学生がいたとしたら、3 科目含まれているこの評価方法は、文系科目が得意な学生に有利に（理系科目が得意な学生に不利に）働くはずです。だとしたら、文系科目の偏差値の平均点、理系科目の偏差値の平均点をそれぞれ計算し、その 2 つの平均偏差値の平均を計算したほうがよさそうです。

複雑になってきましたが、結果は以下のとおりになります。細かな点よりも、評価項目（5 科目）をそのまま平均していいのかという点について、確認してください。

	Q	R	S	T	U	V	W	X	Y	Z	AA	AB	AC
1	ID	国語	英語	社会	数学	理科	偏差値の平均		合計点（元の点数のままの合計）		文系科目の偏差値の平均点	理系科目の偏差値の平均点	「文系/理系の偏差値の平均点」の平均
2	2	59.2	61.3	65.8	62.3	70.3	63.8		434		62.1	66.3	64.2
3	5	53.9	64.3	62.4	66.2	66.3	62.6		425		60.2	66.2	63.2
4	25	63.3	58.4	61.3	62.3	64.5	62.0		418		61.0	63.4	62.2
5	9	63.3	64.3	64.7	58.5	59.3	62.0		417		64.1	58.9	61.5
6	1	66.2	65.4	57.9	60.9	58.8	61.8		416		63.2	59.8	61.5
7	24	65.6	60.7	62.4	46.6	68.6	60.8		402		62.9	57.6	60.3
8	22	51.6	48.9	66.3	67.1	61.1	59.0		395		55.6	64.1	59.8
9	39	53.3	54.8	53.9	67.1	64.5	58.7		392		54.0	65.8	59.9
10	15	66.2	64.3	56.7	48.1	56.4	58.3		381		62.4	52.3	57.3
11	3	55.1	58.4	57.9	56.6	61.1	57.8		380		57.1	58.9	58.0

5 科目の偏差値の平均値と、文系 / 理系に分けて計算したものをもとにした偏差値の値が異なっていることがわかります。このように評価の仕方による違いを確認しながら、どんな方法がよいのかを考える癖を付けましょう。

文系・理系のくくり方って意味がある？

さて、次に進む前に、今採用した、文系科目、理系科目というくくり方についても再検討しておきましょう。これらのくくり方は、よく用いられる使い方ですが、なぜそれに違和感がないのでしょうか。それは「経験的に、文系科目の成績と理系科目の成績は、別の能力だ」という考えが、なんとなく世間で共有されているからです。ただし、**本当に国語が得意な学生は、英語や社会が得意なのか**と考えると、必ずしもそうはいえないかもしれません。

そこで、どの科目とどの科目の得点傾向が似ているか（例えば、国語ができる学生は、他のどんな科目で成績がよいのか）を確認する方法が必要になります。

次の節では、科目（変数）の類似性を評価する方法として、散布図と相関分析という方法を学習していきます。

LET'S TRY

演習

5 科目の成績データについて、ここまで解説した「偏差値」や「偏差値の平均」などの計算手順を確認しておきましょう。第 10 章 .xlsx を計算して、模範解答と同じになるかを確認しましょう。もし、難しい場合には、模範解答を見て、どんなセルにどんな式が入っているかを確認するだけでも、何をしているかの理解が深まりますので、少なくとも模範解答のシートの中身は確認しましょう。

SECTION

02 散布図から似ている評価を特定する

どの科目（変数）とどの科目（変数）が似ているかを判断するなんてできるんですか？

まずは、グラフで確認する方法を覚えましょう。散布図を使えば、傾向を簡単に確認できますよ。

散布図を描いてみよう

今回の 5 科目の成績データは、それぞれ 100 点満点の量的変数です（P.19 参照）。この量的変数同士の関係を視覚化するには、**散布図**というグラフを利用するのが便利です。「国語」と「英語」の成績について、散布図を描いてみましょう。

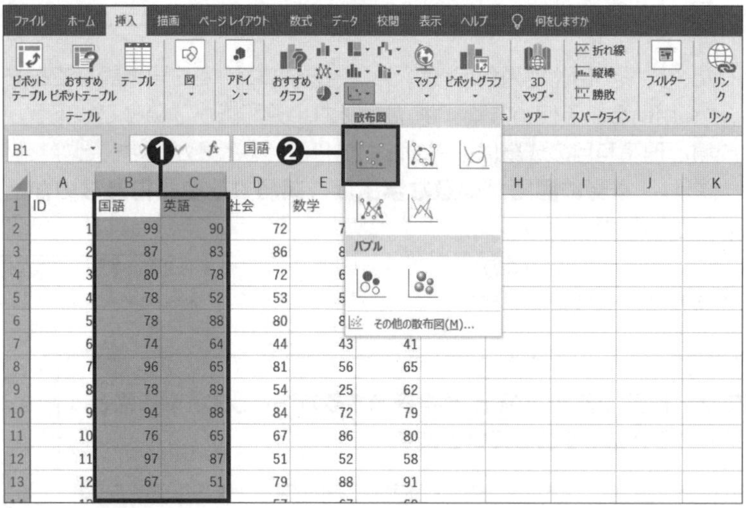

1 グラフ種類の選択

❶国語と英語の点数の範囲を選択（【B1:C51】）
❷《挿入》タブの《散布図（X,Y）またはバブルチャートの挿入》→《散布図》を選択

すると以下のような散布図が描かれます。なお、散布図は、選んだデータ範囲の左側が横軸に、右側が縦軸になります。この場合、横軸が「国語」、縦軸が「英語」で散布図が描かれます。

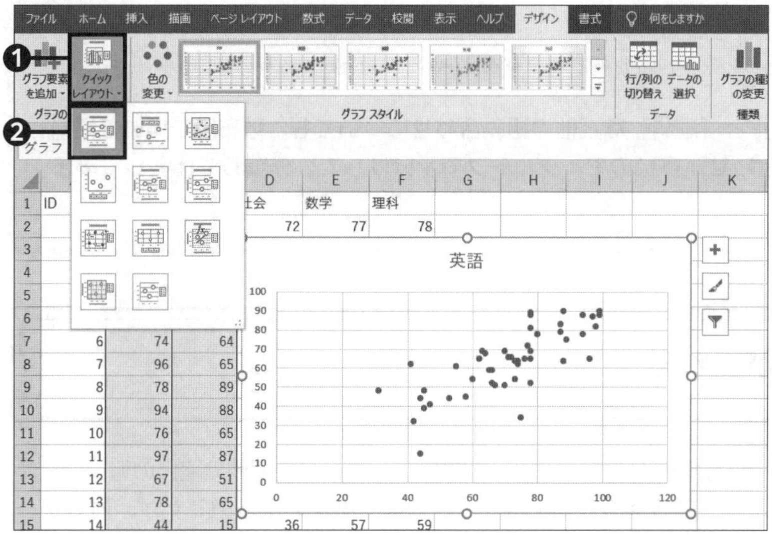

2 軸ラベルを追加

❶《デザイン》タブの《クリックレイアウト》をクリック
❷左上のレイアウトを選択
❸軸ラベルが追加されたら、クリックして「国語」「英語」などのラベルを入力

同じ手順で描いた「国語」と「数学」の散布図も並べておきました。これらを見て、何がわかるかを考えてから、読み進めましょう。

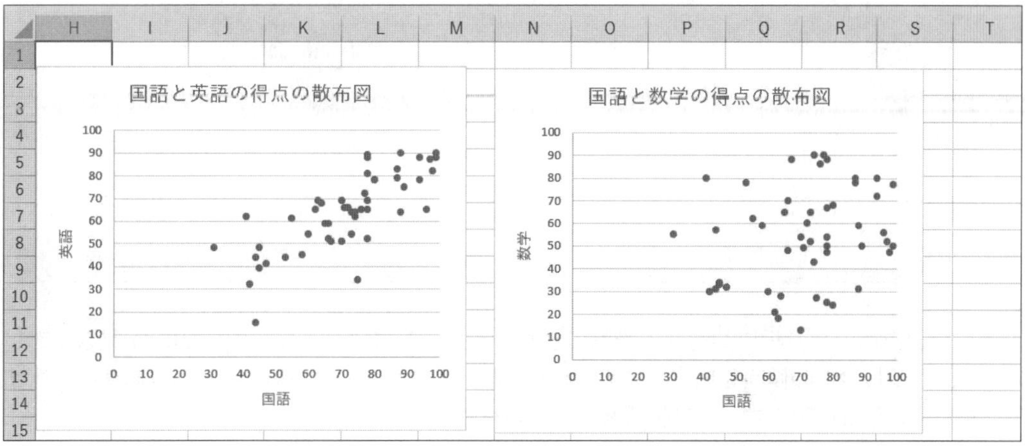

散布図を見ると、「国語の点数が高い学生は英語の点数も高く、逆に国語の点数が低い学生は英語の点数も低い」という右肩上がりの関係が見えると思います。それに対して、「国語」と「数学」では、成績に関連性があるようには見えません。この結果だけからでも、「国語と英語の成績は関連するから、まとめて得点化してもよさそうだが、国語と数学の成績はまとめないほうがよさそうだ」と感じられると思います。

このように関連性を視覚化することで、似た動きをする変数を検討できるようになります。

LET'S TRY
演習

「国語」と「社会」、「国語」と「理科」など他の組み合わせについても、散布図を描いて傾向を検討しましょう。組み合わせが多いので、グループで手分けして、作業して比較してみましょう。

縮尺の違いで印象が変わる

さて、他の人が作った散布図と比較する際に、注意が必要です。散布図の縦横の縮尺の違いで、関連性が強く見えたり、弱く見えたりするためです。以下は、国語と英語の散布図ですが、**同じデータでも縮尺の違いで印象が変わる**ことがわかります。

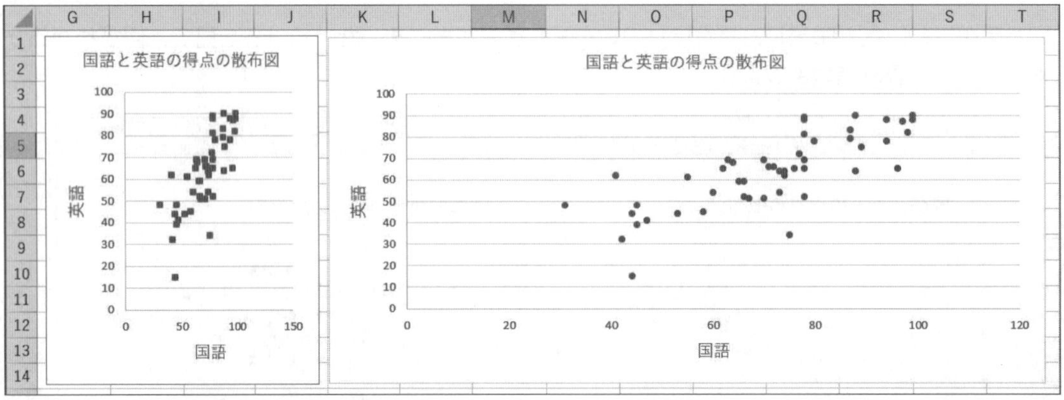

これはグラフを用いた分析に共通する課題ですが、デザインによって得られる印象が異なってしまいます。グラフは全体の傾向を把握しやすい反面、解釈の客観性に難があるという課題を持ちます。そこで、解釈に客観性を持たせる統計指標を併用するわけです。

散布図での関係性を表す指標としては、「相関（ピアソンの積率相関）」というものがよく使われます。

相関って何？

国語と英語の散布図を再度見てみましょう。2 科目に右肩上がりの関連性（傾向）が見えると思います。そこで、以下のグラフを見てみましょう。分析上は意味のないものですが、相関を理解するには役に立つ散布図で、「国語」と「国語」という同じ変数で描いたグラフです。

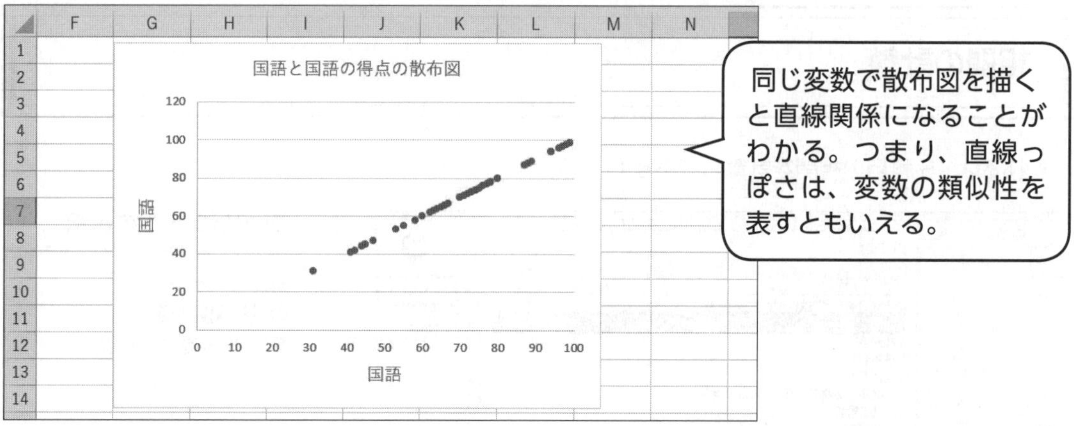

この直線関係が、変数間の類似性を表す点に着目したのが**「相関分析」**です。なお、相関にはいくつかの種類があるのですが、一般的に「相関」といった場合には、「ピアソンの積率相関」を示すことが多く、Excel での分析ツールの相関もこのピアソンの積率相関を示しています（以降「相関」と表記します）。

この相関分析によって得られた相関の強さを表す値を**「相関係数」**と呼びます。相関係数の絶対値（+、−を取り除いた値）は 0 から 1 の間をとります。完全に直線関係にある場合は「1」、まったく直線関係が見られない場合は「0」の値をとります。一般的には、以下のように判断されます。

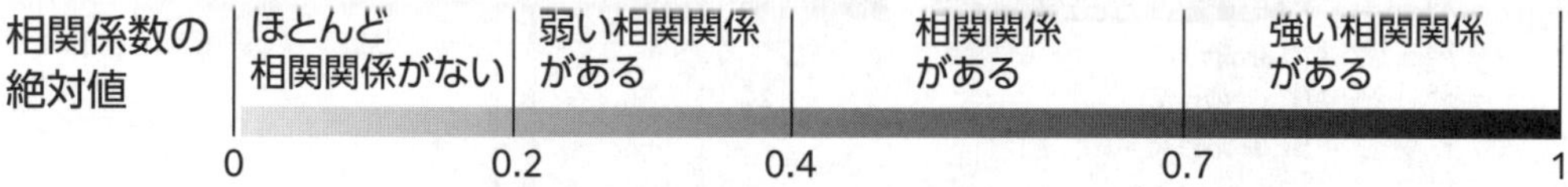

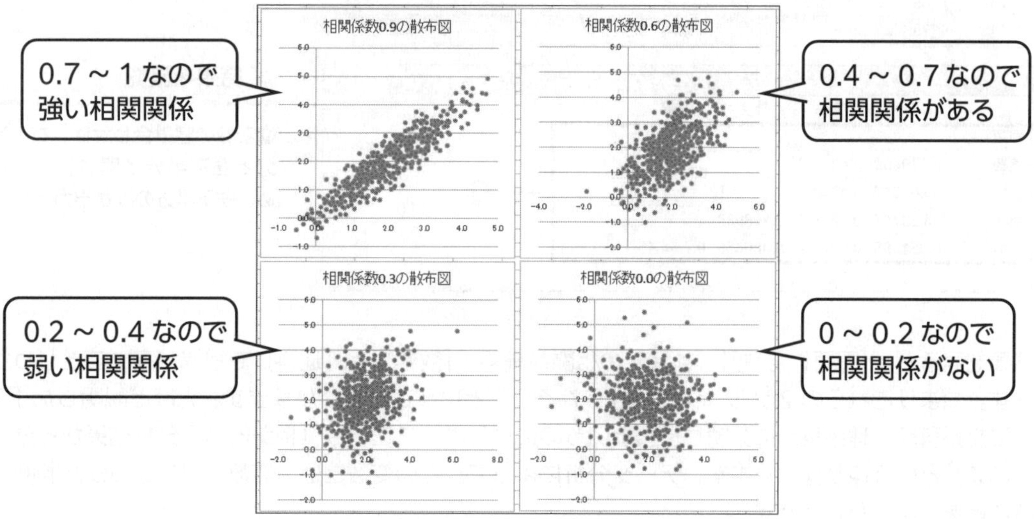

なお、直線関係は、右肩上がりの場合と右肩下がりの場合があります。右肩上がりの場合は相関係数が「+」、右肩下がりの場合は「-」になります。

相関の計算

それでは、5 科目の相関を計算してみましょう。

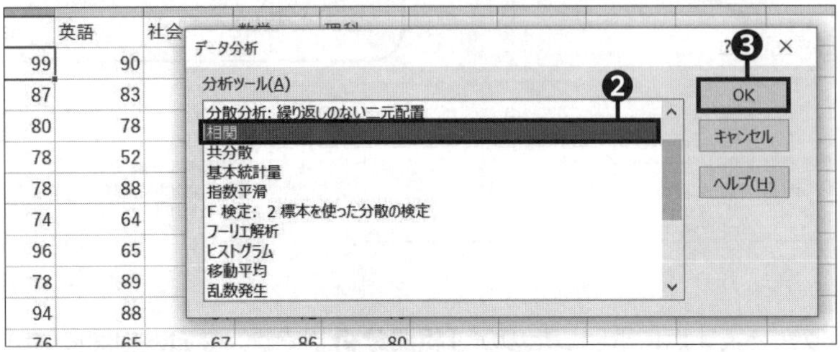

1 分析ツールの選択

❶分析ツールを表示
❷《相関》を選択
❸《OK》をクリック

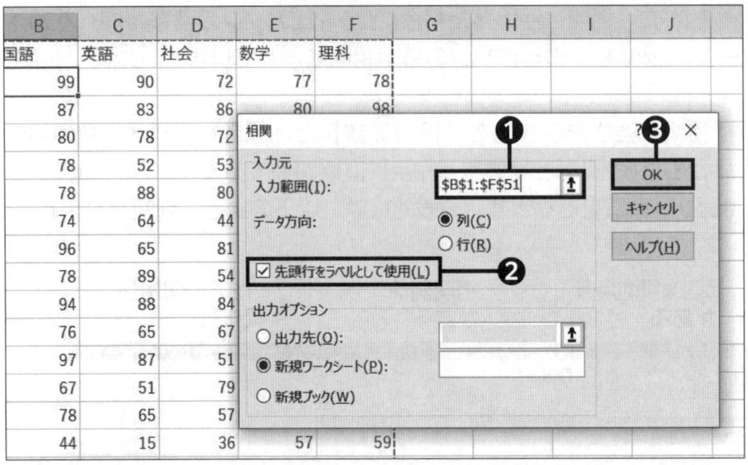

2 範囲の指定

❶《入力範囲》に点数の範囲を指定（【B1:F51】）
❷《先頭行をラベルとして使用》にチェックを入れる
❸《OK》をクリック

3 結果を確認

❶変数の組み合わせは、右上半分と左下半分が同じになるため、左下半分のみが出力される

結果を見ると、「国語」「英語」「社会」の相関が高く、「数学」と「理科」で相関が高いことがわかります。つまりこれらの 2 グループに分けられそうだということがわかります。先ほど説明した「意味的に文系科目、理系科目に分割した」というのに対して、ここでは「相関という分析結果から分類している」という点が異なります。データ分析によって、どの変数とどの変数が似ているかが判断できることを活用したわけです。

なお、「国語」「英語」「社会」とひとくくりにしましたが、「社会」と「英語」の相関はさほど高くはありません。念のため、散布図で確認すると、「社会」の点数が高くても、「英語」の点数が高いとは限らないことがわかります。これらをもとに、一緒にまとめていいかを考えていくことが必要になります。

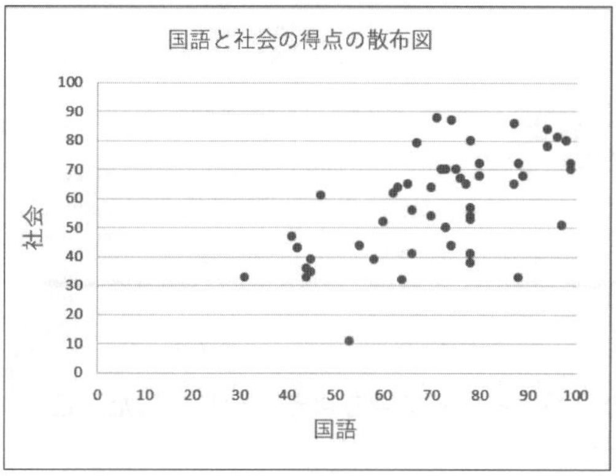

関係性があっても相関が 0 ？

相関を使ううえで、大切な注意点があります。（ピアソンの積率）相関は、あくまで**直線関係の程度**を表しているので、相関が0に近くても関係がないとは限りません。以下の事例を見れば明らかです。

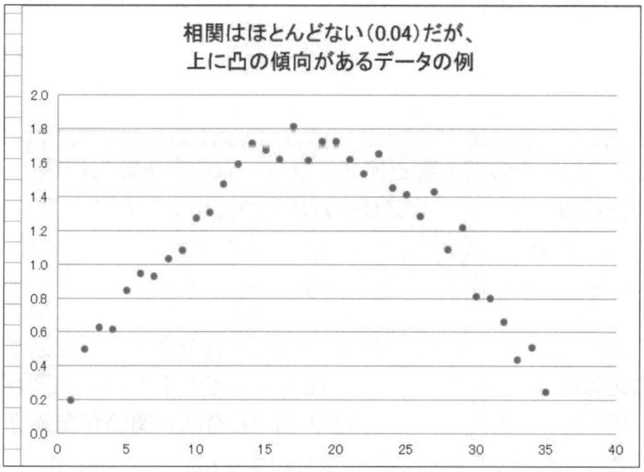

この例のように、**相関がほとんどない（相関が 0 に近い）場合でも、2 つの変数に関係がある**ことがあります。したがって、いきなり相関を計算して「相関が 0 に近いから、2 つの変数には関連性がない」と判断すると、本来ある関係性を見過ごす可能性があります。散布図を描き、全体の傾向がどうなっているのかを確認することが大切ですので、この点を忘れないようにしましょう。

LET'S TRY
演 習

先ほどの相関の計算では、5 科目の成績データを 100 点満点のまま計算しました。同じ手順で、5 科目の成績の偏差値で相関を計算してみましょう。その結果、そのままの値での相関と、偏差値で計算した相関が同じになることを確認しましょう（相関は、計算途中に平均や標準偏差の違いを加味するステップがあり、どちらから計算しても同じ結果になります）。興味がある人は、共分散と相関の関係を調べてみましょう。

SECTION

03 相関分析を応用しよう

散布図と相関から、２つの量的変数の関係性を分析できるようになりました。これらを応用する方法を考えてみましょう。

背後にあるものを想像しよう

２変数の量的変数の関係を考えるために、散布図や相関分析は、とても多用される分析です。では、次のような変数の関係に相関が見られたとしたらどう解釈するでしょうか。

QUESTION
Q

あるスーパーの売上データを分析したら、ビールの売上高とアイスクリームの売上高に相関があることがわかりました。「ビールが売れる日は、アイスクリームが売れている」という関係です。これからどんなことがわかるでしょうか。

この関係を見て、「アイスクリームをおつまみに、ビールを飲む」とか「ビールを飲むとアイスが食べたくなる」と因果関係があるように考えるのは、（そういう人はいるかもしれませんが）無理がある解釈だと感じると思います。実は、相関関係は、あくまで**２変数の（直線的な）関係がある**といっているだけで、どちらが原因になっているかといった視点は加味していません。

このように相関が高い関係があった場合、それぞれに直接的な関係があると考えるだけではなく、**背後に共通する要因があるのではないか**と考えることも大切です。

この例でいえば、「アイスクリームが売れた（結果）のは、その日が暑かった（原因）からだ」という関係と、「ビールが売れた（結果）のは、その日が暑かった（原因）からだ」という関係があり、２つの別の関係性に「その日が暑かった」という共通要因があったために、アイスクリームとビールとの売上に相関が見られたというわけです。

ビールとアイスクリームに相関がある？　　「暑かった」という共通要因があった

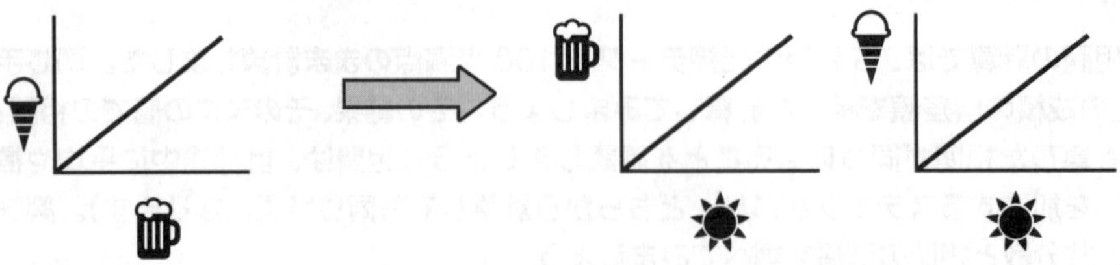

このように、共通要因を考える視点の先には、「相関の高い変数の背後にある共通要因を特定し、

得点化する」という分析が考えられます。Excelでは分析ツールに実装されていないため、専門ソフトが必要になりますが、「因子分析」や「主成分分析」と呼ばれる手法が、それに該当します。

この段階では、相関関係は、変数の直接的な関係を考えるだけではなく、背後の共通性を考えるためにも使えるということを覚えておくだけで十分です。

外れ値探しに、ラベル付き散布図を活用しよう

相関関係が強いと散布図は直線的な点の集まりになるのは、すでに学習しました。例えば、国語の点数が高いと英語の点数が高いといった具合に、右肩上がりの傾向が見られるというのが、先ほどの事例でした。この点を踏まえて、散布図を再度見てみましょう。

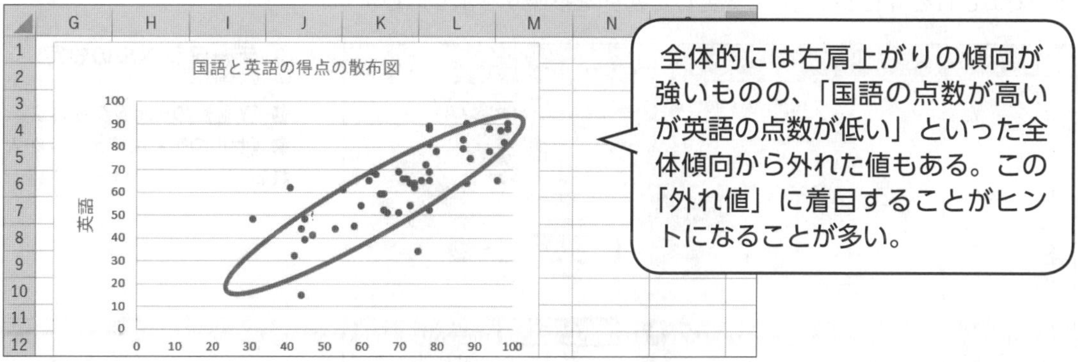

全体傾向に対して、外れている値に着目してみます。全体としては、国語と英語の関係が強いのに、「国語はできるけど、英語ができない」という学生がいることがわかります。相関が高いほど、この外れた値（外れ値）が目立つことになります。

その「外れ値」に着目すると、どうして全体傾向とは異なるのかを考えることになり、何かヒントを得るきっかけにできます。

そのためには、この外れ値がどの対象者（行）のデータなのかを簡単に特定できると便利です。ここでは、点にラベルを付けた**「ラベル付き散布図」**の描き方を学習し、外れ値を検討しやすくする方法をマスターしましょう。

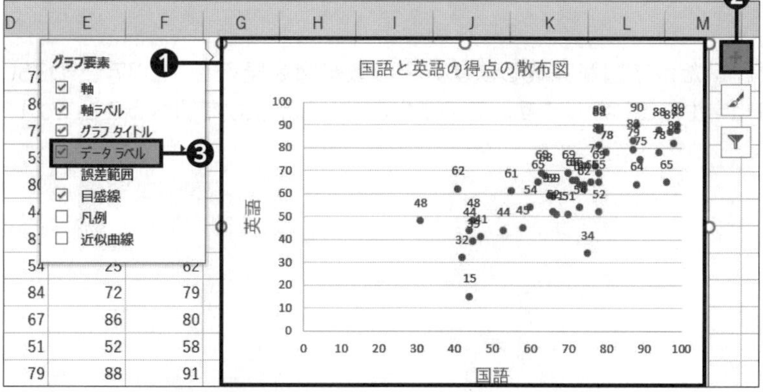

1 データラベルを追加

❶散布図をクリック
❷右の《+》アイコン（グラフの要素）をクリック
❸《データラベル》をチェック

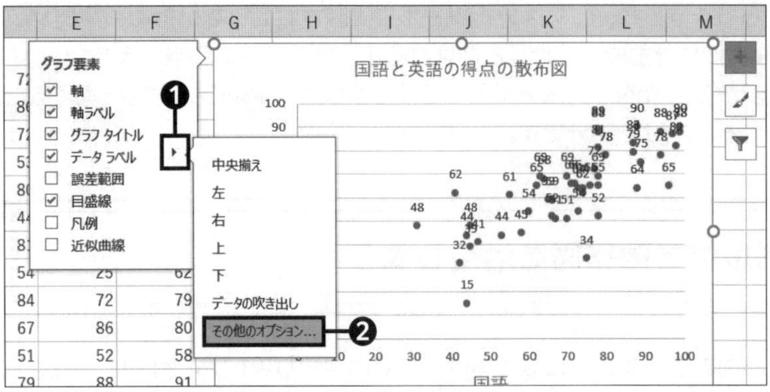

2 データラベルの設定

❶《データラベル》にマウスポインタを合わせて▶をクリック
❷《その他のオプション》をクリック

データラベルのオプションの設定画面が出ます。「ラベルの内容」の初期値は「Y 値」になっているので、これを「セルの値」に変更して A 列を参照するようにします。

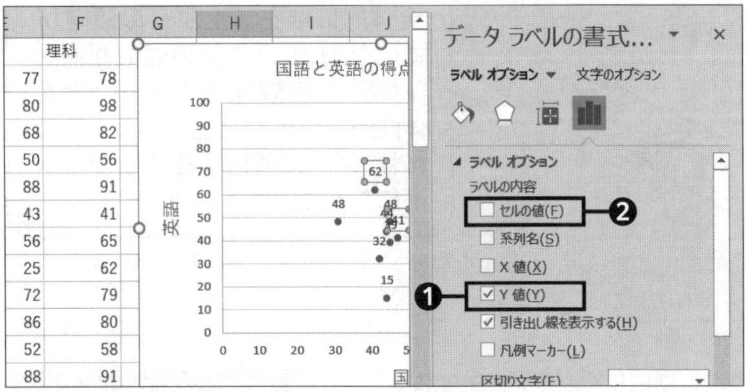

3 データラベルの設定

❶《Y 値》のチェックを外す
❷《セルの値》にチェックを入れる

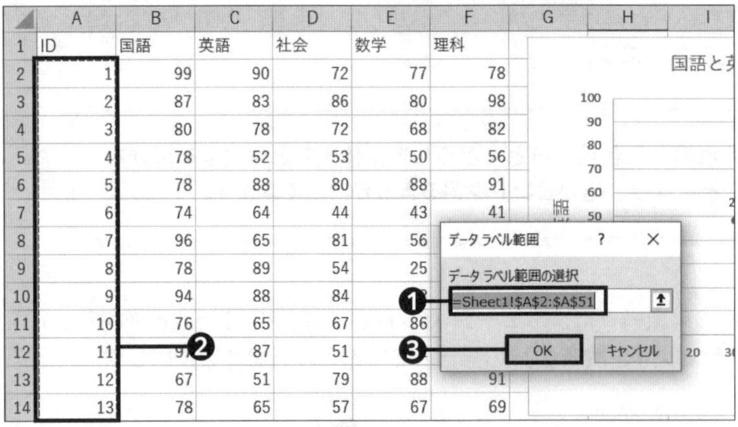

4 データラベル範囲の選択

❶《データラベル範囲の選択》をクリック
❷ラベルにしたいセルを指定（【A2:A51】）
❸《OK》をクリック

その結果、各点にラベルが付いた散布図が完成します。この散布図を見ると、ID37 や ID35、ID14 などが全体傾向から外れた学生だとわかります。この学生がどんな学生かを調べることで、ヒントを得ようというわけです。

	A	B	C	D	E	F
1	ID	国語	英語	社会	数学	理科
2	1	99	90	72	77	78
3	2	87	83	86	80	98
4	3	80	78	72	68	82
5	4	78	52	53	50	56
6	5	78	88	80	88	91
7	6	74	64	44	43	41
8	7	96	65	81	56	65
9	8	78	89	54	25	62
10	9	94	88	84	72	79
11	10	76	65	67	86	80
12	11	97	87	51	52	58
13	12	67	51	79	88	91
14	13	78	65	57	67	69
15	14	44	15	36	57	59

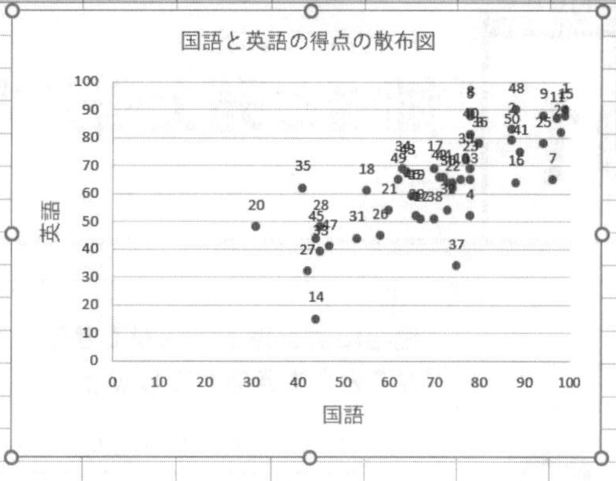

散布図から因果関係の分析に発展させる

ここまでは、あくまで 2 変数の関係を分析する方法でしたが、場合によっては、因果関係を想定した分析をしたいことも少なくありません。その場合、どちらかを原因変数、他方を結果変数とみなした分析をする必要があります。そのために使える 1 つの手法として、回帰分析があります。次章では、この回帰分析の仕方を学びながら、関係性を式の形で表すモデル分析について学習していきましょう。

LET'S TRY
演習

「国語」と「英語」以外の散布図についても、ラベル付き散布図を作成してみましょう。

SECTION 01

価格と売上個数の関係を分析しよう

価格による売上予測ができるって聞いたんですが、そんなことができるんでしょうか。

すでに勉強した直線関係に着目した回帰分析を利用すると予測ができます。

直線関係に因果関係を想定してみよう

今回分析するデータは、ある商品（飲料を想定）の販売価格と売上個数を日ごとに記録したものです。価格も売上個数も量的変数ですから、第 10 章で学んだ散布図を活用して関係性を視覚化してみましょう。

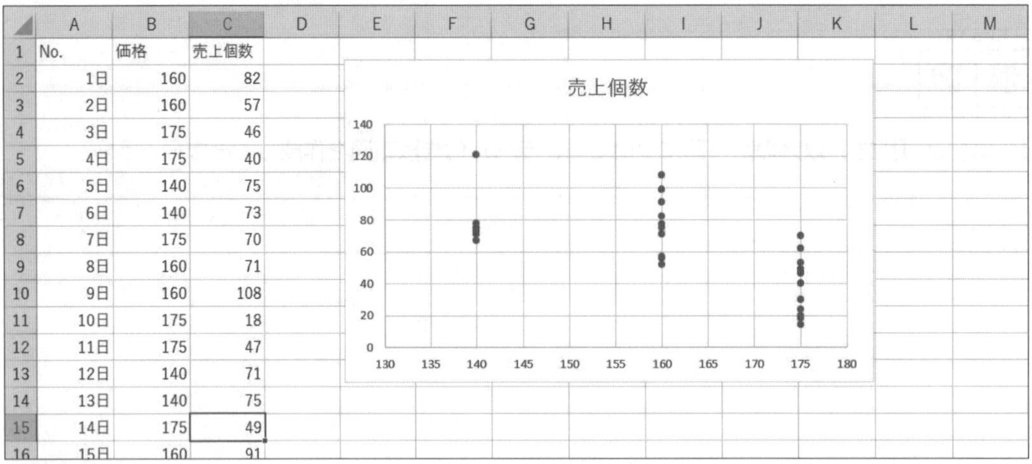

No.	価格	売上個数
1日	160	82
2日	160	57
3日	175	46
4日	175	40
5日	140	75
6日	140	73
7日	175	70
8日	160	71
9日	160	108
10日	175	18
11日	175	47
12日	140	71
13日	140	75
14日	175	49
15日	160	91

第 10 章の科目の点数では、因果関係（原因と結果の関係）を想定していませんでした。しかし、価格と売上個数には因果関係を想定できそうです。もし因果関係があるとしたら、どちらが原因変数といえるでしょうか？　おそらく「価格」が原因で、「売上個数」が結果に思えるはずです。それは、「価格を安くしたり高くしたら、それに応じて、売上個数が増えたり減ったりする」という関係が見えるからです。

このように因果関係を想定できるデータで散布図を描く場合、**横軸に原因変数、縦軸に結果変数**を割り当てます。こうすることで、横軸の値が大きくなったり小さくなったりする時に、縦軸の値がどう変わるかを確認できるようになります。

データ分析の世界では、因果関係を想定して変数を表す場合、**原因変数と結果変数を、x（原因）、y（結果）というアルファベットで表す**のが一般的です。そして、因果関係をわかりやすくするために、以下のように矢印を用いて表記することもあります。

y ← x ： 売上個数 ← 価格

相関分析では因果関係を検証できない？

では、ここまで分析した「相関分析」で、この因果関係を分析できるでしょうか。このデータで相関を分析すると以下のような値になります。

	A	B	C	D	E	F	G	H
1		価格	売上個数					
2	価格	1.000						
3	売上個数	-0.639	1.000					
4								

相関の値は -0.639 ですから、右肩下がりの直線関係があることがわかります。ただし、結論からいうと、**相関分析は因果関係を想定した分析にはあまり向いていません**。というのは、すでに勉強したとおり、相関は「価格と売上個数」でも「売上個数と価格」でも同じ値になる、つまり、どちらが原因でどちらが結果かを想定しないためです。したがって、相関分析では、両変数に直線関係がどの程度あるかといった点がわかるにとどまります。

直線を式で表すといろいろなことがわかる！？

さて、ここで「直線関係」という点に着目してみましょう。中学校で、直線を表す式を勉強したのを覚えているでしょうか。**1 次関数**と呼ばれる式でした。忘れてしまっていても、問題ありません。ここで直線を表す式について、復習しておきましょう。この 1 次関数（直線の式）をデータ分析で使ういろいろなことがわかるようになり、強力な武器となります。

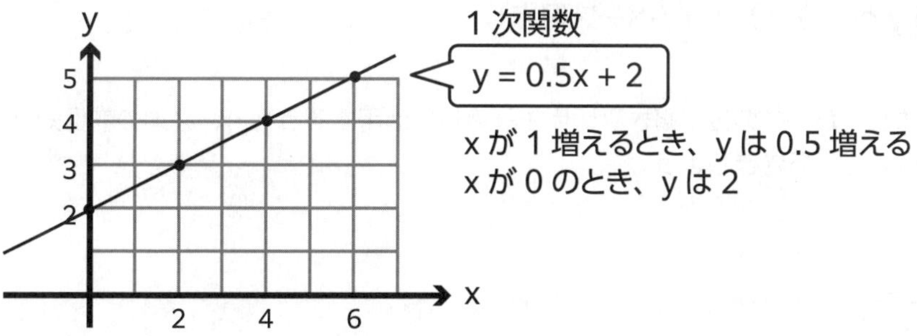

図のように、直線関係は **y = ax+b** で表すことができます。**x が原因変数、y が結果変数**です。

そして、中学校では a：傾き、b：切片と習ったと思いますが、a：傾きというのは、図を見ると、x が 1 単位動いた（増えたり、減ったりした）場合に y がどれくらい動いているかを表しています。つまり傾きとは「x から y への影響の仕方」を表していることになるわけです。

どうしてデータ分析にこの1次関数を当てはめたいのかを、具体的な事例で考えてみたいと思います。先ほどの価格と売上個数のデータに、直線を当てはめれば、以下のような数式を求めることになるでしょう。

売上個数 ＝ 傾き × 価格 + 切片

ここで傾きがわかれば、価格を1円（1単位）動かしたときに、売上個数がいくつ増えたり、減ったりするかがわかる、つまり**価格が売上個数に与える影響を具体化できる**ことになります。

データ分析の結果は、何かの問題解決に使うわけですから、もしこの傾きの値が特定できれば、「明日、今日より10個多く売りたい」としたら「いくら値引きをすればいいか」というように使うことができるはずです。次節では、この「傾き」の値を特定する方法を学習しましょう。

切片はベース得点

もう1つの「切片」という値についても意味を考えておきましょう。中学校では、xが0の時に直線がyを横切る値というような説明を受けたかもしれません。でも、これでは何の役に立つかよくわかりません。道具としてこの1次関数（y = ax+b）を解釈すると、b：切片はベース得点といえます。

それは、xにある値を入れる（例えば、100円）と、a:傾きの値× 100円で、axの値が計算できます。それに、b:切片の値を足せばy:売上個数の値になります。つまり、b:切片の値をベースの得点と考え、それに対して、axの値を足したり、引いたりすることでyの予測ができるということです。したがって、切片はベース得点と考えるとわかりやすくなります。

1次関数の式

y = ax + b

↓ a：傾き、b：切片

y =（傾き）x +（切片）

↓ 傾き：xからyへの影響、 切片：ベース得点

y =（xからyへの影響）x +（ベース得点）

数学的な話になりましたが、この後、傾きや切片を計算して活用するうえで、必須の前提知識ですので、ぜひ整理して理解しておきましょう。

LET'S TRY

演習

ここでは「価格」と「売上個数」を扱いましたが、因果関係を想定できるような変数の組み合わせにどんなものがあるか議論してみましょう。

SECTION
02 散布図に直線を当てはめてみよう

1 次関数とか、数式でいわれてもよくわからないんですが……。

それでは、実際のデータを使って直線を求めてみましょう。それで、1 次関数が理解しやすくなると思います。

散布図に直線を当てはめてみよう

まずは、先ほど作成した散布図を見てみます。全体的に右肩下がり、つまり価格が上がると売上個数は減るという（当たり前といえば当たり前の）関係が確認できます。では、この散布図に直線を当てはめてみましょう。

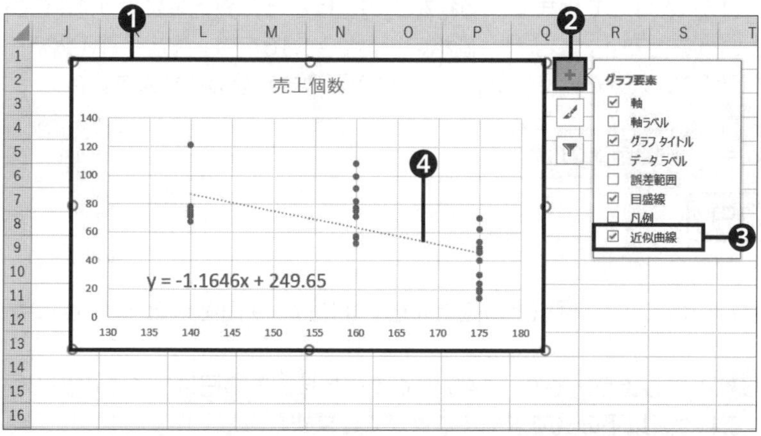

1 近似曲線の表示

❶散布図をクリック
❷《+》アイコンをクリック
❸《近似曲線》にチェックを入れる
❹近似曲線が表示される

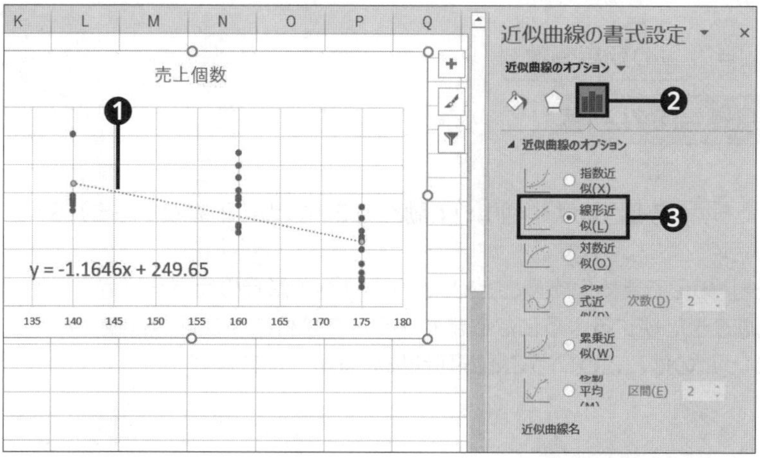

2 近似曲線の書式設定

❶近似曲線をダブルクリック
❷《近似曲線のオプション》をクリック
❸《線形近似》を選択

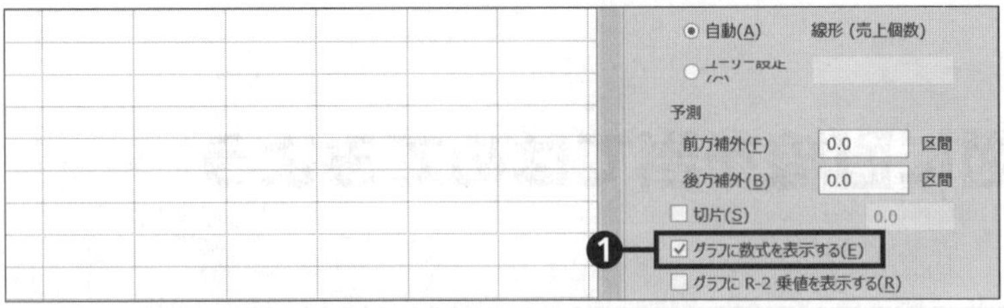

3 近似曲線の書式設定

❶《グラフに数式を表示する》にチェックを入れると数式が表示される

これで、価格と売上個数の関係を直線で表す分析ができたわけです。

なお、一点重要な注意点があります。先ほど学習したとおり、散布図では、横軸が原因変数、縦軸が結果変数となるので、Excel もそのルールにのっとり、横軸の「価格」を x、縦軸の「売上個数」を y として式を計算します。散布図を描く際に、軸を逆にしてしまうと y と x が逆になった式を計算してしまうので、注意しましょう。

得られた式を活用してみよう

ここで得られた式（1 次関数）に着目してみます。図の式を以下のように変数名を変えてみるとわかりやすくなります（傾きや切片の値は、四捨五入してあります）。

売上個数 ＝ -1.16 × 価格+249.65

まずは、傾きの値ですが「-1.16」となっています。価格を 1 円上げると、売上個数は 1.16 個少なくなる（マイナスになる）ということです。つまり、価格の影響は -1.16 です。もし、10 個多く売りたいとしたらいくら価格を下げればいいでしょうか？　これは以下の式で求められます。

yの期待変化分 ÷ 傾き ＝ 動かすxの値

10個÷(-1.16) ≒ -8.62円

価格は 1 円単位でしか動かせないので、10 個以上の売上を増やすには、9 円価格を下げる必要があるということです。

次はこの式を、予測に活用してみましょう。もし、140 円で売ったら、その日はいくつの売上個数を期待できるでしょうか？　これは、以下の式で求めることができます。

傾き × 想定価格+切片 ＝ yの期待個数

(-1.16) ×140円+249.65 ≒ 87.25個

この式から、140 円で売ったら、（売上個数は 1 個単位で動くので小数点以下を取り除き）87 個強売れることが期待できるということになります。

このように 2 つの変数を「式」の形で具体化することで、x から y への影響の仕方を特定できたり、任意の x の値での y の値を予測できたりするようになります。データ分析に 1 次関数を使えるようになると強力な武器になるといったのは、こういうことが可能になるからです。

SECTION

03 予測では説明できない部分に注目しよう

直線を当てはめて予測するというのは便利そうですが、散布図を見ると結構外れている気がするのですが……。

するどい！　完全に予測できる式が求まるとは限らないんです。どれくらい説明できる式なのかなどもわかるようにしましょう。

予測できない部分を計算しよう

ここまでの学習で、予測に使える式（y=ax+b）を求めることができました。これを用いて、実際のデータに予測値を追記し、予測と実際との関係を分析してみましょう。まずは、以下の図のように、D列に「予測売上個数」を計算していきます。

ここでの予測値は、任意のx（価格）での予測ではなく、実際のデータのxを用います。例えば、1日目はその商品は、160円で売られていました（セル【B2】の値を確認）。そして、160円で売った1日目は82個売れていた（セル【C2】の値を確認）のが、実際の値です。そこで、この日の予測値として160円で売った時の予想売上個数を以下の式で求めていきます。

予測売上個数 ＝ (−1.16)×160円+249.65 ＝ 64.05個

これをデータのすべての行（30行）について計算していきます。以下の図のように予測値を求めていきましょう。

	A	B	C	D	E	F	G	H	I
1	No.	価格	売上個数	予測売上個数			傾き	切片	
2	1日	160	82	=$G$2*B2+$H$2			-1.16	249.65	
3	2日	160	57	64.05					
4	3日	175	46	46.65					
5	4日	175	40	46.65					
6	5日	140	75	87.25					
7	6日	140	73	87.25					
8	7日	175	70	46.65					
9	8日	160	71	64.05					
10	9日	160	108	64.05					
11	10日	175	18	46.65					
12	11日	175	47	46.65					
13	12日	140	71	87.25					
14	13日	140	75	87.25					
15	14日	175	49	46.65					

1 売上を予測する

❶セル【G2】に先ほど求めた傾きの値を、セル【H2】に切片の値を入力
❷セル【D2】に「=$G$2*B2+$H$2」と入力し、予測値を求める
❸この値をセル範囲【D3:D31】にコピー＆ペースト

すると、140円の日は87.25個、160円の日は64.05個、175円の日は46.65個というよう

に予測売上個数が計算されていることがわかります（注意：ここでは傾きと切片の値を小数第 3 位で四捨五入して、第 2 位まで表示していますので、予測は近似値です）。

さて、再度データを眺めると、同じ 160 円で売った日でも、実際の売上個数が 82 個だったり、57 個だったりとさまざまな値になっていることがわかります。つまり、予測個数以上のこともあれば、予測個数以下のこともあるという具合です。そこで、この予測の外れ方を計算してみましょう。「実際の値ー予測値」のことを**「残差」**と呼びます。

	A	B	C	D	E	F	G	H	I
1	No.	価格	売上個数	予測売上個数	残差				
2	1日	160	82	64.05	=C2-D2 ❶				
3	2日	160	57	64.05	-7.05				
4	3日	175	46	46.65	-0.65				
5	4日	175	40	46.65	-6.65				
6	5日	140	75	87.25	-12.25				
7	6日	140	73	87.25	-14.25				
8	7日	175	70	46.65	23.35				
9	8日	160	71	64.05	6.95 ❷				
10	9日	160	108	64.05	43.95				
11	10日	175	18	46.65	-28.65				
12	11日	175	47	46.65	0.35				
13	12日	140	71	87.25	-16.25				

1 残差を求める

❶ セル【E2】に「=C2-D2」と入力し、残差を求める

❷この値をセル範囲【E3:E31】にコピー＆ペースト

残差を見ると、3 日目(-0.65)のようにほぼ予測と一緒(残差が少ない)日もあれば、7 日目(23.35)のように予測から大きく外れている（残差が大きい）日もあります。この点に着目する方法についてもポイントを押さえておきましょう。

残差とは、分析に採用した x では説明できない部分だ

ここまでの手順で明らかなとおり、残差は、分析に採用した x では説明できない部分を示しています。ここでは、売上個数の増減について、価格では説明できない部分ということです。ということは、ここまでの分析を用いると、y（売上個数）について、「価格で説明できる部分」と「価格では説明できない部分」を分離できるということになります。いい換えれば、採用した原因変数（x：価格）をフィルターとして用いて y を濾したときに、残った部分というのが「残差」ということになります。

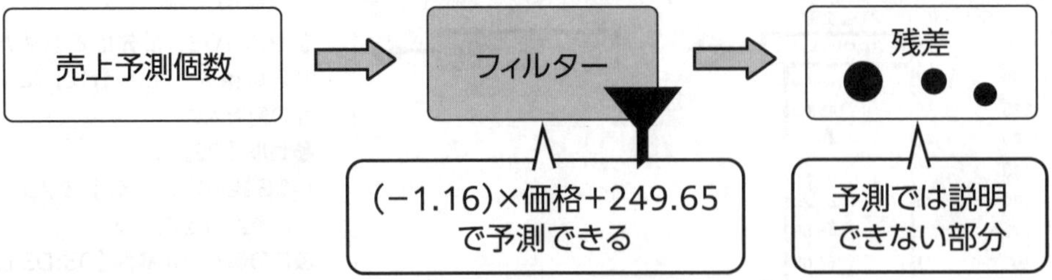

実はこれはデータ分析上、重要な視点です。分析する側は、y を説明できる x を想定してデータを集めて分析するので、ある意味では分析結果は想定の範囲の結論にとどまります。この場合であれば、「売上個数が価格の高低で説明できる」というのは想定の範囲で、（もちろん具体的な傾きや切片が求まり予測ができるという価値はあるものの）予測値を見るだけでは、何か新しい発見があることはまれです。

それに対して、残差に着目すれば「想定していた価格からの影響では説明できない部分」に着目

することによって、ヒント（新しい発見）が得られる可能性があります。この場合であれば、7日目（23.35）がなぜ予測よりも多く売れたのかを店舗に確認したら「その日は、折り込みチラシを入れた日だ」というような知見が得られるかもしれません。

このように残差に着目することで、想定した範囲と想定では説明できないものを分離できるということを覚えておいてください。

x で説明できる部分かどれくらいあるのか

個々の残差に着目することで、ヒントを得るという活用の仕方を学習しました。それでは、残差を総合的に判断し、このデータでは、想定した原因変数（価格）で、結果変数（売上個数）の増減のどれくらいを説明できるのかを考えていきましょう。その際に用いるのが **「R^2（決定係数）」** という値です。これも散布図に直線を追記（近似曲線の追加）することで、分析できます。

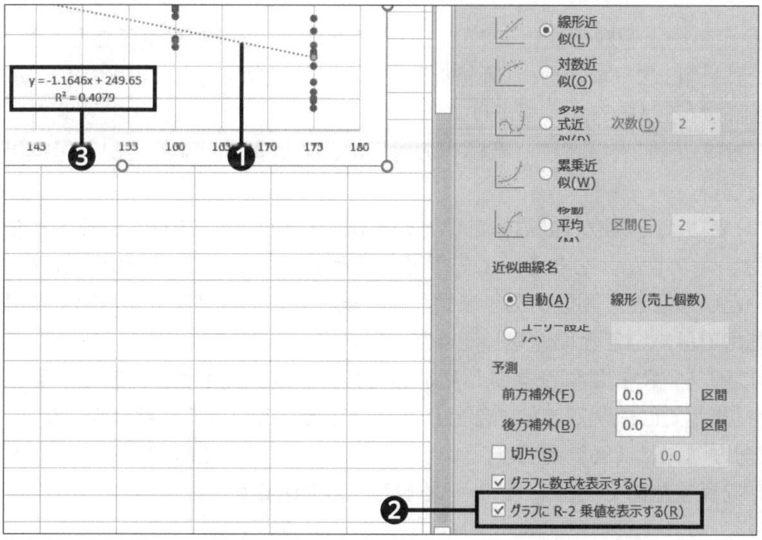

1 R-2 乗値の表示

❶近似曲線をダブルクリック
❷《グラフに R-2 乗値を表示する》にチェックを入れる
❸ R^2 という値が表示される

式に加えて R^2=0.4079 という値が追記されます。この R^2 は **R-2 乗値（決定係数）** と呼ばれる値で、式がどれくらい実際のデータを説明できているかを示しています。

R^2 は 0 から 1 の値をとります。1 に近いほど実際の値と予測値との当てはまりがよく、0 に近いと当てはまりが悪いことを示しています。

今回は、価格で売上個数を予測しているので、R^2 は価格で売上個数を示す式（直線）の当てはまりのよさを示しています。なお、この当てはまりのよさは、求めた式（直線）で実際の値をどれくらい説明できるかということを示していることにもなるので、R^2 は **式の説明力** とも解釈できます。そして R^2 は 0 から 1 の値をとることから、R^2 は用いた式（直線）で、実際の値をどれくらい説明できるかの割合と考えることができるわけです。

ここでは R^2 の計算方法は割愛しますが、興味がある人は計算方法を調べてみましょう。y のばらつきと予測値のばらつきの比率から計算していることがわかり、なぜ R^2 が説明力なのかを理解することができます。

では、実際の例を見てみましょう。R^2 は 0.4079 ですから、原因変数 x に価格（だけ）を用いた式の予測で、実際の y（売上個数）の動き（増減）の 4 割程度（40.79%）が説明できていることがわかります。このように R^2 を計算することで、全体として、x で説明できる部分がどれくらいの割合なのかを数値として判断できることになります。

R^2（決定係数）が 0.4 は小さい？　大きい？

R^2 を勉強すると、必ず「R^2 はいくつ以上にならなければだめですか？」という質問が出ます。これに対する答えは **「R^2 はいくつ以上でなければならないというような指標ではありません」** というのが回答になります。

というのは、皆さんがある商品の売上個数の変化について「価格だけで 40%も説明できるんだ」と感じれば、R^2 は大きいという評価になりますし、「価格だけで 40%しか説明できないんだ」と感じれば、R^2 は小さいという評価になるからです。つまり、R^2 はあくまで用いた原因変数で説明できる y の動きを割合として示しているだけで、「良い、悪い」の解釈は、分析者側がするという指標だということを覚えておいてください。

書籍などによっては、R^2 は 0.9 以上でなければならないというような説明がなされていることもありますが、これは正しいとはいえません。もちろん、先ほど見たとおり、R^2 は 1 に近いほうが説明力（式のあてはまり）はよいということは間違いありませんが、繰り返しになりますが、いくつ以上でなければならないというものではないことに注意してください。

さて、R^2 の値を 1 から引いた値（$1\text{-}R^2$）は何を意味しているでしょうか。先ほど、分析をすることで、「想定していた部分」と「想定では説明できない部分」を分離できるということ学びましたが、$1\text{-}R^2$ は、**「まだ説明すべき部分が $1\text{-}R^2$（%）ある」** ということになります。この説明できない部分を説明できる変数（切り口）を探すためにも、$1\text{-}R^2$ を考えることも大切です。

式の当てはめと「回帰分析」

ここまでデータに直線を当てはめるという分析をしてきました。実は、このデータに直線をあてはめる分析を **「（単）回帰分析」** と呼びます。そして、求めた式を **「回帰式」** と呼びます。

Excel では散布図を使った回帰分析以外にも、より詳細に分析できる回帰分析の仕方として、分析ツールを用いた方法があります。次節では、分析ツールによる回帰分析について学習しましょう。

なお、ここで回帰分析の頭に（単）と付けたのは、原因変数 x が 1 つの場合に直線を当てはめる方法を **「単回帰分析」** といい、原因変数を複数にした場合 **「重回帰分析」** と呼ぶためです。この「単」「重」を取り除いて「回帰分析」というのが一般的で、Excel でも「回帰分析」と表記されます。散布図に直線を当てはめる方法では、単回帰分析（x が 1 つ）だけしかできませんが、分析ツールを用いると重回帰分析（x が複数個）もできるようになります。

SECTION
04 分析ツールを使って回帰分析をしてみよう

いつも、散布図を書くのって大変ですね。

回帰分析は、Excel の分析ツールでも計算できるので、その使い方を覚えておきましょう。

「分析ツール」で回帰分析を行おう

分析ツールから「回帰分析」を選択し、データ範囲を指定して分析します。

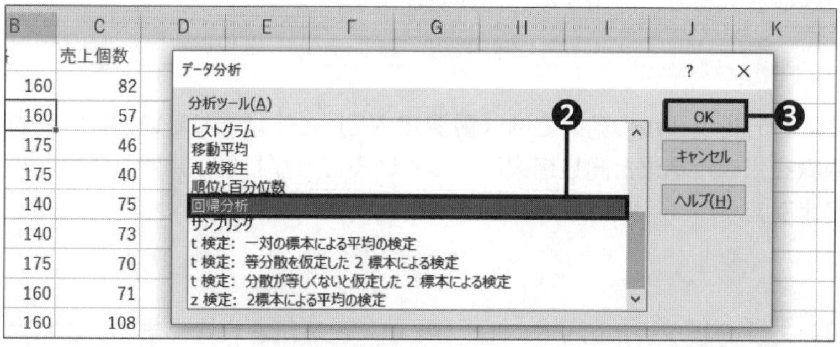

1 分析ツールの選択

❶分析ツールを表示
❷《回帰分析》を選択
❸《OK》をクリック

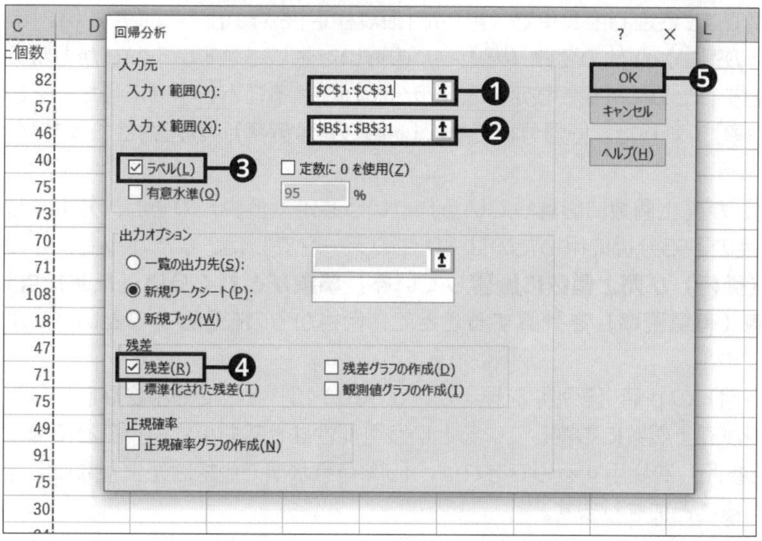

2 範囲の指定

❶《入力 Y 範囲》に結果変数（売上個数）のデータ範囲（【$C$1:$C$31】）を指定
❷《入力 X 範囲》に原因変数（価格）のデータ範囲（【$B$1:$B$31】）を指定
❸《ラベル》にチェックを入れる
❹《残差》にチェックを入れる
❺《OK》をクリック

出力は縦に長く出力されていますので、ここでは上部と下部とに分けてみていきましょう。まずは上部の出力で見るべき部分を学習します。いろいろな値が出力されていますが、まずは、3 か所の指標を活用できればいいでしょう。

	A	B	C	D	E	F	G	H	
1	概要								
2									
3	回帰統計								
4	重相関 R	0.638644							
5	重決定 R2	0.407866	❷						
6	補正 R2	0.386719							
7	標準誤差	20.34637							
8	観測数	30							
9									
10	分散分析表								
11		自由度	変動	分散	観測された分散比	有意 F			
12	回帰	1	7984.173	7984.173	19.28661748	0.000146			
13	残差	28	11591.29	413.9748					
14	合計	29	19575.47						
15		❶			❸				
16		係数	標準誤差	t	P- 値	下限 95%	上限 95%	下限 95.0%	上限
17	切片	249.6472	42.76834	5.837197	2.83856E-06	162.0403	337.2542	162.0403	337.
18	価格	-1.16461	0.265187	-4.39165	0.000145899	-1.70782	-0.6214	-1.70782	-0.

3 分析結果の確認

❶係数：切片と価格（傾き）
❷ R^2：決定係数
❸ P- 値：有意確率（p 値）

❶係数：切片と価格（傾き）

1 つ目は「係数」の部分です。これは、先ほど散布図に直線を当てはめて求めた「切片」と「傾き」の値です。グラフでは小数点以下の設定ができませんが、分析ツールでは小数点以下が細かく計算されるので、必要に応じた桁数で四捨五入して、活用することができます。

❷ R^2：決定係数

2 つ目は「R^2：決定係数」です。分析ツールの結果では**「重決定 R2」**と表示されています。これも散布図に近似曲線の追加で直線を求めた結果と同じ結果になっていることがわかります（これも小数点以下が細かく計算されています）。

❸ p 値：有意確率

3 つ目が**「p 値（有意確率）」**で、分析ツールの結果では「P- 値」と表示されています。これは散布図では求められなかった値です。ここで第 8 章で学習した「仮説検定」を思い出してください。「ある変数（A 店、B 店というお店の違い）が他の変数（売上高）の違いを生じさせているか」がどれくらい「たまたま」なのかを判断するために「仮説検定」という分析が使えることを学びました。そこで着目したのが「p 値（有意確率）」でした。回帰分析でも、「p 値（有意確率）」が出力されますが、この意味を確認しましょう。

ここでは、「原因変数（価格）が売上個数に影響している」という想定（仮説）のもと、分析をしてきました。そして、その想定の下で分析に用いたのは 30 件のデータでした。したがって、この 30 件のデータで**「原因変数（価格）が売上個数に影響している」事象がどれくらい「たまたま」起きるのかを計算する＝ p 値（有意確率）を計算する**ことで、価格からの影響があるといってよいかを検証しようというわけです。

今回、価格の係数の行（18 行目）の p 値（E 列）を見ると、「0.000146」ととても小さな値になっている、つまり「たまたま価格が売上個数に影響しているという可能性はとても小さい」ことになります。5%有意水準（第 8 章を参照）を採用するのであれば、「5%有意水準で価格は売上個数に影響しているといえる」と判断できることになります。

実は、回帰分析で p 値（たまたま度）を確認することは重要です。というのは、データ数が少なければ、p 値が大きくなり（たまたま度が増してしまう）、その関係（価格が売上個数に影響していること）とはいいにくくなるからです。

一部のデータでものを主張する場合、このたまたまである可能性を踏まえた主張をすることで、結果が客観性を持ちます。ぜひ p 値を計算できる分析ツールによる回帰分析の方法もマスターしましょう。

残差も一緒に確認しよう

分析ツールでの「回帰分析」で「残差」にチェックを入れておくと、出力に以下のように「残差出力」が追加されます。

	A	B	C	D	E	F	G	H
22	残差出力							
23								
24	観測値	予測値: 売上個数	残差					
25	1	63.30974	18.69026					
26	2	63.30974	-6.30974					
27	3	45.8406	0.1594					
28	4	45.8406	-5.8406					
29	5	86.60193	-11.6019					
30	6	86.60193	-13.6019					
31	7	45.8406	24.1594					
32	8	63.30974	7.69026					
33	9	63.30974	44.69026					
34	10	45.8406	-27.8406					

これは、前節で計算した各行の x（価格）での y（売上個数）の予測売上個数、残差と同じ結果になります（ただし、前節では、係数を小数第 3 位で四捨五入していますので、若干値は異なります。分析ツールでは係数を四捨五入していないので、より正確な予測値が求まります）。

このように量的変数の関係に直線関係があるのであれば、回帰分析によってその式の形を具体的に求められ、そして、どれくらいの説明力があるのかを分析できることになります。

回帰分析での注意点

なお、最後に回帰分析の注意点を 2 つ挙げておきますので、回帰分析を誤用しないようにしっかり押さえておきましょう。

1) 回帰分析は、直線関係（線形関係）の当てはめである

ここまで見たとおり、あくまで回帰分析では、y=ax+b という式を当てはめていますので、直線関係にないデータへの適用には向いていません。そのため、回帰分析を行う前には、散布図で関係の形を確認する癖を付けることが大切です。

2) y と x を逆にしたら式の形が変わる

以下、y を価格、x を売上個数にした結果です。実は、原因と結果を入れ替えても、R^2（決定係数）の値は変わりません。

	A	B	C	D	E	F	G	H	I	J
1	概要									
2										
3	回帰統計									
4	重相関 R	0.638644								
5	重決定 R2	0.407866								
6	補正 R2	0.386719								
7	標準誤差	11.15747								
8	観測数	30								
9										
10	分散分析表									
11		自由度	変動	分散	観測された分散比	有意 F				
12	回帰	1	2400.973	2400.973	19.28661748	0.000145899				
13	残差	28	3485.694	124.4891						
14	合計	29	5886.667							
15										
16		係数	標準誤差	t	P-値	下限 95%	上限 95%	下限 95.0%	上限 95.0%	
17	切片	182.5669	5.386809	33.89148	2.82231E-24	171.532542	193.601299	171.532542	193.601299	
18	売上個数	-0.35022	0.079746	-4.39165	0.000145899	-0.513569791	-0.1868648	-0.5135698	-0.1868648	
19										

それでも、価格が結果変数で、売上個数が原因変数とした分析には、違和感があると思います。それは、売上個数が増えれば、価格が下がるというのは（長期的にはあり得るかもしれませんが）、日々のデータでの想定としては不自然だからです。このことからわかるのは、回帰分析をしただけでは、何が原因変数なのか（因果関係があるのか）を断言できないということです。それは、R^2 が 1 に近くても同じことです。

つまり、データ分析に統計学を使うときの問題は、分析には分析者側が想定したストーリー（仮説）が必要ということです。統計学的に有意（p 値が小さく）、R^2 が 1 に近くても、それが、仮説として自然（あり得そう）でなければ、因果関係を分析したことにはなりません。ですから、分析する際には、理論的にその因果関係が成り立つかを考えながら、分析を進めましょう。

LET'S TRY
演習

第 11 章練習問題 .xslx を用いて、回帰分析を行ってみましょう。その結果、何がいえそうかを話し合いましょう。

COLUMN

直線以外の傾向にも式をあてはめてみよう

P.139 では、散布図に「近似曲線」を追加する方法で、直線（回帰式）を当てはめてみました。ここまで勉強したとおり、直線を表す式「ｙ＝ａｘ＋ｂ」をあてはめる回帰分析を使うと、ｘからｙへの影響を分析できました。

ただし、実際のデータは、必ずしも直線関係ばかりとは限りません。例えば、アイスクリームの売上個数をその日の最高気温で説明することを考えてみましょう。暑くなるほど、急に売上が増えると予想されます。

以下は横軸に最高気温、縦軸にアイスクリームの売上個数をとった散布図です。点の傾向は、直線というよりは、曲線を描いて急増しているように見えます。

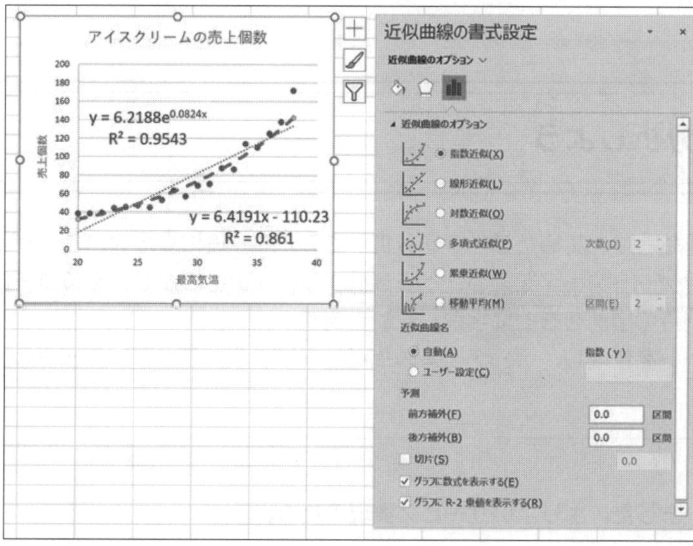

このような場合、直線以外の式を当てはめたほうがいいかもしれません。この例では、指数関数という式をあてはめてみました。Excel では、近似曲線の追加の際に、式の形をいろいろ指定できます。ここでは指数関数とは何かについては割愛しますが、このように直線以外の式を当てはめる分析もあることを知っておくと、分析の幅が広がります。

SECTION 01

満足度調査データを集めよう

アンケート調査データを分析するコツを知りたいです。

いろいろポイントがありますので、満足度調査を作りながら、勉強していきましょう。

満足度調査データを分析しよう

なんとなく作ったアンケートをもとに、集めたデータを分析してみても、役に立たないことが多いものです。ここでは、どんなアンケートデータを集め、どう分析するのがいいのかを、あるコーヒーショップが実施した顧客満足度調査の事例をもとに学習していきます。

まずは、以下のようなアンケートを作成し、データを集めたとしましょう。このアンケートの目的を考えながら、話を進めていきます。

本日はご来店ありがとうございました。よりよいサービス実現のため、
アンケートにご協力ください。

Q1 以下の項目について、
それぞれ満足度を５点満点（満足なら５、不満なら１）でお答えください。

	満足		どちらともいえない		不満
おいしさ	5 ・	4 ・	3 ・	2 ・	1
メニューの豊富さ	5 ・	4 ・	3 ・	2 ・	1
支払い方法の豊富さ	5 ・	4 ・	3 ・	2 ・	1
お店の静かさ	5 ・	4 ・	3 ・	2 ・	1
席の座りやすさ	5 ・	4 ・	3 ・	2 ・	1

この調査票でデータを集め、ここまで学習したとおり、行に回答者、列に変数（評価基準）とすると以下のようなデータになります。調査票とデータとの対応を確認しましょう。

	A	B	C	D	E	F	G	H	I	J	K	L	M	N	O
1	ID	満足度_おいしさ	満足度_メニューの豊富さ	満足度_支払い方法の豊富さ	満足度_お店の静かさ	満足度_席の座りやすさ									
2	1	4	3	3	3	5									
3	2	5	5	5	4	3									
4	3	3	2	4	3	3									
5	4	5	3	3	3	3									
6	5	4	2	3	2	2									
7	6	5	3	3	4	5									
8	7	5	4	3	4	3									
9	8	4	4	3	3	4									
10	9	4	3	4	3	2									
11	10	4	3	2	3	3									
12	11	3	3	3	2	3									
13	12	3	3	4	3	2									
14	13	3	3	4	4	3									
15	14	5	3	3	4	2									

今回は、200件のデータを集めて分析することとします。200件のデータを眺めていても全体像がわかりにくいので、すでに学習した平均で要約してみます。以下は平均値の結果です。ここから何がわかるでしょうか。

	A	B	C	D	E	F	G
1		満足度_おいしさ	満足度_メニューの豊富さ	満足度_支払い方法の豊富さ	満足度_お店の静かさ	満足度_席の座りやすさ	
2	平均	4.09	3.19	3.52	3.21	3.52	
3							
4							

各変数の平均値をまとめる。

平均値が高い「おいしさ」はこのお店の強み、平均値が低い「メニューの豊富さ」は弱みといった具合に、平均値の高低で判断に用いることができます。

平均値から見ると弱みとなっている「メニューの豊富さ」は、改善すべきポイントといえるでしょうか？

原因と結果の関係を想定しよう

実は、アンケート調査の設計と分析の最大のポイントは、「何がわかったら役に立つのか」を考えながら、調査項目を決めていくという点にあります。そこで、以下のような質問をされたら、皆さんはどう答えるでしょうか？

QUESTION Q

「メニューの豊富さ」を改善するために、メニューを増やしたら何が起きるでしょうか？

あまり良くない答えは、「メニューの豊富さの満足度が上がる」という答えです。そう考えた人は、さらに「メニューの豊富さの満足度が上がったら、何が起きるでしょうか」という質問の答えを考えてみましょう。

答えは 1 つではありません。「また来たいと思えるようになる」「長くお店にいたくなる」とか「友達を連れてきたくなる」など、満足度が高まった結果として起きることはさまざまあると思います。これは、第 11 章で学習した、関係性の視点になっていることがわかるでしょうか。

「メニューの豊富さの満足度」（原因） → 「また来たいという思い」（結果）

先ほど指摘したとおり、「何がわかったら役に立つのか」とは、**「何かの変数の数値が変わったら、（結果として）何が起きるのか」**ということなのです。

さて、ここであらためて、5 つの調査項目を見てみましょう。もしここで想定するのが「また来たいという思いを高めること」だとしたら、「おいしさ」とか「メニューの豊富さ」が重要そうですし、想定が「ゆっくり過ごしたいという思いを高めること」だとしたら「席の座りやすさ」が重要そうだというように見えると思います。ただし、どれが重要なのかは、あくまで仮説であって、本当に回答者（来店者）がそれを重要と考えているかはわかりません。そこで、データからこの仮説（どの項目が来店意向を高めるかなど）を分析する方法を学習していきます。

原因と結果にアプローチする 2 つの方法

事例で考えたように、何かの平均値を単独で検討するだけではなく、他の変数（結果変数）との組み合わせで考えることが重要になります。そして、この原因と結果の関係をアンケートから検討する方法を 2 つ学習します。1 つは、直接アンケートで重要度を聞く方法と、もう 1 つは相関分析や回帰分析で重要度を求める方法です。

1）直接重要度を聞く

まず、1 つ目は、直接重要度を聞く方法です。先ほどの満足度のアンケートに以下の設問を追加します。ここでは、結果変数を**「また来たいという思い」**に設定します。

本日はご来店ありがとうございました。よりよいサービス実現のため、
アンケートにご協力ください。

Q2「また来たい」と思うために、以下の項目はどれくらい重要ですか。
それぞれの重要度を 5 点満点（とても重要なら 5、重要ではないなら 1）でお答えください。

	とても重要 ←								→ 重要ではない
おいしさ	5	・	4	・	3	・	2	・	1
メニューの豊富さ	5	・	4	・	3	・	2	・	1
支払い方法の豊富さ	5	・	4	・	3	・	2	・	1
お店の静かさ	5	・	4	・	3	・	2	・	1
席の座りやすさ	5	・	4	・	3	・	2	・	1

このように満足度と重要度を同じ項目で聞いておきます。すると、以下のようなデータが取得できます。そして、それぞれについて平均値を計算すると、以下のような表が得られます。

	A	B	C	D	E	F	G	H	I	J	K	L	M	N	O
1	ID	満足度_おいしさ	満足度_メニューの豊富さ	満足度_支払い方法の豊富さ	満足度_お店の静かさ	満足度_席の座りやすさ	重要度_おいしさ	重要度_メニューの豊富さ	重要度_支払い方法の豊富さ	重要度_お店の静かさ	重要度_席の座りやすさ				
2	1	4	3	3	3	5	3	3	4	3	3				
3	2	5	5	5	4	3	5	5	4	5	5				
4	3	3	2	4	3	3	3	3	4	3	3				
5	4	5	3	3	3	3	4	4	4	3	4				
6	5	4	2	3	2	2	5	5	3	5	5				
7	6	5	3	3	4	5	4	3	3	3	4				
8	7	5	4	3	4	3	3	5	4	3	3				
9	8	4	4	3	3	4	5	5	4	5	5				
10	9	4	3	4	3	2	4	4	4	3	4				
11	10	4	3	2	3	3	5	5	4	5	5				
12	11	3	3	3	2	3	3	3	4	3	3				
13	12	3	3	4	3	2	5	3	4	3	3				
14	13	3	3	4	4	3	4	3	3	3	3				
15	14	5	3	3	4	2	4	4	4	5	4				

	A	B	C	D	E
1		満足度	重要度		
2	おいしさ	4.09	4.43		
3	メニューの豊富さ	3.19	4.12		
4	支払い方法の豊富さ	3.52	3.86		
5	お店の静かさ	3.21	3.88		
6	席の座りやすさ	3.52	4.01		
7					

各変数の満足度と重要度の平均値を求める。

これで、どの項目が「また来たいという思い（再来店意向）」にとって重要で、また、それぞれの項目にどれくらい満足を得られているかを検討できるようになります。この結果のグラフ化と結果の読み方・活用の仕方は、次節で学習します。

2）重要度を直接聞かずに推測する

もう 1 つの方法は、相関分析や回帰分析を活用することを前提に、データを集める方法です。この方法は、重要度を直接聞けない（測定できない）場合に有効な方法です。

例えば、今回は 5 つの項目ですが、場合によっては、満足度を評価しなければならない項目数が、10 項目になったり、20 項目になったりと増えてしまうことがあります。その場合、それぞれの項目の満足度と重要度の両方をアンケートで調査すると、回答者の負担が増してしまいます。

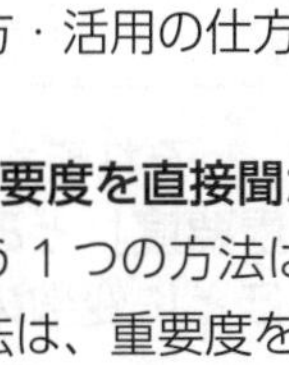

回答者の負担が高まると、適当に回答されたり（データの信頼性が下がる）、そもそも回答してもらえなかったり（データ数が下がる）といった問題が生じてしまいます。

また、回答者に「〇〇が重要か」と聞いてしまうと、「どれも重要だ」ということですべてに 5 点を付けてしまい、差が出なくなる可能性があります。先ほどの例でいえば、5 つの項目とも、重要といえば重要なので、すべて 5 点と付けてしまうかもしれませんが、その人が、また来たいと思う度合いに関連する程度は同じとは限りません。

そこで、それぞれの項目については満足度のみを聞き、**結果変数として「このお店にまた来たいと思いましたか」という再来店意向を聞く**形にします。その場合、調査票には、先ほどとは異なる Q2 が採用されます。

Q2 このお店に「また来たい」と思っていただけましたでしょうか。
また来たいという思いの強さを 5 点満点
（また来たいなら5、もう来たくないなら1）でお答えください。

また来たい ←　　　　　　　　　　　　→ もう来たくない

5 ・ 4 ・ 3 ・ 2 ・ 1

	A	B	C	D	E	F	G	H	I	J	K	L	M	N	O
1	ID	満足度_おいしさ	満足度_メニューの豊富さ	満足度_支払い方法の豊富さ	満足度_お店の静かさ	満足度_席の座りやすさ	再来店意向								
2	1	4	3	3	3	5	4								
3	2	5	5	5	4	3	5								
4	3	3	2	4	3	3	2								
5	4	5	3	3	3	3	2								
6	5	4	2	3	2	2	2								
7	6	5	3	3	4	5	5								
8	7	5	4	3	4	3	4								
9	8	4	4	3	3	4	5								
10	9	4	3	4	3	2	2								
11	10	4	3	2	3	3	3								
12	11	3	3	3	2	3	3								
13	12	3	3	4	3	2	2								

このデータに対して、第 10 章で学んだ**相関係数（2 変数の直線関係の強さ）**や第 11 章で学んだ**回帰分析の係数（x から y への影響の強さ）**を利用して、重要度を計算し、以下の表を作成します（以下の表は相関係数を重要度とみなした例です）。

	A	B	C	D	E
1		満足度	重要度		
2	おいしさ	4.09	0.55		
3	メニューの豊富さ	3.19	0.55		
4	支払い方法の豊富さ	3.52	0.38		
5	お店の静かさ	3.21	0.37		
6	席の座りやすさ	3.52	0.41		
7					

この例では、「再来店意向」とそれぞれの項目との「相関」の値を「重要度」とみなしている。相関は 1 に近いほどに変数の関連性が強いと判断できる。

先ほどの直接重要度を聞いたものと、必ずしも変数の重要度の順位は一致しませんが、それぞれの重要度を聞かなくても、重要度を計算によって求めることができたわけです。項目数が多い場合や、聞かれても重要度を判断しにくいといった場合には、有効な方法です。なお、2 つの方法の違いについては、あらためて学習することとして、次節では、これらの表を視覚化し、意思決定に使う方法を学習していきます。

LET'S TRY
演習

今回は、「おいしさ」など 5 つの項目での調査でしたが、コーヒーショップの再来店意向を高めるために関連しそうな項目には、どんなものがあるかを考えましょう。そのうえで、どの項目が良いといえるかを議論してみましょう。

SECTION

02 満足度と重要度をペアにした散布図を描こう

満足度と重要度の組み合わせからヒントを見つけるんですね。

そのためには、ラベル付き散布図を活用すると便利ですよ。

ラベル付き散布図を使って改善すべき項目を検討しよう

満足度と重要度をグラフにしてみましょう。直接重要度を聞いた（P.152参照）集計表をもとにグラフを描いていきます。第10章で学んだ「ラベル付き散布図」を使うと、以下のような散布図が得られます。

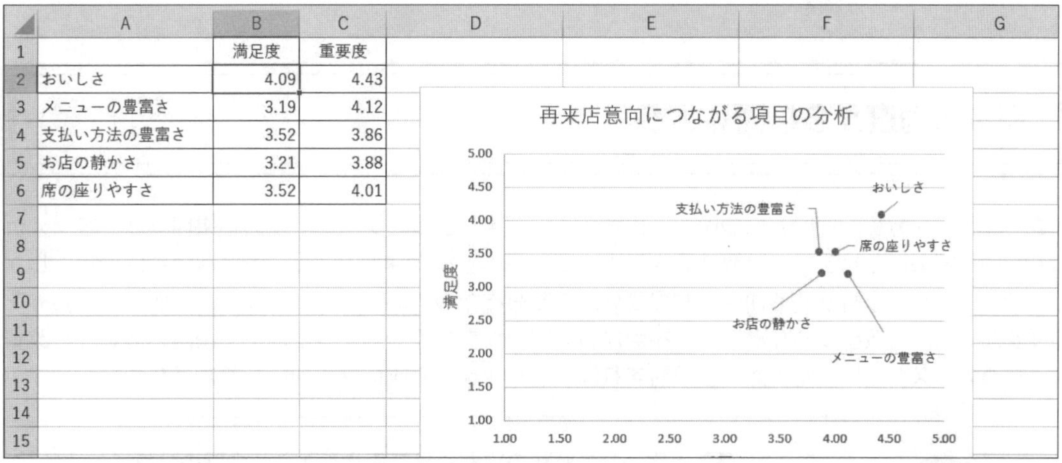

	満足度	重要度
おいしさ	4.09	4.43
メニューの豊富さ	3.19	4.12
支払い方法の豊富さ	3.52	3.86
お店の静かさ	3.21	3.88
席の座りやすさ	3.52	4.01

その際、ラベルが重なって見にくい場合は、「引き出し線を表示する」にチェックを入れて、ラベルを重ならない位置までずらすと見やすくなります。また、今回は、重要度（横軸）、満足度（縦軸）ともに1点から5点の範囲なので、軸の書式設定で目盛りを修正すると見やすくなります。

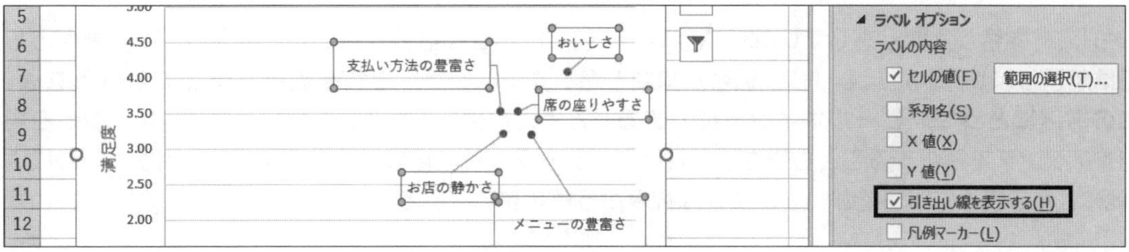

さて、このグラフから何がわかるでしょうか？　おそらく皆さんが着目するのは、グラフの右半分、つまり重要度の高い項目ではないかと思います。今回は、すべて 3（5 点満点の真ん中）よりも高いため、どの重要度もある程度高いことがわかります。

そこで､その中でも､どれが重要かを（相対的に）判断していきます。重要度が高いのは､｢おいしさ｣と｢メニューの豊富さ｣が 1 位､2 位となっています。ということで､まずはこの 2 つに着目してみます。そのうえで、どちらの満足度を高めるほうがいいと考えるでしょうか。満足度を見ると、（相対的に）「おいしさ」の満足度が高く、「メニューの豊富さ」の満足度が低いことがわかります。強みを強化するなら「おいしさ」、弱みを改善するなら「メニューの豊富さ」というような判断もできるでしょう。

ここで大切なことは、取り組むべき満足度向上項目を、重要度を加味して判断しているということです。そして、その重要度をデータ分析によって明らかにした結果から判断している点にあります。どの項目が重要かといった事前予想に近くなることも多いですが、データ分析によって、事前想定とは異なる（高くないと思っていた項目の重要度が思いのほか高かったり、逆に低かったりという）結果が得られることもあります。その場合、**今までの経験からではわからなかったことが、データ分析を活用したからこそ明らかにできた**ことになるわけです。

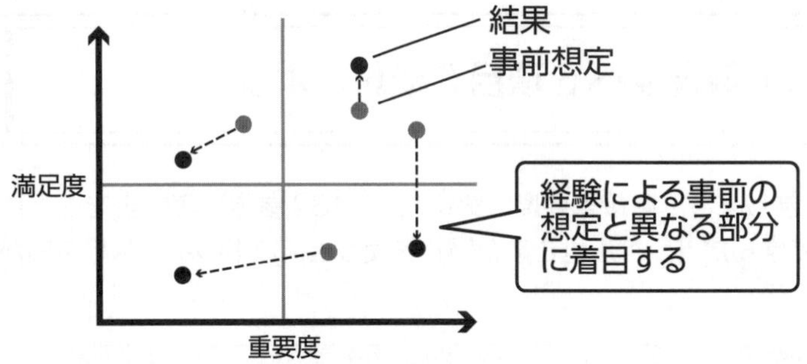

異なる角度から検討しよう

さて、データ分析の使い方について、再考していきましょう。データ分析の結果自体は、誰が分析しても同じ結果になります。計算する人によって、平均値が異なるということはないわけです。しかし、その結果をどう解釈するかは、意見が分かれてもおかしくありません。先ほどの例では、強みを伸ばすか、弱みを改善するかといった視点からも判断が異なるでしょうし、ある項目の満足度を改善するためのコストといった視点から検討すれば、また違った結論になるかもしれません。

ここで､意外と思われる解釈の事例を見てみましょう。今回の分析（グラフ）では、左半分には項目が来ていませんでした。つまり、顧客が重要とは考えていない項目がなかったということです。では、もしこの左の領域に項目が来ていたら、どう解釈すべきでしょうか。

もし、「顧客が重要と感じていない項目なら、特に改善する必要がない」と考えれば、改善点としては着目しません。ただし「今は顧客が重要と感じていないが、**それを重要と感じてもらえれば、このお店にとってアピールポイントにできる**」と考えれば、あえて、左側に来た項目にヒントを見出すスタンスで解釈することもできるでしょう。データ分析の結果をより積極的に活用するためには、「他にどんな読み方が可能か」を、柔軟な視点から検討することです。

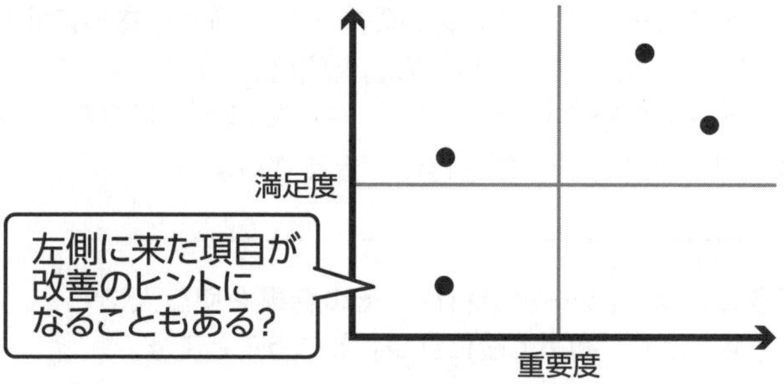

アンケートデータ活用力を高める２つの練習方法

この柔軟な視点からの検討力を付けるための練習方法があります。１つは、**他の誰かが分析した結果から、どんなことがいえるかを考えてみる**という方法です。もちろん、データ分析は自分で分析をするということもありますが、同じぐらい、誰かの分析結果からヒントを得ることも重要です。前者が１次データの活用であり、後者が２次データの活用に該当します。「アンケートなんて調査するのが大変だから勉強できない」と思わずに、誰かがまとめたアンケート結果から、何がわかるかを考え、「自分だったら、違った結論になるな」などと考える練習をしてみましょう。

もう１つは、そもそもどんなアンケートを作るべきかに関する練習です。ここまでのコーヒーショップの事例を、バーチャルでいいので調査設計し、仮にデータが集まったとしたら、どんな結果（重要度と満足度）になると考えられるかを（手書きでいいので）まとめ、その結果が得られたとしたら、何がわかるかといったシナリオを考える練習です。いわば、どんなことがわかるかを考えながら、**アンケートの設計から分析までをシミュレーション**して、その練習で力を付ける方法です。

実際、リサーチ会社などのプロの行う調査でも、いきなり調査票を完成させ、調査をしてしまうことはまれです。

その調査票から得られるデータとその分析結果から何がわかると予想されるかを考え、その結果が役に立つ結果といえるかを繰り返し考えながら、調査設計していきます。それと同じことをしながら、調査設計力を高めようというわけです。

原因と結果のレベル感についても検討しよう

さて、調査設計をシミュレーションする例を考えてみましょう。もし、この５つの項目での分析結果から、以下のようなプレゼンテーションをしたら、聞き手（この調査を依頼したクライアント）から、どんな反応があると予想するでしょうか。

> 御社の顧客へのアンケートから、再来店意向を高めるには【メニューの豊富さ】が重要で、今、その満足度が低いので、これを改善しましょう。

この着眼点が評価されたとしても、「どんなメニューを増やせばいいのか？」といったさらに知りたいコトを聞かれるのは、容易に想像できます。だったら、もともとの調査項目を、単に「メニューの豊富さ」とするのではなく、「飲み物のメニューの豊富さ」「食事メニューの豊富さ」「デザートメニューの豊富さ」というように具体的に分けたほうがよさそうだと推測できるでしょう。

ここで覚えておくべきことは、「データ分析は、その結果を使う人にとって必要な情報を提供できて、初めて役に立つ」ということです。

そのためにも、いきなりデータ収集、データ分析をするのではなく、結果の予測から逆算して、必要なデータと分析方法を考える癖を付けることをおすすめします。そのためにも、先ほどのシミュレーションをするという練習方法をおすすめします。

具体化と項目の分量のバランスに注意しよう

もう 1 つ、シミュレーションしすぎる弊害についても知っておきましょう。実際によくあるケースなのですが、事前にシミュレーションをすると「あれもこれも知りたい」となってしまい、取得すべきデータが多くなりがちです。特にアンケートの場合は、回答者の負担が増えることが、データが集まらなかったり、データの質が下がったりすることにつながります。したがって、先ほどの「メニューの豊富さ」を細分化するとしても「温かくて甘いパン系のメニューの豊富さ」「冷たくて甘いパン系のメニューの豊富さ」「温かくて甘くないパン系のメニューの豊富さ」「冷たくて甘くないパン系のメニューの豊富さ」……などとしていたらきりがありません。

そこで、「1 回の調査・分析では、知りたいコトのすべては明らかにできない」ということをしっかりと理解し、その限界を分析結果を使う側にも伝えておく必要があります。そして、1 回の調査で明らかにできないのであれば、2 回目、3 回目と項目を具体化するといった方法を採用するということを検討しなければなりません。

そのためにも、やはり、「知りたいコト」から逆算して調査／分析設計をすることが必要になるわけです。

SECTION 03

相関と回帰分析を活用した分析をしてみよう

今回は、重要度を直接聞かない方法でアンケートをとってみることにしました。結果変数との関係性をどう分析すればいいでしょうか？

相関と回帰分析を活用できるのですが、その違いについても理解して使い分けましょう。

相関と回帰分析を計算してみよう

第12章 SECTION 1で紹介した「重要度を直接聞かずに、再来店意向と個々の満足度との関係を重要度とみなす」方法を学習しましょう。基本的には、相関を使う方法と、単回帰分析によって得られる係数（傾き）を用いる方法があります。以下、その結果をまとめた表です（相関の計算の仕方についてはP.130、単回帰分析による係数（傾き）の計算の仕方についてはP.139、145を参照）。

	A	B	C	D	E	F	G	H
1	★相関を重要度と見なした場合				★単回帰分析の傾きを重要度と見なした場合			
2		満足度	重要度			満足度	重要度	
3	おいしさ	4.09	0.55		おいしさ	4.09	0.65	
4	メニューの豊富さ	3.19	0.55		メニューの豊富さ	3.19	0.59	
5	支払い方法の豊富さ	3.52	0.38		支払い方法の豊富さ	3.52	0.48	
6	お店の静かさ	3.21	0.37		お店の静かさ	3.21	0.49	
7	席の座りやすさ	3.52	0.41		席の座りやすさ	3.52	0.38	
8								

ここで新しい関数として**「SLOPE関数」**を学習しましょう。SLOPE関数は、単回帰分析の傾き(SLOPE)を計算できる関数で、「=SLOPE(yの範囲,xの範囲)」と書きます。これを用いれば、分析ツールの「回帰分析」を繰り返さなくても、簡単に傾きを計算することができます。

	A	B	C	D	E	F	G	H	I	J	K	L	M	N	O
1	ID	満足度_おいしさ	満足度_メニューの豊富さ	満足度_支払い方法の豊富さ	満足度_お店の静かさ	満足度_席の座りやすさ	再来店意向			満足度_おいしさ	満足度_メニューの豊富さ	満足度_支払い方法の豊富さ	満足度_お店の静かさ	満足度_席の座りやすさ	
2	1	4	3	3	3	5	4		傾き	0.65	0.59	0.48	0.49	0.38	
3	2	5	5	5	4	3	5								
4	3	3	2	4	3	3	2								
5	4	5	3	3	3	3	2								
6	5	4	2	3	2	2	2								
7	6	5	3	3	4	5	5								

セル【J2】 =SLOPE($G2:$G201,B2:B201)を右方向にコピー

あらためて、相関を重要度とした結果と、傾きを重要度とした結果を見てみましょう。

	A	B	C	D	E	F	G	H
1	★相関を重要度と見なした場合				★単回帰分析の傾きを重要度と見なした場合			
2		満足度	重要度			満足度	重要度	
3	おいしさ	4.09	0.55		おいしさ	4.09	0.65	
4	メニューの豊富さ	3.19	0.55		メニューの豊富さ	3.19	0.59	
5	支払い方法の豊富さ	3.52	0.38		支払い方法の豊富さ	3.52	0.48	
6	お店の静かさ	3.21	0.37		お店の静かさ	3.21	0.49	
7	席の座りやすさ	3.52	0.41		席の座りやすさ	3.52	0.38	
8								

「おいしさ」と「メニューの豊富さ」の重要度を見ると、相関の場合よりも傾きのほうが（相対的に）「おいしさ」が重要となっていることがわかります。このように、相関と傾きのどちらを重要度として見なすかによって、結果は変わります。その理由を確認し、各自が使い分けをできるようにしていきましょう。

係数（傾き）の大きさが重要度？

まず、相関とは何だったかを確認します。相関は 2 変数の直線関係の度合いを表す指標でした。したがって、以下の図のように傾きが異なっても、直線関係の度合いが同じなら同じ相関の値になるわけです。ここではわかりやすいように相関＝ 1（完全に直線）の 3 事例を比較してみます。

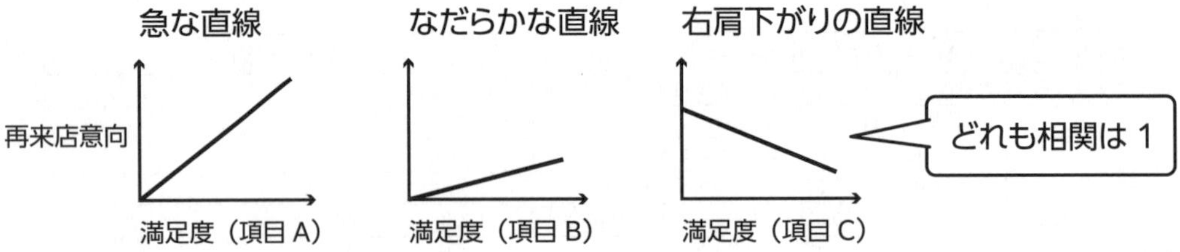

この図の 3 つのような関係があったとして、もし相関だけに着目するとすれば、どれも同じ重要度ということになります。ただし、傾きが異なるわけですから、影響の仕方が違うはずです。項目 A は満足度を 1 改善すれば、再来店意向を大きく高めますし、項目 B は満足度を 1 改善してもあまり再来店意向を高めることができません。項目 C では、その満足度を高めると、かえって再来店意向を下げてしまうという逆効果な判断につながりかねません。

したがって、相関（2 変数の直線関係）のみでは、どの項目に着目すべきかまでは判断しきれないということになります。

では、いつも「傾き」を重要度としていいかというと、「相関」で十分な場合も少なくありません。それは、傾きが同じでも、相関が違うことがあるためです。以下のグラフを見てみましょう。

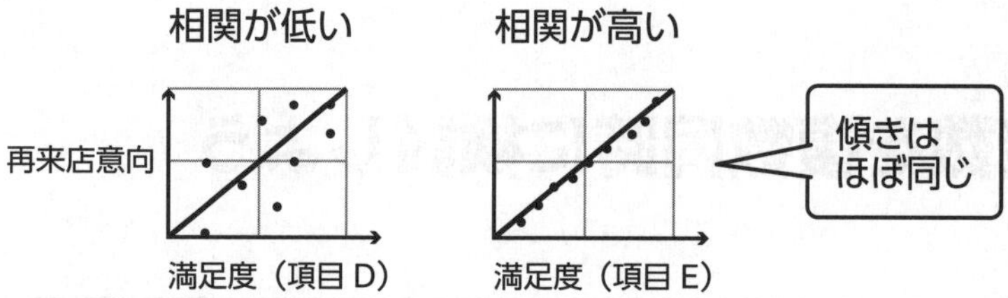

もし傾きだけで判断したら、項目 D も E も同じ重要度になってしまいます。しかし、項目 E のほうが、再来店意向と関連した重要な項目と思うはずです。

したがって、両方の基準のメリットデメリットを勘案し、分析をしていくことが必要になります。

このあたりのことからも、分析結果の使い方を考え、どういう分析のほうが役に立ちそうかを考えることが、分析には必要な視点であることがわかります。

SECTION

04 原因変数を複数同時に検討しよう

ここまでの方法で分析したら「複数の満足度を同時に分析できるよ」ってアドバイスをもらったんですが。

重回帰分析でできますね。便利な方法ですが、注意点があるので、気をつけて使う必要があります。ポイントを押さえておきましょう。

原因変数を複数にした重回帰分析へ

ここまでは、結果変数に対して、個々の原因変数はどれくらい関係があるか、もしくはどんな影響を与えているかを分析する方法を学習してきました。もちろんこれが基本ですが、原因変数を複数同時に分析する手法もあります。この方法として複数の原因系を採用した重回帰分析という手法を学習していきましょう。ただし、Excelを使えば、重回帰分析自体は簡単に使うことが出来る反面、実は高度な分析手法で、使い方に注意が必要な手法といえます。ここでは、重回帰分析の入門と、より進んだ学習をするためのポイントを学習していきます。

重回帰分析に進む前に、y=ax+bという式の表記の仕方を以下のように一般化しておきます。

$$y=\beta_0+\beta_1x_1$$

ここで、β_0が切片で、β_1がx_1からの影響の仕方（傾き）を表します。なぜ、このように表記を変えたかというと、xを複数個にする際にそれぞれを異なるアルファベットにすると混乱すること、それにxを原因変数（yを結果変数）とするというスタイルを維持するために、それぞれに何番目のxかを添え字で表すとわかりやすいからです。また、傾きをβとして、xと対応する添え字をつければ、どのxからのyへの影響（傾き）なのかがわかりやすいというメリットもあります。

この点を踏まえて、xをn個にした回帰分析の式は以下のようになります。

$$y=\beta_0+\beta_1x_1+\beta_2x_2+\cdot\ \cdot\ \cdot+\beta_nx_n$$

これで、原因変数を複数にしても、簡単にどのβがどの変数に対応するかを表すことができます。なお、切片はxからの影響はないので、xとの掛け算になっていません。そこでβ_0として切片を表すことになっています。

この式に変数名を入れると以下のようになります。

再来店意向＝β_0＋β_1×満足度おいしさ＋β_2×満足度メニューの豊富さ＋……＋β_5×満足度席の座りやすさ

このようにβ_1からβ_5がそれぞれの変数からの影響の仕方（傾き）を表すことになります。

複雑に見えるかもしれませんが、考え方は単純で、それぞれの x からの影響を足し上げて y を予測する（説明する）式をモデルとして分析し、それぞれのβを計算から求めようというものです。

Excel での分析も基本的には、単回帰分析（P.145 参照）と同じです。異なるのは、「入力 X 範囲」に複数列を入れるという点だけです。

	A	B	C	D	E	F	G
1	ID	満足度_おいしさ	満足度_メニューの豊富さ	満足度_支払い方法の豊富さ	満足度_お店の静かさ	満足度_席の座りやすさ	再来店意向
2	1	4	3	3	3	5	4
3	2	5	5	5	4	3	5
4	3	3	2	4	3	3	2
5	4	5	3	3	3	3	2
6	5	4	2	3	2	2	2
7	6	5	3	3	4	5	5
8	7	5	4	3	4	3	4
9	8	4	4	3	3	4	5

「入力 X 範囲」に複数列を指定すると重回帰分析になります。この範囲は、連続する（隣り合った）列しか指定できない点に注意してください。B 列、C 列、E 列といった飛び飛びで列の指定はできません。

入力 X 範囲を指定して《OK》をクリックすると、以下のような結果が出力されます。

	A	B	C	D	E	F	G	H
1	概要							
2								
3	回帰統計							
4	重相関 R	0.709						
5	重決定 R2	0.503 ❶						
6	補正 R2	0.490						
7	標準誤差	0.712						
8	観測数	200						
9								
10	分散分析表							
11		自由度	変動	分散	観測された分散比	有意 F		
12	回帰	5	99.2653	19.8531	39.2071	1.00678E-27		
13	残差	194	98.2347	0.50636				
14	合計	199	197.5					
15		❸			❷			
16		係数	標準誤差	t	P- 値	下限 95%	上限 95%	下限 95.0
17	切片	-0.76	0.34	-2.20	0.03	-1.44	-0.08	-1.44
18	満足度_おいしさ	0.41	0.07	6.04	0.00	0.27	0.54	0.27
19	満足度_メニューの豊富さ	0.26	0.07	3.86	0.00	0.13	0.39	0.13
20	満足度_支払い方法の豊富さ	0.16	0.07	2.22	0.03	0.02	0.30	0.02
21	満足度_お店の静かさ	0.20	0.07	2.69	0.01	0.05	0.34	0.05
22	満足度_席の座りやすさ	0.18	0.05	3.46	0.00	0.08	0.28	0.08

❶重決定 R2
❷p 値（P- 値）
❸係数

結果を見ると「係数」や「p 値」などが指定した原因変数ごとに計算されます。読み方は基本的に、単回帰と同じです（P.146 参照）。

まずは「重決定 R2」を見てみましょう。再来店意向（y）が高かったり低かったりという違いを、「おいしさ」から「席の座りやすさ」までの 5 つの原因変数で説明しようとした場合、**50.3%（0.503）説明できる**ことがわかります。

次に「p 値」を見てみましょう。それぞれの係数の p 値は、0.05 より小さいことがわかります。ということは 5%有意水準で有意(P.107 参照)ということになりました。つまり、「おいしさ」から「席の座りやすさ」までの **5 つの変数はそれぞれ y（再来店意向）に影響している**といえます。

最後に、係数を見るとそれぞれに値が計算されています。これを先ほどの式に当てはめると、以下のようになります。

y（再来店意向）=(-0.76)　＋　(0.41）× おいしさ
(0.26）× メニューの豊富さ
(0.16）× 支払い方法の豊富さ
(0.20）× お店の静かさ
(0.18）× 席の座りやすさ

この「おいしさ」から「席の座りやすさ」にそれぞれ 5 点満点の得点を代入すると、その人の再来店意向の得点が求まるという式が得られたということです。ここでそれぞれの係数は、対応する原因変数（x）が 1 単位動いたときの結果変数（y）の動き方を表しているわけですから、「おいしさ」の満足度を 1 点高めると再来店意向が 0.41 上がるのに対して、「支払い方法の豊富さ」の満足度を 1 点高めても 0.16 しか再来店意向を高めていないことがわかります。したがって、この係数の大小から y への影響の大きさ、つまり再来店意向への重要度を表せるといえるのです。

単回帰分析の結果と比較しよう

さて、重回帰分析の係数を重要度とした場合と、先ほどのそれぞれを単回帰分析で分析した係数との結果を比較してみましょう。

	A	B	C	D	E	F	G	H	I
1	★重回帰分析の傾きを重要度と見なした場合				★単回帰分析の傾きを重要度と見なした場合				
2		満足度	重要度			満足度	重要度		
3	おいしさ	4.09	0.41		おいしさ	4.09	0.65		
4	メニューの豊富さ	3.19	0.26		メニューの豊富さ	3.19	0.59		
5	支払い方法の豊富さ	3.52	0.16		支払い方法の豊富さ	3.52	0.48		
6	お店の静かさ	3.21	0.20		お店の静かさ	3.21	0.49		
7	席の座りやすさ	3.52	0.18		席の座りやすさ	3.52	0.38		

回帰分析の係数は、ある原因変数（x）が 1 単位動いたときの結果変数（y）の変化の大きさを表しているのは単回帰分析でも重回帰分析でも同じく解釈できます。ただし、上の図を見ると、**重回帰分析での係数と単回帰分析での係数の値が異なっている**ことがわかります。例えば、重回帰分析では、「おいしさ」の満足度を 1 高めると、再来店意向は 0.41 高まるという結果なのに、単回帰分析では 0.65 高まるというように数値が異なっています。

これはなぜでしょうか？　それは、**おいしさと他の原因変数とに相関がある**ためです。つまり、「おいしさ」に満足している人は「メニューの豊富さ」にも満足しているという傾向があるといった具合です。したがって、「おいしさ」の満足度を高めると、他の原因変数が高くなるという間接効果も含め、結果変数（再来店意向）に影響するからです。

ここでは簡単に「原因変数に相関があると、単回帰分析の結果と重回帰分析の結果は異なる」とだけ押さえておきましょう。

LET'S TRY

演習

①重要度を直接聞く、②相関を重要度と見なす、③単回帰分析の係数を重要と見なす、④重回帰分析の係数を重要と見なすという4つの方法を学習しました。それぞれの方法について復習したうえで、自分の興味がある分野（テーマ）での満足度調査を設計してみましょう。

COLUMN

さらなる学習のために

重回帰分析を使ううえで、1つ大きな注意点があります。それは、原因変数間に相関が高い組み合わせがあると、計算がうまくいかなくなるという問題です。これを「多重共線性（マルチコリニアリティ：略してマルチコ）」が起きているといいます。

仮想例で考えてみましょう。「おいしさ」とまったく同じ値が入っている変数を追加して、それを「美味」という変数だったとしましょう。

	A	B	C	D	E	F	G	H
1	ID	満足度_おいしさ	満足度_美味	満足度_メニューの豊富さ	満足度_支払い方法の豊富さ	満足度_お店の静かさ	満足度_席の座りやすさ	再来店意向
2	1	4	4	3	3	3	5	4
3	2	5	5	5	5	4	3	5
4	3	3	3	2	4	3	3	2
5	4	5	5	3	3	3	3	2

B列（おいしさ）とC列（美味）には同じ値が入っている。この変数の相関は1となり、完全に直線関係がある。

これをもとに重回帰分析をしたのが、以下の結果です。

	A	B	C	D	E	F	G	H	I
15									
16		係数	標準誤差	t	P-値	下限 95%	上限 95%	下限 95.0%	上限 95.0%
17	切片	-0.76	0.34	-2.20	0.03	-1.44	-0.08	-1.44	-0.08
18	満足度_おいしさ	0.00	0.00	65535.00	#NUM!	0.00	0.00	0.00	0.00
19	満足度_美味	0.41	0.07	6.04	#NUM!	0.27	0.54	0.27	0.54
20	満足度_メニューの豊富さ	0.26	0.07	3.86	0.00	0.13	0.39	0.13	0.39
21	満足度_支払い方法の豊富さ	0.16	0.07	2.22	0.03	0.02	0.30	0.02	0.30
22	満足度_お店の静かさ	0.20	0.07	2.69	0.01	0.05	0.34	0.05	0.34
23	満足度_席の座りやすさ	0.18	0.05	3.46	0.00	0.08	0.28	0.08	0.28

「美味」がなかった、先ほどの分析では「おいしさ」が有意だったのに、相関が高い「美味」を追加したら、「おいしさ」と「美味」のp値がエラーになっていますし、「おいしさ」の係数が0というような先ほどとはまったく異なる値になっていることがわかります。このように、相関が高い変数が含まれると、本来有意であった原因変数まで有意でなくなる現象が生じてしまうことがあるのです。

このあたりを適切に加味しながら回帰分析を行うには、「多重共線性」というキーワードを理解し、「変数選択」という方法を利用する必要があります。

SECTION 01

経済データを分析してみよう

ニュースを見ると、毎日、株価とか為替レートとかの数字が出てきますが、これも分析できるデータですか？

日々発表される経済データももちろん分析できる大切なデータです。こういった時間とともに記録されるデータのポイントも知っておくと役に立ちます。

時系列データではまず折れ線グラフを描こう

株価や為替レートといった経済指標や、日々の売上や来店者数、ひいては新型コロナの陽性者数など、時間とともに記録されたデータのことを「時系列データ」と呼びます。データ分析の対象として、時系列データは大切なデータです。この時系列データ分析で最も重要なことの１つは、その変化をウォッチすることにあります。そのために、時系列データの分析ではじめに行うのは、**折れ線グラフを描き、値の推移傾向を把握する**ことです。

ここでは、2017年１月から2020年11月の約５年間の日経平均株価のデータを分析してみましょう。日経平均などの株価は、日々記録されます。この「日」単位で記録された時系列データを**「日次データ」**と呼びます。それに対して「週」単位のものを**「週次データ」**、月単位のものを**「月次データ」**、四半期単位のものを**「四半期データ」**、そして、年単位のものを**「年次データ」**と呼びます。なお、株価は通常、その日の朝はじめの価格を「始値」、その日の最後の価格を「終値」、その日の最高を「高値」、最低を「安値」として、４つの値が記録されます。

以下、日経平均の日次データでその終値を折れ線グラフにしてみましょう。

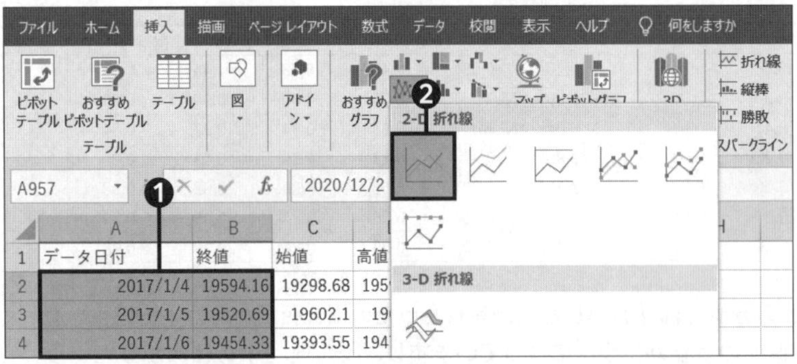

1 折れ線グラフの作成

❶日付と終値の範囲を選択
❷《挿入》タブの《折れ線 / 面グラフの挿入》→《折れ線》を選択

※日経平均株価は日本経済新聞社の著作物です。
日経平均株価のデータは＜ https://indexes.nikkei.co.jp/nkave/index?type=download ＞よりダウンロードしてください。最新のデータが入手できます（紙面は本書執筆時点のデータなので期間が異なります）。

すると、以下のような折れ線グラフができます（グラフタイトルは変更してあります）。折れ線グラフは、横軸が時間（ここでは日付）、縦軸が対象となる値（ここでは日経平均の終値）になります。

	D	E
1	高値	安値
2	19594.16	19277.93
3	19615.4	19473.28
4	19472.37	19354.44
5	19484.9	19255.35
6	19402.17	19325.46
7	19300.19	19069.02
8	19299.36	19156.93
9	19255.41	19061.27
10	19043.91	18812.86
11	18941.24	18650.33
12	19122.39	18982.13
13	19176.86	19040.2
14	19024.21	18879.68

折れ線グラフで確認すべきは、まずは**トレンド（傾向）**があるか、そして、何か**繰り返されるパターン**があるかです。ここではトレンド（傾向）に着目してみましょう（繰り返されるパターンについては、後ほど検討します）。

上の折れ線グラフを見て、日経平均株価はこの5年間で上がっているように見えるでしょうか、下がっているように見えるでしょうか？　グラフは見る側の主観によって解釈は異なりますが、なんとなく横ばいで、2020年3月ぐらいからやや上向きになっているように感じられます。なお、グラフのデザインを変えれば、印象が異なることは、他のグラフと同じですので、注意してください。

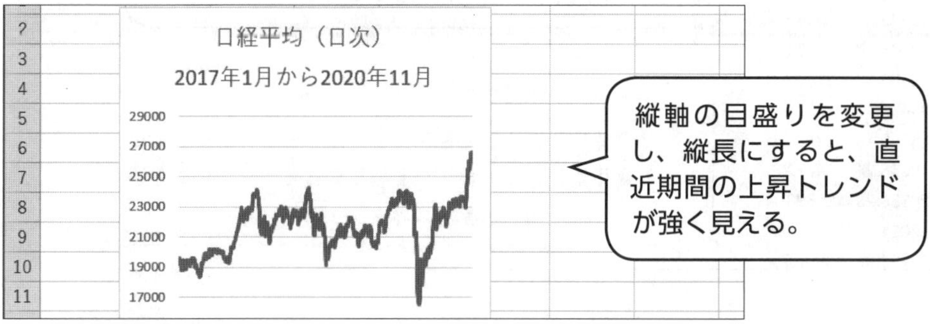

さて、5年のトレンドを見るには、日次データは必要でしょうか？　もちろん、日次データからでもトレンドは確認できますが、大局を見るのであれば月次データのほうがベターです。以下は、月の終値で描いたグラフです。日々の上下のギザギザが消え、トレンドが確認しやすくなります。

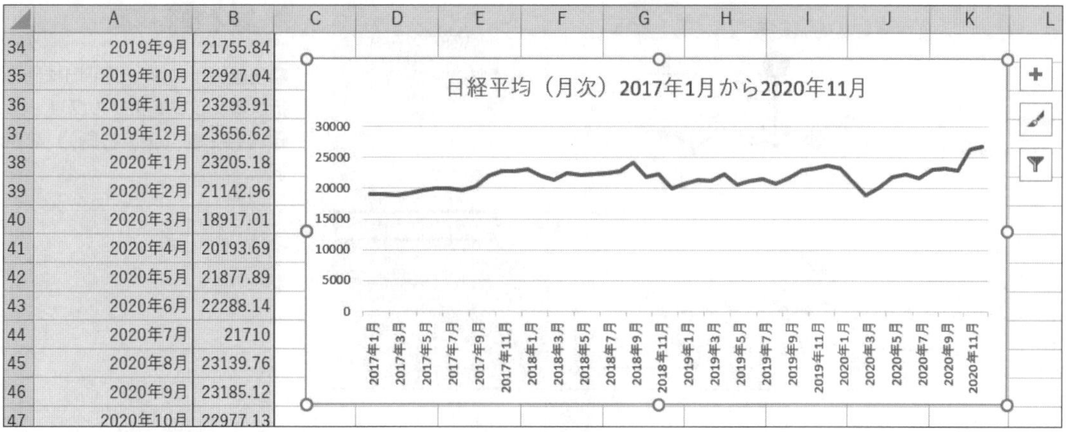

	A	B
34	2019年9月	21755.84
35	2019年10月	22927.04
36	2019年11月	23293.91
37	2019年12月	23656.62
38	2020年1月	23205.18
39	2020年2月	21142.96
40	2020年3月	18917.01
41	2020年4月	20193.69
42	2020年5月	21877.89
43	2020年6月	22288.14
44	2020年7月	21710
45	2020年8月	23139.76
46	2020年9月	23185.12
47	2020年10月	22977.13

時系列データは、集計する区間を区切るとさまざまなデータができるので、目的に応じて使い分けましょう。

複数の時系列データを重ねてみよう

ある時系列データを、単独でトレンドを評価することもあれば、他の時系列データと比較してトレンドを解釈することもあります。ここでは同じく日経の株価データである「日経ジャスダック平均株価」のデータを2017年1月から集め、日経平均株価のグラフに追記してみましょう。

まずは、先ほどの日経平均（月次）に日経ジャスダック平均株価のデータを並べて入力します。折れ線グラフをクリックすると、元データの範囲に枠が表示されるので、それをC列（日経ジャスダック平均株価の列）まで広げると簡単に折れ線グラフにデータ系列を追加できます。

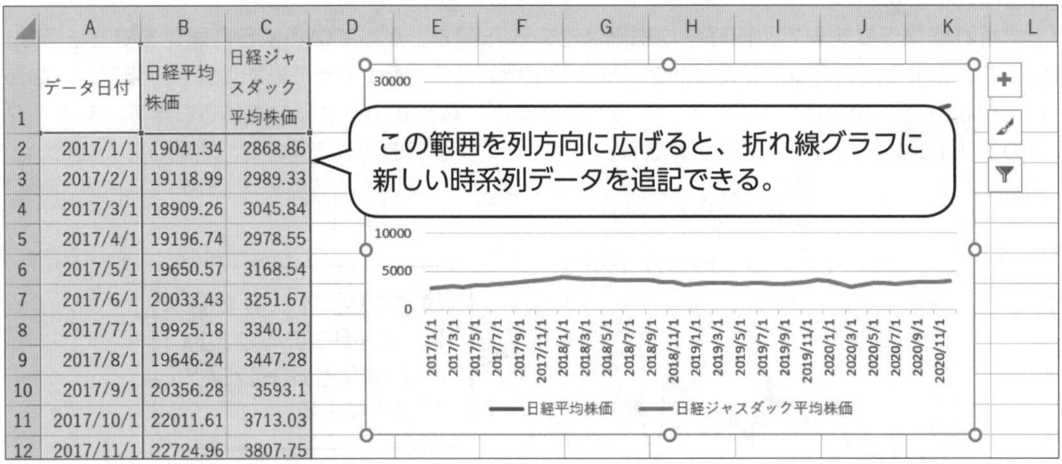

さて、ここで注意が必要です。今回は、それぞれがおおむね2万円前後、4千円前後ということで、軸の変更をしないと比較しづらいことがわかります。トレンドを比較しやすくするために、それぞれの軸を設定してみましょう。そこで、折れ線グラフの左側の軸（主軸）を「日経平均株価」、右側の軸（第2軸）を「日経ジャスダック平均株価」に変更してみましょう。

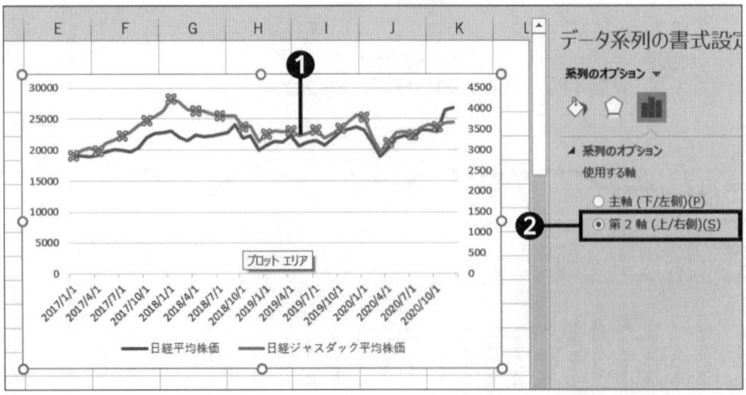

1 第2軸を設定

❶日経ジャスダック平均株価の折れ線グラフをダブルクリック
❷《第2軸（上/右側）》を選択

右側が日経ジャスダック平均株価の目盛りを表すグラフになります。このように軸を変更することで、比較がしやすくなります。

LET'S TRY
演習

P.166 で紹介したサイトから、その他のデータを選び、ダウンロードして、それぞれ日経平均株価と組み合わせて、両方が描かれた折れ線グラフを描いてみましょう（2 つ目の株価については、第 2 軸に指定してみましょう）。

指数化によって比較しやすくしよう

軸の変更以外に、基準点からの変化率を用いて（指数化して）比較しやすくする方法があります。仕組みは簡単です。まずは基準点を決めます。通常、分析するデータのはじめの時点を基準点とします。ここでは 2017 年 1 月を基準点として変化率を求めて（指数化して）みましょう。

各時点の値÷基準点の値×100 で、基準点に対して何 % になっているかを計算します。以下、日経平均株価、日経ジャスダック平均株価ともに、2017 年 1 月基準で指数化してみましょう。

	A	B	C	D	E	F	G	H	I
1	データ日付	日経平均株価	日経ジャスダック平均株価	日経平均株価指数	日経ジャスダック平均株価指数				
2	2017/1/1	19041.34	2868.86	=B2/B$2*100					
3	2017/2/1	19118.99	2989.33	100	104				
4	2017/3/1	18909.26	3045.84	99	106				
5	2017/4/1	19196.74	2978.55	101	104				
6	2017/5/1	19650.57	3168.54	103	110				

1 数式の入力

❶セル【D2】に「=B2/B$2 * 100」と入力

	A	B	C	D	E	F	G	H	I
1	データ日付	日経平均株価	日経ジャスダック平均株価	日経平均株価指数	日経ジャスダック平均株価指数				
2	2017/1/1	19041.34	2868.86	100	100				
3	2017/2/1	19118.99	2989.33	100	104				
4	2017/3/1	18909.26	3045.84	99	106				
5	2017/4/1	19196.74	2978.55	101	104				
6	2017/5/1	19650.57	3168.54	103	110				
7	2017/6/1	20033.43	3251.67	105	113				
8	2017/7/1	19925.18	3340.12	105	116				
9	2017/8/1	19646.24	3447.28	103	120				
10	2017/9/1	20356.28	3593.1	107	125				
11	2017/10/1	22011.61	3713.03	116	129				

2 数式のコピー

❶セル【D2】をコピー
❷セル範囲【D2:E49】にペースト

指数化は、単位を消して割合にするので、**単位が異なる時系列データや値が大きく異なる時系列データも比較できる**というメリットもあります。以下、指数化した値での折れ線グラフを見てみましょう。

	A	B	C
1	データ日付	日経平均指	ジャスダック指数
2	2017/1/1	100.0	100.0
3	2017/2/1	100.4	104.2
4	2017/3/1	99.3	106.2
5	2017/4/1	100.8	103.8
6	2017/5/1	103.2	110.4
7	2017/6/1	105.2	113.3
8	2017/7/1	104.6	116.4
9	2017/8/1	103.2	120.2
10	2017/9/1	106.9	125.2
11	2017/10/1	115.6	129.4
12	2017/11/1	119.3	132.7
13	2017/12/1	119.6	137.7
14	2018/1/1	121.3	147.8
15	2018/2/1	115.9	144.6

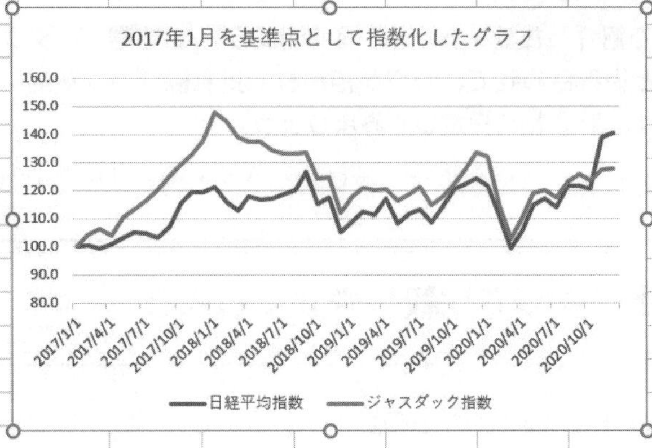

基準点をそろえることで、そこからの変化の違いを把握しやすいというメリットもあることもわかります。

次節では、1つの系列に着目してもう少し詳しく時系列データの分析をしていきましょう。

LET'S TRY
演習

P.130で学習した相関について計算し、連動性（日経平均株価が高い月は、日経ジャスダック平均株価も高いなどの直線関係）があるかを確認してみましょう。

SECTION

02 トレンドがあるデータでの「いつも」って何？

最近株価が高いってニュースでいってました。景気がよくなったんですか？

最近っていうけど、どの時点のことをいっているかって人によりますよね。時系列データでの「最近」について考えていきましょう。

「最近」っていつのこと？

ここで2020年4月からの日経平均株価（日次）を見ていきましょう。日次データもP.166に記載したサイトからダウンロードできます。以下は、折れ線グラフでその推移を表したグラフです。

グラフを見ると、2020年11月から右肩上がりの傾向を見せているので、最近（このデータの最後のほう）の株価が上がっているように見えます。ただし、「最近」を一番直近の株価だとすれば、株価は下がっていることになります。とはいえ、日々上下する株価を「1日だけ上がった、下がった」で判断するのもあまり意味がありません。「たまたま」上がったり、下がったりしているだけかもしれないからです。

こういうデータでは、ある程度期間をとって、たまたま度合いを下げて判断するのが一般的です。

ある一時点ではなく区間の値を最近と考えて、「平均」を計算してその区間の傾向を代表させてみましょう。ここではどれくらいの期間で平均をとるのがよさそうでしょうか。これは皆さんが「最近」というのを何日ぐらい前までをイメージするかによって、区間の区切り方が変わってきます。ある人にとっては、3日かもしれませんし、ある人にとっては10日間かもしれません。いずれにしろ、区間を区切って平均値を計算すれば、最近を計算できることになります。ここでは、5日の平均を計算してみます。

	A	B	C	D	E	F	G	H
1	データ日付	終値						
2	2020/11/24	26165.59						
3	2020/11/25	26296.86						
4	2020/11/26	26537.31						
5	2020/11/27	26644.71						
6	2020/11/30	26433.62	26415.62	←直近5日の平均				
7								

これで「最近」の株価がわかりました。それでは、この「最近」を次々さかのぼってみたいと思います。つまり、1日ずつずらしながら平均値をさかのぼって計算しようというわけです。このように平均値を移動させながら計算する値を「**移動平均**」と呼びます。以下の表を見るとその仕組みがわかります。

	A	B	C	D
1	データ日付	終値	5日移動平均	
2	2020/4/1	18065.4		
3	2020/4/2	17818.7		
4	2020/4/3	17820.2		
5	2020/4/6	18576.3		
6	2020/4/7	18950.2	=AVERAGE(B2:B6)	
7	2020/4/8	19353.2	18503.7	
8	2020/4/9	19345.8	18809.1	
9	2020/4/10	19498.5	19144.8	
10	2020/4/13	19043.4	19238.2	
11	2020/4/14	19638.8	19375.9	
12	2020/4/15	19550.1	19415.3	
13	2020/4/16	19290.2	19404.2	
14	2020/4/17	19897.3	19484.0	
15	2020/4/20	19669.1	19609.1	
16	2020/4/21	19280.8	19537.5	
17	2020/4/22	19138.0	19455.1	
18	2020/4/23	19429.4	19482.9	
19	2020/4/24	19262.0	19355.9	

	A	B	C	D
146	2020/11/2	23295.5	23301	
147	2020/11/4	23695.2	2334	
148	2020/11/5	24105.3	2348	
149	2020/11/6	24325.2	2367	
150	2020/11/9	24839.8	2	
151	2020/11/10	24905.6	2437	
152	2020/11/11	25349.6	2470	
153	2020/11/12	25520.9	2498	
154	2020/11/13	25385.9	2520	
155	2020/11/16	25906.9	25413.8	
156	2020/11/17	26014.6	25635.6	
157	2020/11/18	25728.1	25711.3	
158	2020/11/19	25634.3	25734.0	
159	2020/11/20	25527.4	25762.3	
160	2020/11/24	26165.6	25814.0	
161	2020/11/25	26296.9	25870.5	
162	2020/11/26	26537.3	26032.3	
163	2020/11/27	26644.7	=AVERAGE(B159:B163)	
164	2020/11/30	26433.6	26415.6	

それぞれにその日を含めた直近5日の平均を計算している。4月6日以前は、直近の値が5日分そろわないので「欠損値」になる。

「移動平均」はExcelの「分析ツール」でも簡単に計算できます。以下、その方法もマスターしておきましょう。

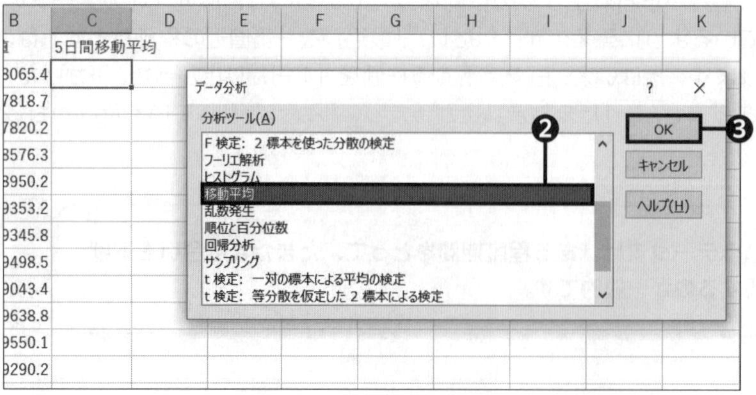

1 分析ツールの選択

❶分析ツールを表示
❷《移動平均》を選択
❸《OK》をクリック

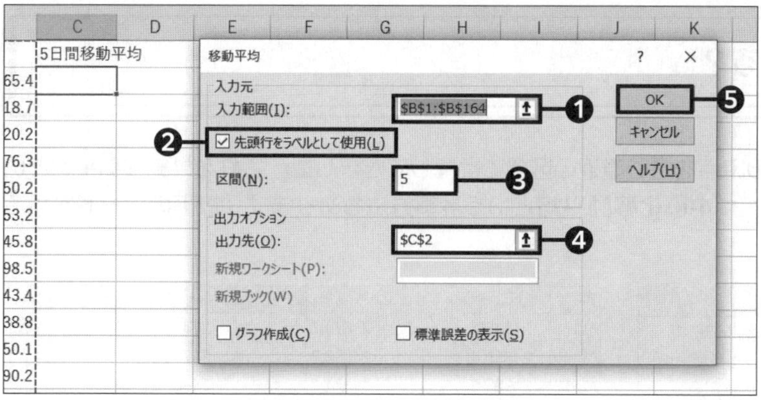

2 範囲の指定

❶《入力範囲》に移動平均を求めるデータを指定（ここでは【$B$1:$B$164】）
❷《先頭行をラベルとして使用》にチェックを入れる
❸《区間》に区間の幅を指定（ここでは 5）
❹《出力先》に結果の出力先を指定（ここでは【$C$2】）
❺《OK》をクリック

すると、以下のような出力が得られます。その結果から作成した折れ線グラフとともに見てみましょう。

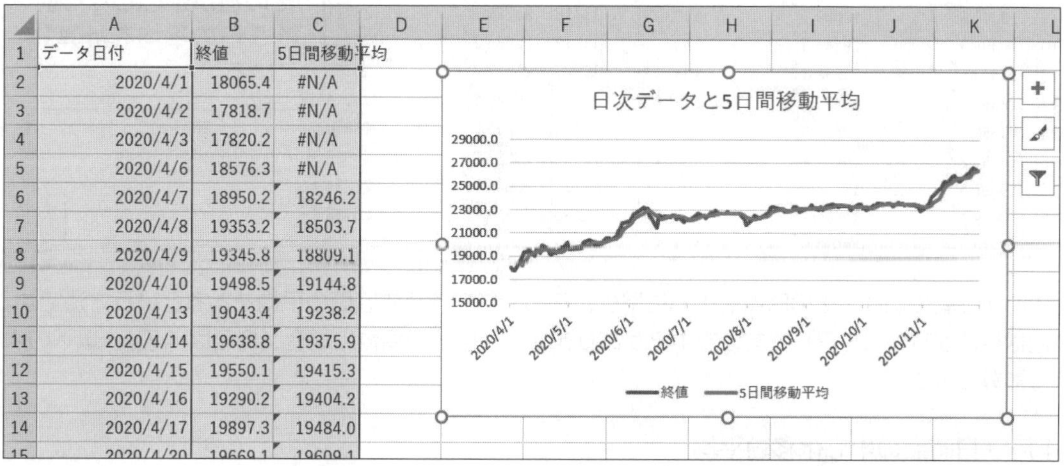

4 月 1 日から 6 日は欠損値なので「#N/A（Not Available)」が入っています。グラフを見ると、移動平均は日々の凸凹（でこぼこ）が均された値になっているので、トレンドを表していると考えられます。

なお、5 日平均としたのは、株式市場は土・日が休みで、通常週 5 日データが得られることから、5 日平均＝週平均と考えられるためですが、あくまで慣例で絶対的な期間ではありません。その他にも 25 日平均などがよく用いられます。

LET'S TRY
演習

株価のデータ分析で、移動平均がどのように用いられているか検索し、何がわかるか調べてみましょう。

移動平均は２つある？

ここまで、移動平均は、その時点を含む直近の区間で計算してきました。これを単純移動平均といいます。それに対して、もう１つ**中心化移動平均**という計算方法もあります。以下のシートを見るとその違いがわかります。

	B	C	D
	終値	5日移動平均 (単純移動平均)	5日移動平均 (中心化移動平均)
/4/1	18065.4		
/4/2	17818.7		
/4/3	17820.2		=AVERAGE(B2:B6)
/4/6	18576.3		18503.7
/4/7	18950.2	18246.2	18809.1
/4/8	19353.2	18503.7	19144.8
/4/9	19345.8	18809.1	19238.2
4/10	19498.5	19144.8	19375.9
4/13	19043.4	19238.2	19415.3
4/14	19638.8	19375.9	19404.2
4/15	19550.1	19415.3	19484.0
4/16	19290.2	19404.2	19609.1
4/17	19897.3	19484.0	19537.5
4/20	19669.1	19609.1	19455.1
4/21	19280.8	19537.5	19482.9

	B	C	D	E
/11/6	24325.2	23679.7	24374.2	
/11/9	24839.8	24052.2	24705.1	
11/10	24905.6	24374.2	24988.2	
11/11	25349.6	24705.1	25200.4	
11/12	25520.9	24988.2	25413.8	
11/13	25385.9	25200.4	25635.6	
11/16	25906.9	25413.8	25711.3	
11/17	26014.6	25635		
11/18	25728.1	25711		
11/19	25634.3	25734		
11/20	25527.4	25762		
11/24	26165.6	25814.		
11/25	26296.9	25870.5	26234.4	
11/26	26537.3	26032.3	=AVERAGE(B160:B164)	
11/27	26644.7	26234.4		
11/30	26433.6	26415.6		

その日が中心となる前後５日の平均を計算している。

中心化移動平均は、その時点を中心に置き、その前後を含めて区間の平均をとるという方法です。今回は区間が奇数（5日）ですので中心がありますが、区間が偶数の場合（例えば４日）、以下のように計算します。

４月３日時点の中心化移動平均

（4月1日の値÷2+4月2日の値+4月3日の値+4月4日の値+4月5日の値÷2）　÷　4

両端の値を 1/2 ずつ用いることで、偶数の区間で真ん中の値を計算するという方法です。

２つの移動平均の使い分けですが、区間を長くしてみるとその違いがわかりやすくなります。区間を 25 日にした結果で比較してみましょう。

	A	B	C	D
1	データ日付	終値	25日移動平均 (単純移動平均)	25日移動平均 (中心化移動平均)
2	2020/4/1	18065.4	#N/A	#N/A
3	2020/4/2	17818.7	#N/A	#N/A
4	2020/4/3	17820.2	#N/A	#N/A
5	2020/4/6	18576.3	#N/A	#N/A
6	2020/4/7	18950.2	#N/A	#N/A
7	2020/4/8	19353.2	#N/A	#N/A
8	2020/4/9	19345.8	#N/A	#N/A
9	2020/4/10	19498.5	#N/A	#N/A
10	2020/4/13	19043.4	#N/A	#N/A
11	2020/4/14	19638.8	#N/A	#N/A
12	2020/4/15	19550.1	#N/A	#N/A
13	2020/4/16	19290.2	#N/A	#N/A
14	2020/4/17	19897.3	#N/A	19329.6
15	2020/4/20	19669.1	#N/A	19421.6
16	2020/4/21	19280.8	#N/A	19519.5

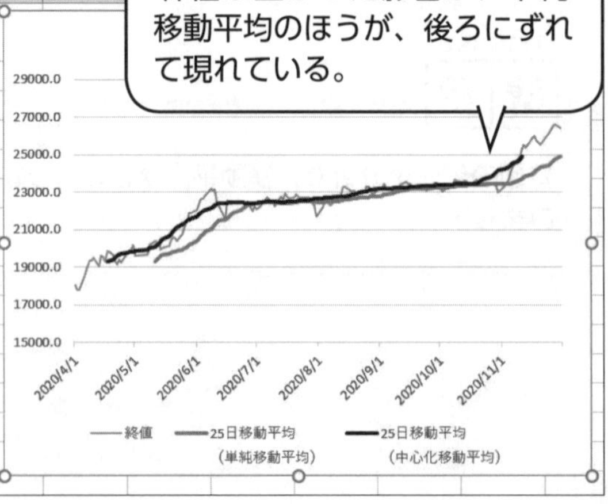

株価が上がった影響が、単純移動平均のほうが、後ろにずれて現れている。

区間が長い場合、直近の区間で計算した**単純移動平均は、変化が反映されるのが遅くなります。**中心化移動平均が過去 13 日前の値となるのに対し、単純移動平均は過去 25 日前の値として反映されるためです。したがって、元の系列の傾向とずれないという意味では、中心化移動平均がよいのですが、中心化移動平均の場合、**その時点以降（13 日後まで）のデータがそろわないと計算できないため、分析が遅れる**というデメリットがあります。

なるべくリアルタイムに分析して結果を用いたい場合には単純移動平均を用い、事後的でかまわないのでずれを抑えて分析したい場合には中心化移動平均を用いるという使い分けがなされます。なお、Excel の分析ツールでは「単純移動平均」が計算されるということは覚えておきましょう。

移動標準偏差も活用しよう

ここまで移動平均を計算してトレンド（傾向）を把握するということを学びました。同じ理屈で、区間ごとに標準偏差を計算してみましょう。AVERAGE 関数を STDEV.P 関数に変更すれば、簡単に計算できます。

グラフから何がわかるでしょうか。標準偏差とは、ばらつきを表す指標でした（P.70 参照）。ということは、この値が大きい期間は、値動きの幅が大きかったということになり、（株式）相場が動きやすかったということです。逆に値が小さかった時期は、値動きが少なかった時期だということがわかります。

	A	B	C
1	データ日付	終値	5日移動標準偏差
2	2020/4/1	18065.4	
3	2020/4/2	17818.7	
4	2020/4/3	17820.2	
5	2020/4/6	18576.3	
6	2020/4/7	18950.2	447.5
7	2020/4/8	19353.2	610.4
8	2020/4/9	19345.8	572.0
9	2020/4/10	19498.5	337.6
10	2020/4/13	19043.4	206.6
11	2020/4/14	19638.8	198.1
12	2020/4/15	19550.1	208.9
13	2020/4/16	19290.2	213.7
14	2020/4/17	19897.3	293.5

このように平均値だけではなく、標準偏差についても時系列で追いかけることで、いろいろなことがわかりますので、ぜひ活用してみましょう。

LET'S TRY
演習

ネットでは、さまざまな株価のデータを検索して入手できます。興味がある会社の株価のデータを入手し、移動平均や移動標準偏差を計算して、傾向を見てみましょう。

SECTION
03
繰り返しパターンがある時系列データには注意しよう

時系列データといえば、COVID-19 の陽性者数も、毎日報道されますね。増えたり減ったりするデータはどうやって捉えればいいんでしょうか。

時系列データには、繰り返されるパターンが含まれるものがあります。COVID-19 のデータはその典型的な例です。その場合、ちょっと注意して扱わなければなりません。

繰り返しパターンがあるなら一喜一憂しない

日々発表され世間から注目されているデータというと、COVID-19（新型コロナ）の陽性者数のデータを思い浮かべる人も多いでしょう。連日、ニュースなどでコメントとともに、伝えられる時系列データですが、適切な読み方がされていないことが少なくありません。データは、数字自体は間違っていなくても、それをどう解釈するかによって、得られる知見が異なります。各自がデータを読み解く視点を持って判断する必要があるのです。

まずは、データの推移を折れ線グラフで見てみましょう。以下は、2020 年 1 月 24 日から 11 月 30 日までの期間、東京都が発表した陽性者数のデータをもとに作ったグラフです。皆さんは、どう読み取るでしょうか。

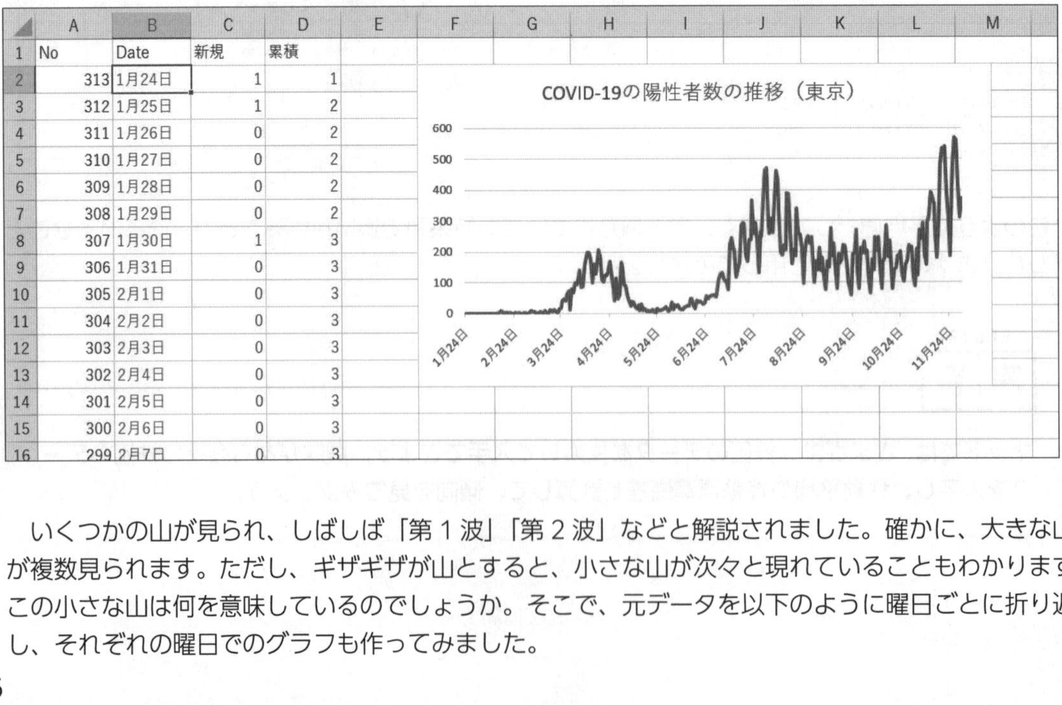

	A	B	C	D
1	No	Date	新規	累積
2	313	1月24日	1	1
3	312	1月25日	1	2
4	311	1月26日	0	2
5	310	1月27日	0	2
6	309	1月28日	0	2
7	308	1月29日	0	2
8	307	1月30日	1	3
9	306	1月31日	0	3
10	305	2月1日	0	3
11	304	2月2日	0	3
12	303	2月3日	0	3
13	302	2月4日	0	3
14	301	2月5日	0	3
15	300	2月6日	0	3
16	299	2月7日	0	3

いくつかの山が見られ、しばしば「第 1 波」「第 2 波」などと解説されました。確かに、大きな山が複数見られます。ただし、ギザギザが山とすると、小さな山が次々と現れていることもわかります。この小さな山は何を意味しているのでしょうか。そこで、元データを以下のように曜日ごとに折り返し、それぞれの曜日でのグラフも作ってみました。

ご存じのとおり、陽性者数には**曜日のパターン**があり、週末から月曜日は検査数が減る影響で陽性者数も少なく、木曜日と金曜日が増えるという繰り返されるパターンがあります。その傾向が表とグラフからも確認できます。

	A	B	C	D	E	F	G	H	I	J
1			WEEK	日	月	火	水	木	金	土
2	1月19日	1月25日	1月19日						1	1
3	1月26日	2月1日	1月26日	0	0	0	0	1	0	0
4	2月2日	2月8日	2月2日	0	0	0	0	0	0	0
5	2月9日	2月15日	2月9日	0	0	0	0	1	2	8
6	2月16日	2月22日	2月16日	5	0	3	3	0	3	1
7	2月23日	2月29日	2月23日	0	3	0	3	1	0	1
8	3月1日	3月7日	3月1日	2	0	1	4	8	6	6
9	3月8日	3月14日	3月8日	0	0	3	6	2	2	10
10	3月15日	3月21日	3月15日	3	0	12	9	7	11	7
11	3月22日	3月28日	3月22日	3	16	18	41	46	40	64
12	3月29日	4月4日	3月29日	72	12	78	67	98	92	118
13	4月5日	4月11日	4月5日	141	85	87	156	183	199	198
14	4月12日	4月18日	4月12日	174	100	159	127	151	206	186

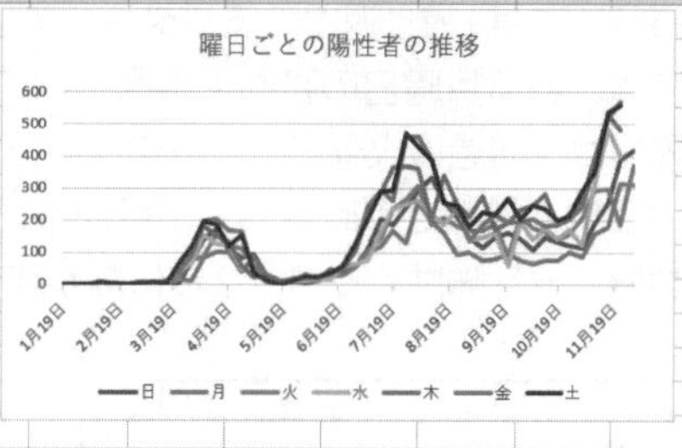

さて、このような繰り返しが見られるデータで、「前日より、30 人増えた（減った)」というような見方や「5 日ぶりに 100 人を超えた」というような変化に一喜一憂する意味はあるでしょうか。ここで大切なのは、数字自体はあっていてもそれを比較するべきが、前の日なのか、前の週の同じ曜日の日なのかによって、見え方が変わるということです。

通常、繰り返されるパターンがある場合、2 つの方法でその影響を取り除きます。1 つは、対前期比、もう 1 つは移動平均です。

対前期比を計算する

例えば、今日が月曜日だとしましょう。もちろん、日曜日の数値と比較し、増えた減ったという評価もできますが、前の週の月曜日で割り、増減比を計算したほうが、繰り返されるパターンに振り回されずにすみます。11 月について計算してみましょう。

	A	B	C	D	E	F	G	H	I	J	K	L
1	★陽性者数											
2	WEEK	日	月	火	水	木	金	土				
3	10月25日	124	102	158	171	220	203	215				
4	11月1日	116	87	209	122	269	242	294				
5	11月8日	189	157	293	316	392	374	352				
6	11月15日	255	180	298	485	533	522	539				
7	11月22日	391	314	186	401	481	570	561				
8	11月29日	418	311									
9												
10	★対前週比											
11	WEEK	日	月	火	水	木	金	土				
12	11月1日	93.5%	85.3%	132.3%	71.3%	122.3%	119.2%	136.7%				
13	11月8日	162.9%	180.5%	140.2%	259.0%	145.7%	154.5%	119.7%				
14	11月15日	134.9%	114.6%	101.7%	153.5%	136.0%	139.6%	153.1%				
15	11月22日	153.3%	174.4%	62.4%	82.7%	90.2%	109.2%	104.1%				
16	11月29日	106.9%	99.0%									
17												

セル【B12】に「=B4/B3」と入力し、
以降のセルにコピー＆ペーストする。
「セルの書式設定」から%表示にすると
変化率がわかる。

こうすれば、曜日による多さ少なさを加味した傾向を見られるわけです。なお、「対前週比 100%」は横ばいを表すのに対して、「対前週比 100%増加」は 2 倍になっていることを表します。どちらなのかをしっかり区別する必要がありますので、注意してください。

移動平均でパターンを消そう

もう 1 つは、繰り返されるパターンの期間の長さ（周期）で「移動平均」を計算するという方法です。例えば、ある月曜日の移動平均は、前の週の火曜日までの 7 日間の平均で計算されます。そして翌火曜日は、前週の火曜日のデータが抜けて、新しい火曜日が入った平均値が計算されます。以下の図のように、常にどの時点でも、月から日の 7 日分のデータで平均値が計算されるので、特定の曜日の影響を取り除けるということになります。

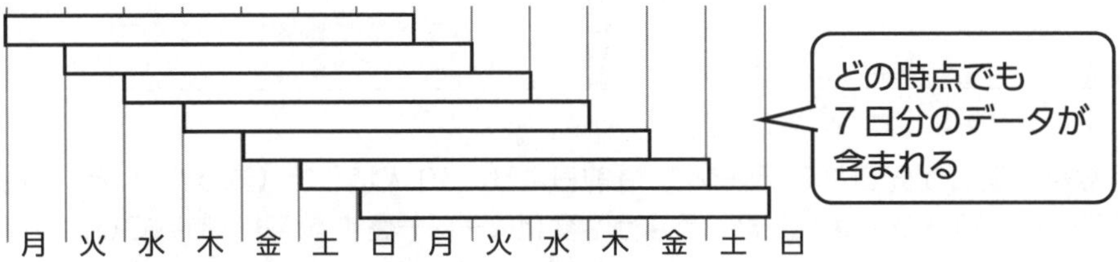

以下、移動平均によって描いた折れ線グラフです。

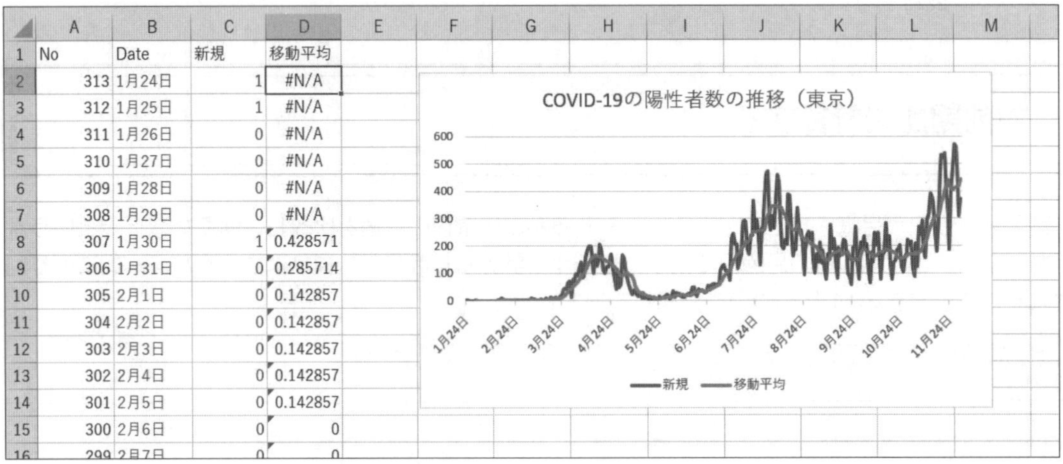

	A	B	C	D
1	No	Date	新規	移動平均
2	313	1月24日	1	#N/A
3	312	1月25日	1	#N/A
4	311	1月26日	0	#N/A
5	310	1月27日	0	#N/A
6	309	1月28日	0	#N/A
7	308	1月29日	0	#N/A
8	307	1月30日	1	0.428571
9	306	1月31日	0	0.285714
10	305	2月1日	0	0.142857
11	304	2月2日	0	0.142857
12	303	2月3日	0	0.142857
13	302	2月4日	0	0.142857
14	301	2月5日	0	0.142857
15	300	2月6日	0	0
16	299	2月7日	0	0

曜日による凸凹を均した移動平均が得られ、それがトレンドを示していることになります。これを見ると、3 つの山がありそうなことがよりわかりやすくなると思います。

このようなある周期で繰り返されるパターンがあるデータは、COVID-19 以外にもたくさんあります。例えば、小売店の売上とか来店者数も曜日による繰り返しが見られるでしょうし、月次の売上高では、2 月に少なく 12 月に多いといった月の影響も見られるでしょう。そのような繰り返されるパターンがあることを折れ線グラフで確認したら、単純に直前のデータとの比較だけではなく、対前期比も検討することを試してみましょう。

累積の値も検討しよう

次に、COVID-19 のデータをもとにグラフを描いてみましょう。2 つのデータを重ねたグラフで、1 つは日々の陽性者数、もう 1 つは累積（積み上げた）陽性者数です。

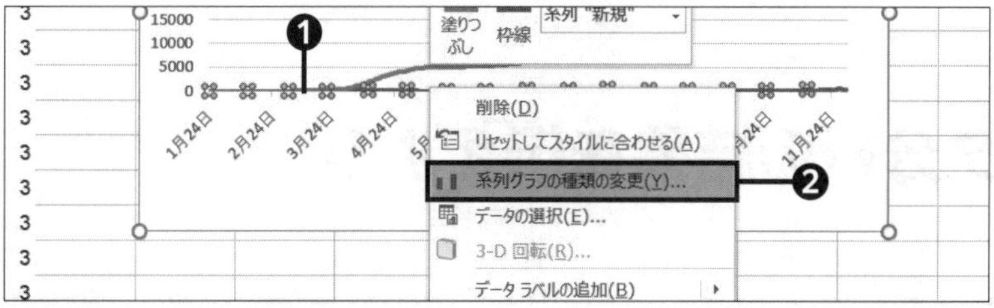

1 グラフ種類の変更

❶片方の系列を右クリック
❷《系列グラフの種類の変更》を選択

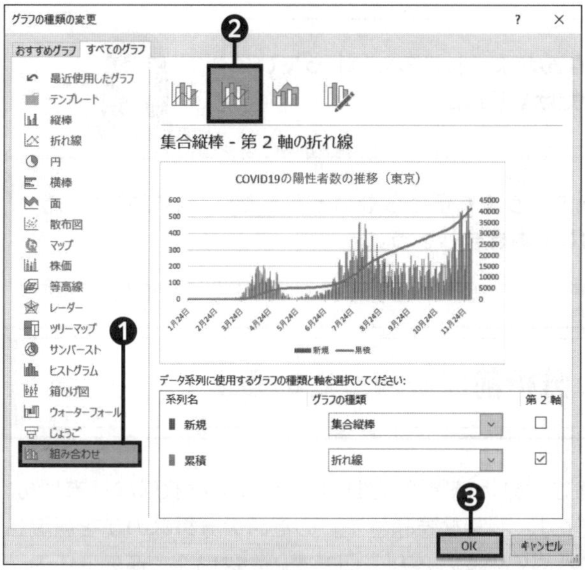

2 組み合わせグラフを選択

❶《組み合わせ》を選択
❷《集合縦棒 - 第 2 軸の折れ線》を選択
❸《OK》をクリック

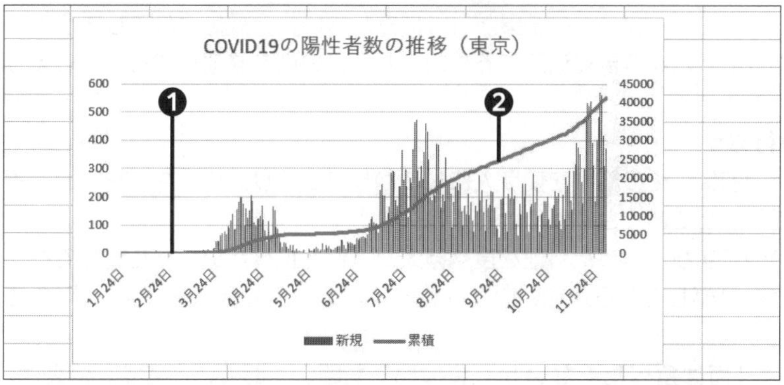

3 組み合わせグラフになった

❶第 1 軸の系列（新規陽性者数）が集合縦棒グラフ
❷第 2 軸の系列（累積数）が折れ線グラフ

今回、2 つの時系列は、ある時点の数値と累積数という意味が異なる系列ですので、見分けが付くように棒グラフと折れ線グラフで表示を分け、それを組み合わせたグラフにしました。こうすれば、より解釈しやすくなるはずです。

この章では、時系列データの基本的な分析と注意点を学習しました。実社会のデータ活用では時系列データを用いる場面がたくさんあります。時系列データから知見を得るために、これら基本的なポイントをしっかり理解しておきましょう。

LET'S TRY
演習

周期性があるデータを探し、折れ線グラフなどで分析してみましょう。時系列データは、総務省や Yahoo ファイナンスなどのサイトから入手できますので、いろいろ探してみましょう。

SECTION 01

データ分析の結果を伝えよう

データ分析の結果をプレゼンしたら、「なんかよくわからない」っていわれてしまいました。コツを教えていただけませんか。

せっかく分析した結果ですから、うまく伝わらないともったいないですね。結果のまとめ方についても学習しておきましょう。

データ活用のまとめの成否は、分析前に決まっている！？

データ分析を自分のためだけにする場合を除き、分析結果は「誰か」に伝えなければなりません。当たり前といえば当たり前ですが、まずは「誰の」「どんな課題解決」のための分析なのかを意識して分析し、それをその人の目的に合った形でまとめていくことが大切です。とはいえ、意外とこの点が意識されていないため、せっかくのデータ分析の結果が「役に立たない」と評価されてしまうことがあります。ここまで学習した分析手法をうまく活用するためにも、この点を整理しておきましょう。

1）事前ヒアリングをしっかり行おう

まず重要なのは、データ分析の前に、その結果を使う人にしっかり「ヒアリング」などを行い、事前に分析結果として必要な点を確認しておくということです。

料理に例えるとわかりやすいのですが、作った料理を食べる人が「何を食べたいか」を聞いておかなければ、せっかく作った料理を評価してもらえないのと同じです。データ分析であれば、**「何を知りたいのか」**を確認しましょう。

その際、もう１つ大切なのは**「何は食べたくないか」**についても聞いておくことです。例えば、直前に食べたものだから食べたくないとか、嫌いだから食べられないといった具合です。これをデータ分析に置き換えてみましょう。例えば、あるイベントの来場者に満足度調査をするとしましょう。それを依頼した側が知りたいのは「満足したか」ではなく、「満足しなかった人がどれくらい」で「なぜ満足できなかったか」だったとします。それなのに、分析報告で「どこに満足したか」を詳細に報告しても、「知りたいのはそれじゃない」と却下されてしまうでしょう。

とても当たり前なようですが、データ分析がうまくいかない理由は、そもそも分析して報告すべき点がずれていたという点にあることを覚えておきましょう。

2）分析結果を使う人が、実は何を知りたいかを理解していないことがある

もう１つ多い失敗点に、分析結果を使う人が実は、何をしたいかがよくわかっていないということがあります。料理でいえば、「何を食べたいかよくわかっていないが、なんとなく食べたい」状態の人に料理を提供するのと同じです。

こういう人に限って何かの料理を提供すると、「他のものがよかった」という反応をするものです。これはデータ分析でも同じです。でも、これはある程度仕方がない面もあります。というのは、「ど

んな結果（料理）が提供されるか」をイメージできないと、具体的に何がほしいかを事前に伝えられないからです。

そこで重要なのは、ヒアリングなどの事前確認の際、事例などをもとに**「こんなデータでこんな分析をすると、こんなことがわかるので、それを報告します」**というように、相手に結果をイメージできるものを示すことです。料理でいえば、コースメニューに含まれる具体的なメニューを見せて、このコースでいいか確認するイメージです。

事前のやりとりで、誰に何をどのように報告すればよいかを確認しておけば、分析を報告した際に「知りたかったことと違う」と評価されてしまうことを避けられますので、ぜひ事前確認に時間をかけましょう。

3）分析結果を使うのは、誰と誰か？

1)、2）では分析結果を使う相手に事前確認をする大切さを説明しましたが、分析結果を使うのは、あなた（分析者）が直接説明する相手とは限りません。あなたが説明した相手がさらに他の誰かに説明する場合など、実際に分析する結果を使う相手とあなたが直接話ができないこともあります。

さらに、レポートなどの場合、より多くの人に読まれる反面、直接説明できないことが普通です。したがって、どの人の範囲までこの分析結果が使われるのかをしっかりイメージすることが大切です。

4）具体的な利用者が特定できない場合は、レビューを活用する

3）までのポイントは、分析結果をある程度絞り込むことが可能で、事前に確認も取れる前提でしたが、実際にデータ分析をする場合、具体的な結果の利用者を特定できないことも少なくありません。例えば、大学で論文を書くとか、研究発表をするといった場合は、分析結果の利用者は不特定多数になりますから、事前確認ができません。その場合でも、必要となる分析の想定は大切なのは変わりません。

そこで、重要になるのが**「レビュー」**です。レビューとは、先行事例（研究）を調べ、そのテーマについて、今どこまでわかっていて、何がわからないのかを整理確認する作業です。これをしておかないと、せっかく分析しても「そんなのすでに入手できる情報だ」という評価がなされてしまいます。手間のかかる分析であればあるほど、事前に「すでにわかっていること」を知ったうえで、何が付け加えられるかを確認しておき、無駄とならない分析にすることが大切です。

そのためには、まずはGoogleなどの検索を活用しましょう（P.16参照）。今は、検索エンジンを活用すれば、膨大な情報をもとにレビューが行えます。ただし、その一方で、あまり役に立たない情報ばかり見つかることや、場合によっては嘘の情報も含まれていることがあります。集めた情報が正しいデータ分析によって得られたもの、すなわち「信頼できる情報か否か」について確認しながら、情報を活用しましょう。この点については、後の節で、皆さんの情報が「信頼できる」ために必要な情報を含むまとめ方を学習します。

5）分析結果に含める範囲を事前に決めて、宣言する

分析の前に確認して（決めて）おくべきなのが、**「分析結果に含める範囲をどこまでにするか」**といった視点です。これもしばしば起きることですが、分析を伝えた際に「あれも知りたい、これも知りたい」と次々にリクエストされることがあります。この反応はある意味ではよい反応なのですが、データ分析という立場から考えると、あまり好ましいともいえません。というのは、あるデータから得られる知見は切り口によって無数にあるため、すべてを網羅することはできないためです。したがって、もし今回の分析で「さらに明らかにしたいこと」が出てきた場合には、別の報告として分離することを、分析時点で確認しておくことをおすすめします。先ほどの料理の例でいえば、食べ放題コースではないのに、（追加料金も払わず）あれも食べたい、これも食べたいと注文を受けるようなことと同じになってしまいます。データ分析はなぜか分析を依頼する側が、「食べ放題（追加分析を依頼し放題）」だと思っている人が多いことに注意しましょう。

そこで、重要になるのが**「分析に含める範囲を宣言する」**ことです。これは事前の分析設計だけではなく、報告（レポートやプレゼン）の冒頭に、この分析の目的を宣言するということです。その目的に対しての分析結果をまとめるのが、その報告の役割だということを宣言することで、「(宣言に入っていない点について) あれが明らかになっていない」というようなピントがずれた指摘を回避（はねのける）できます。もちろん、その宣言した目的が、1）から4）の過程でしっかり意味のある目的になっていることが前提になります。ここまでが「よりよい報告のために分析の前に確認しておくこと」のポイントになります。

LET'S TRY
演習

「誰に」「何を伝える」ための分析報告なのかを考える練習として、以下の演習を行いましょう。①他の人が書いた「分析レポート」を（検索エンジンなどで）探す。②その分析レポートが想定している「誰に（対象者）」と「何を使える（目的）」を読み解き、まとめてみましょう。この練習をすると、自分のデータ分析の設計の仕方、まとめ方のための力を養うことができます。

結果のまとめ方を工夫しよう

ここからは、データ分析後の具体的なまとめ方についてのポイントを学習していきましょう。キーワードは、「汎用性」「信頼性」「解釈可能性」「再現性」です。

- **「汎用性」：分析結果が分析に用いたデータを超えて、どこまでの範囲に適用できるか**
- **「信頼性」：得られた分析結果が適切なデータと分析手順で得られたかどうか**
- **「解釈可能性」：データや分析結果が何を表しているのかがわかるかどうか**
- **「再現性」：同じ分析を復元できるかどうか**

1）使ったデータの詳細を記述しよう

まずは、どんなデータを分析対象にしたのかをしっかり記述（言及）するという点です。地味な内容ですが、データ分析結果の「汎用性」「信頼性」「解釈可能性」「再現性」を担保するには、どうしても必要な部分です。

1-①母集団の明確化

P.22で学習したとおり、知りたい分析対象全体のことを「母集団」といいます。もし、母集団すべてのデータが入手できていれば、全数調査として「誤差」なく結果を用いることができます。ただし、あくまで、その母集団の話に限定されます。

例えば、ある教室のある科目で試験を行い、その得点を分析したとしたら、その時点のその科目でのその教室のメンバーの成績については言及できますが、その試験の得点のみから、その科目の能力が測れたとはいえないはずです。例えば、ある日の国語の試験で成績が悪かったとしても「たまたまその試験に苦手な問題が多かっただけで、実は国語能力が高い」ということがあるためです。

つまり、一部のデータからの分析結果をどこまで一般化するか（汎用度を設定するか）といった視点と、データの説明は不可分だということです。

ここで重要なのは、**本当に知りたい対象（母集団）は何で、それを一部のデータで推定する場合に、適切なデータになっているか**を説明することです。そうでなければ、「信頼できない」という評価になってしまいます。

1- ②調査時期、サンプリング方法とサンプル数の明示化

母集団について記述する際に、**いつ集めたデータなのか**についても明示する必要があります。これも直感的にわかると思いますが、同じ人でも時期によって値が変わることがあるためです。例えば、睡眠時間を調査したとして、試験直前の時期と普段の時期とでは、値が変わるでしょう。したがって、どのタイミングで集めたデータかといった具体的な記述とともに、その時期が適切であると考えられる理由についても説明することが望まれます。

加えて、全数調査ではない場合、**どのように標本データ（サンプルデータ）を何件集めたのか**を明示する必要があります。これも仮説検証（第 4 章参照）で学習したとおり、データ数が少なければ、誤差が大きく（たまたまである可能性が高く）なりますし、母集団から適切にサンプリングできていなければ、そもそもゆがんだデータで分析することになってしまいます。こういった懸念を生じさせないためにも、サンプリング方法とサンプル数についても記述しましょう。

なお、サンプル数を記述する際、**どれくらいの回収率だったか**についても記述することが望ましいとされます。例えば、アンケートを 10,000 件配布し、回収できたのが 100 件だったとすると、99%の人は回答しなかったことになり、回収率が 1%ということになります。通常回収率 100%ということはほとんどあり得ないため、テーマによっては、回収率が低いことは仕方がないことも多いのですが、分析結果を読む側が、回収率が低いデータだと知って読む場合と知らずに読む場合では、解釈が異なることがあります。

例えば、ある商品の満足度調査をしたとして、回収率が低かった場合、「不満がある人」だけが回答している可能性があるかもしれません。そうだとすると、回収できたデータでの満足度は、実際の対象者の満足度よりも低めに結果が出てしまうでしょう。もちろん、真の値はわからないのですが、分析者が解釈する際に使える情報として、回収率を示しておくことも重要となります。

1- ③変数の明確化

次は、変数の明確化で、その値は**「何を測定した値か」**がわかるようにするということです。この問題は特にアンケートデータを使う際に重要になります。例えば、「最近買ったシャンプー」という調査をした場合に、その聞き方が「最近 1 か月以内に」買ったのか「半年以内に」買ったのか、それとも特に期間を指定していないのかで、得られたデータの解釈が変わるはずです。

このように、分析に使っているデータがどのようなデータなのかをしっかり説明することが、「解釈可能性」にとって重要となります。

また、データ分析の結果は、他の分析に利用されることがあります。あなたの分析結果を再確認するための調査／分析がされたり、もしくは同じ方法を他の母集団で実施し比較研究に用いられたりといった具合です。その際に、同じデータを集められるようにするためにも、変数の明確化は不可欠です。これは「再現性」に関わる重要なポイントになります。

2）どんな分析をしたかを説明しよう

データについての記述の次は、そのデータを**具体的にどのように分析したか**を記述することです。これも「信頼性」「再現性」などに関わりますが、何をどう料理したかがわからない食べ物に不安を感じることがあるのと同じく、分析手法がわからないと信頼できないということもあります。また、他者が同様の分析をしようとしても再現できなければ評価できないという問題も生じてしまいます。

もちろん、まったく分析を知らない人がそれを読むだけでわかるまで詳しく記述する必要はありません。例えば「回帰分析とは……」というような手法の説明までは（非常にまれな手法を使うとき以外は）通常行いませんが、「y に○○、 x には△△から□□までを用いて回帰分析を行った」というように、手順がわかる程度には記述することが望まれます。

3）ファクトとファインディングを区別しよう

1）と2）によって、分析結果を得るまでの記述を行ったら、今度は結果の記述をする際のポイントを押さえてまとめる必要があります。個々の分析手法での結果の記述方法や読み方はここまでの章で学習しました。ここでは、全体に共通する視点として「ファクト」と「ファインディング」の違いについて、再度確認しておきます。

データ分析では。適切なデータを分析すれば、誰が計算しても同じ結果が得られ、それは「ファクト（事実）」として結果が得られます。いわば、データから得られた事実の記述です。それに対して、それが何を意味するのかは、分析者が解釈を加えることが必要です。この分析結果から見つけ出した結果を「ファインディング」と呼びますが、ファインディングを得るには解釈が必要になります。

分析結果の報告では、この「ファクト」と「ファインディング」がごっちゃになってしまっているものが、少なくありません。だからといって「ファクト」のみにしてしまっては、分析者に期待されている成果としては不十分ということもあります。「ファインディング」を含める際には、この違いがわかるような記述になるように心がけましょう。

4）レポートとプレゼンの違いを理解しよう

さて、ここまで分析の目的やデータ、分析の仕方などの記述ポイントについて学習してきました。ただしこれを用いる際、レポート、論文、報告書のように文章でまとめるか、プレゼンをするための資料（PowerPointなど）でまとめるかで扱いが異なります。

通常レポートなど読み物としてまとめる場合、読み手は順を追って読み進めていくので、「目的」「データ」「分析手法」「結論（ファクト・ファインディング）」という順にまとめていくのが一般的です。それに対し、プレゼンなど口頭で伝える場合には、先に「目的」と「結論」の関係を示したうえで、それが「どんなデータをどう分析した結果から得られたのか」を聞いたほうが理解しやすくなります。

文章は自分のペースで読めますし、読み返しもできるので、ロジカルに記述されていることが読み手にとっても都合がいいのですが、口頭発表の場合、聞き手は「目的と結論」を先にわかりやすく説明されることを好む傾向にあります。前者がロジカルなのに対して、後者はエモーショナルな基準を重視するともいえ、よりストーリー性を考えて構成を練る必要があります。

詳細を入れてしまうとかえってストーリーがわからなくなる場合は、脚注、文末脚注、もしくは別添資料（Appendix）としてまとめることをおすすめします。分析結果を伝える最優先ポイントは「相手に伝わること」で、そのうえで「信頼性」などを補うという順序で構成を考えましょう。

5）他者の資料でプレゼンしてみよう

Googleなどで検索すると、レポートのように文章でまとめられた分析結果と、PowerPointのように資料としてまとめられたものが見つかります。PowerPointなどの形式の資料を見つけ、これをもとにプレゼンをしてみる練習をしましょう。人の作った資料をもとに説明しようとすると、わかりやすい点だけではなく、わかりにくい点を見つけることができます。もしわかりにくい点があれば、「資料の順番を変更するとしたら、どんな構成に変えるべきか」、「資料に追加すべき情報があるとしたらどんな情報か」を考えると、よい分析結果のまとめ方、伝え方とは何かがわかるようになります。

LET'S TRY

演習

上記のように、Googleなどの検索でデータ分析結果をまとめた資料を探し、よりよい資料にするための方法を考えてみましょう。その際、できれば、その資料をもとに、誰かに内容を伝える（プレゼンする）練習もしてみましょう。

SECTION

02 分析手法の全体像を知っておこう

いろいろな報告書を調べてみたら、知らない手法がたくさんあって、よくわからないのですが。

詳細は個々に分析するとしても、データ分析の手法を整理しておきましょう。そうすれば、人の事例を読めるだけではなく、この先、どんな勉強をするか決めやすくなります。

データ分析は、4 つの手法群でできている

データ分析を進めていくと、これまでに説明したもの以外にも、さまざまな手法があることがわかってきます。データ分析や統計学の書籍にはたくさんの手法が載っているため、とても難しく感じてしまうかもしれません。個々の手法を理解し、使いこなすためには、それぞれをしっかり学習する必要があるので、難しいことは確かです。しかし、事前に手法全体を整理して理解しておけば、何を優先して勉強すべきかという判断がしやすくなります。また、他者の分析結果を見たときに、細かなことはわからなくても、何をしているのかがわかるようになります。

そこで、以下に 4 つの手法に整理したので、それぞれの目的を確認していきましょう。

①要約

まずはデータの要約手法です。すでに学習したとおり、データを見ているだけでは全体像が把握しづらい場合、ぱっと見て傾向がわかるようにデータをまとめていくのが、要約です。「平均」「分散・標準偏差」「頻度・割合」といった統計量やそれを視覚化したグラフを活用します。これらについては、本書でも学習してきましたので、Excel での分析方法も含め、ぜひ復習し、データ分析に活用していきましょう。

②関係性分析

2 つ目は、関係性分析です。この点も本書で学習してきた内容です。関係性分析と先ほどの要約の決定的な違いは、要約が 1 つずつの変数に着目するのに対して、関係性では 2 つ以上の変数の関係に着目します。そして、その関係は、因果がない関係（相関など）と因果のある関係（t 検定や F 検定などの仮説検定、回帰分析など）に分かれます。

基本はすでに学習したとおりなのですが、ここで、関係性分析に関連する手法についてもまとめておきたいと思います。大別すると、関係性分析は 3 つに分けることができます。

1）式を当てはめて関係の仕方を明らかにする手法群

1つ目は、回帰分析のように数式の形で関係性を把握しようという手法群です。回帰分析の発展系に、ロジスティック回帰やポアソン回帰というような分析が該当します。ここではそれらの手法がどんな手法かを理解する必要はありません。まず理解する点は、関係の仕方を式で表そうとする手法群があるという点です。

2）ルールを当てはめて関係の仕方を明らかにする手法群

2つ目は、関係性を式ではなく、ルールで明らかにしようとする手法群です。例えば、「牛肉とタマネギを買い物かごに入れている人は、カレールーも買う」というような関係性の記述です。この例であればPOSデータ（小売店の購買履歴データ）から、データに潜んでいる「AかつBならばC」というようなルールを探してくる方法です。残念ながらExcelの標準機能ではこれらの手法が使えないため、本書では解説していませんが、「ルールから関係性を考える手法」があるということはぜひ覚えておいてください。

3）xとyの関係の仕方はよくはわからないが予測できる方法を考える手法群

3つ目は、関係性の形は具体的にはよくわからない（ブラックボックス化している）が、xを与えるとyの予測ができるというような手法群です。ディープラーニングとかニューラルネットワークと呼ばれる手法が該当し、最近着目されています。これらの手法もExcelの基本機能では分析できないため、本書では解説していませんが、今後ますます注目が高まるものなので、こういった手法があるということは覚えておきましょう。

③分類

ここからは本書では解説してこなかった手法群ですが、まずは**「分類」**手法を理解しておきましょう。以下の図を見るとわかりやすいと思います。

変数から対象を見る視線

ID	変数A	変数B	変数C	変数D	分類
1	○○		○○	○○	Aグループ
2	○○	○○	○○	○○	Aグループ
3	××	○○	○○	○○	Bグループ
4	○○	○○	○○	○○	Aグループ
	××	○○	○○	○○	Bグループ
6	○○	○○	○○	○○	Aグループ
7	△△	○○	○○	○○	Cグループ

ある変数（複数でも可）から、どの対象が似ているのかを見ていく。似ているか否かは「距離」で判断する。

分析結果としてグループ変数（所属グループ）か所属確率という新しい変数を作成する。

変数A、B……が商品名、数値が期間内の購入数として、どんな商品をどれくらい買っているかで、似ている対象（回答者）を分類するというイメージです。

簡単にいうと「分類手法とは、行の似たものを集める」ことです。例えば、以下の図の行に皆さんの名前が入っていて、列にさまざまなアンケート質問が入っていたとしましょう（例えば、ブランドAやブランドBがどれくらい好きかなど）。このデータをもとに「どんなブランドが好きなのか」といった基準で、「誰（どの行）と誰（どの行）」が似ているのかを判断し、グループに分けていくことが分類です。

有名な手法では「クラスター分析」という方法がありますが、まさに行の似たものを集めて、グループを作成する手法の代表例です（この手法もExcelの基本機能では分析できないので、本書では取り扱っていません）。

そして、図にあるように行方向の似たものを集めると、どの行（人）とどの行（人）をグループとするかといった、「分類結果」を示す新しい変数が作成されます。いわば、変数から対象を見て、どの対象とどの対象が似ているかを「距離」で判断し、似ているものをまとめていくという手法です。

この手法は、ビジネスデータ分析では、非常に多用されます。というのは、似た傾向を持つ顧客をまとめてグループ化する（セグメント化するという）ことで、グループごとに適した戦略を立てられるようになるからです。

④縮約

最後は**「縮約」**という手法群です。以下の図を見てみましょう。「分類」手法に似ていますが、「縮約」では「変数」の似たものを集めていきます。

例えば、先ほど分類の例のように、行に皆さんの名前が、列に商品の購入数が入っているとします。今度は「列」の似たもの集めですので「どの商品（列）が一緒に買われているか」という傾向が似ている変数を探すといった視点です。

対象から変数を見る視線

ID	変数A	変数B	変数C	変数D	縮約
1	○○	○	××	○○	-0.25
2		○○	△△	○○	1.38
3	××	○○	××	○○	-1.65
4	○○	○○	△△	○○	0.98
	○○	○○	△△	○○	2.23
6	○○	○○	△△	○○	-0.02
7	△△	○○	○○	○○	-1.68

対象から見て、どの変数が似ているかを見ていく。

変数をまとめた新しい変数が作成される（主成分得点や因子得点など）。

これは本書の第10章で学んだ「相関」を応用できます。例えば相関（直線関係）があれば、似た傾向がある変数だと判断できると想定して、それらを合成して新しい変数を作ってしまうのです。第10章の最後にも触れましたが、因子分析や主成分分析といった手法などがその中に含まれます。

データが大量に蓄積される（ビッグデータ）時代には、変数の似たものをまとめて整理することが必要とされます。その際には、この「縮約」という手法も活用できることを覚えておきましょう

これら4つの手法を知ると、データ分析手法の全体像を把握しやすくなります。今後データ分析をさらに学習したり、分析事例を読み解いたりするときに、それぞれの手法がどれにあたるのかを考えてみると、どんな分析で何をしているのかがわかりやすくなります。ぜひこの分け方を覚えておきましょう。

SECTION 03

さらなる学習のために

データ分析をもっと使いこなすために、どんなことを勉強すべきでしょうか。

データ分析を効率化するための勉強と、データ分析を活用するテーマの勉強との両方を意識しましょう。

プログラミング言語も活用しよう

先ほど見たとおり、データ分析には、Excel ではできない分析手法もたくさんあります。もちろん、Excel でもかなりいろいろな分析ができるので十分だという人もたくさんいますが、高度な関係性分析や分類や縮約といった手法も使えれば、より多面的にデータを分析し、活用できます。

そこで、データ分析の専門ソフトを学習することをおすすめします。データ分析ソフトには、有料のソフトと無料のソフトがあり、それぞれ一長一短ですが、おすすめは無料ソフトの「R」と「Python」というプログラミングソフトです。これらはともに無料のソフトなのですが、無料だからといって機能が少ないかというとそんなことはなく、むしろ有料ソフトよりもできることが多く、かつ、世界的にデータ分析で主流になっている強力なソフトです。

本書ではこれらのソフトの細かな説明は割愛しますが、これらをおすすめするのは、どちらも「プログラミング言語」だからという点が 1 つの大きな理由です。

データ分析は、試行錯誤の繰り返しなので、「あるメニューを選び、○○をクリック」といったソフトの操作では、どう操作して分析したかという履歴が残りにくい上に、後で同じ分析をする場合は同じ操作を繰り返さなければなりません。それに対してプログラミング言語は、分析手順を台本（スクリプト）として書き、それをコンピューターに命令として読み込ませて分析させます。これなら何をしているのかもわかりやすいですし、プログラムを再実行するだけで同じ作業を繰り返せます。さらに、手順が台本（スクリプト）として読めますので、ミスを防いだり、他の人にその手順を説明したり、引き継いだりすることが容易になります。

一見すると、プログラミング言語は確かに難しそうに感じるかもしれませんが、はじめの部分をわかりやすく教えてもらえれば、意外と簡単に使うことができます。そして、その習得にかかった苦労以上に、使えることによって減る苦労のほうが多く、かつ、強力な武器を得ることで、できることが増えるというメリットが大きなスキルです。ぜひ、この先の学習の 1 つの分野として興味を持っていただければと思います。

データベースも活用しよう

もう１つ、手間の削減ということで期待されているのが、データを管理するスキルの習得です。最近、DX（デジタルトランスフォーメーション）の推進が、いろいろな場面で提唱されてきています。その肝の１つは、データをいかに電子化し、管理するかにあります。そのためには、データベースを使える、もしくは設計／管理できることも強力な武器になります。

データベースとは、対象も変数も多いデータを加工し、条件に合うデータを抽出するといった、データ管理を行うソフトです。

データベースソフトの使い方だけではなく、SQL（Structured Query Language）というデータベースを使うための言語を学習していくこともおすすめです。プログラミング言語と同じく、難しく思える分野ですが、積極的なデータ活用という視点では、習得したいスキルの１つです。

LET'S TRY

演習

R、Python、SQLといったキーワードで、これらがデータ分析でどんな役割を担えるかを調べてみましょう。

索引

タ行

ナ行

ハ行

マ行

ヤ行

ラ行

学生のためのデータリテラシー
～データの読み方から分析結果の伝え方まで～
(FPT2013)

2021年３月２日　初版発行
2022年11月30日　初版第３刷発行

著作／制作：富士通エフ・オー・エム株式会社

発行者：山下　秀二

発行所：FOM《エフオーエム》出版（富士通エフ・オー・エム株式会社）
〒144-8588 東京都大田区新蒲田1-17-25
株式会社富士通ラーニングメディア内
https://www.fom.fujitsu.com/goods/

印刷／製本：株式会社広済堂ネクスト

著者：豊田 裕貴

制作協力：株式会社リブロワークス

●本書に関するご質問は、ホームページまたはメールにてお寄せください。
<ホームページ>
上記ホームページ内の「FOM出版」から「QAサポート」にアクセスし、「QAフォームのご案内」からQAフォームを選択して、必要事項をご記入の上、送信してください。
<メール>
FOM-shuppan-QA@cs.jp.fujitsu.com
なお、次の点に関しては、あらかじめご了承ください。
・ご質問の内容によっては、回答に日数を要する場合があります。
・本書の範囲を超えるご質問にはお答えできません。
・電話やFAXによるご質問には一切応じておりません。

●本製品に起因してご使用者に直接または間接的損害が生じても、富士通エフ・オー・エム株式会社はいかなる責任も負わないものとし、一切の賠償などは行わないものとします。

●本書に記載された内容などは、予告なく変更される場合があります。

●落丁・乱丁はお取り替えいたします。